畜禽生理、生长及生态指标体系研究

蒋林树　陈俊杰　熊本海　主编

中国农业出版社
北　京

图书在版编目（CIP）数据

畜禽生理、生长及生态指标体系研究 / 蒋林树，陈俊杰，熊本海主编. —北京：中国农业出版社，2021.4
ISBN 978-7-109-27911-1

Ⅰ.①畜… Ⅱ.①蒋… ②陈… ③熊… Ⅲ.①畜禽—饲养管理 Ⅳ.①S815

中国版本图书馆 CIP 数据核字（2021）第 022958 号

中国农业出版社出版

地址：北京市朝阳区麦子店街 18 号楼
邮编：100125
责任编辑：姚 佳
版式设计：杜 然 责任校对：赵 硕
印刷：北京中兴印刷有限公司
版次：2021 年 4 月第 1 版
印次：2021 年 4 月北京第 1 次印刷
发行：新华书店北京发行所
开本：700mm×1000mm 1/16
印张：12.75
字数：263 千字
定价：58.00 元

本研究得到以下项目和单位的资助与支持：

国家"十三五"重点研发计划项目：信息感知与动物精细养殖管控
　　机理研究 2016YFD0700201，2016YFD0700205；
奶牛营养学北京市重点实验室/北京农学院
中国农业科学院北京畜牧兽医研究所
现代农业产业技术体系北京市奶牛创新团队
北京农林科学院农业信息与经济研究所
北京市平谷区动物疫病预防控制中心
北京普瑞牧农业科技有限公司

编写人员名单

主　编　蒋林树　陈俊杰　熊本海

副主编　熊东艳　刘　磊　李振河　刘文奇　杨　蕾

编　者（按姓氏笔画排序）

　　　　王　慧　王秀芹　方洛云　刘　磊　刘长清

　　　　刘文奇　刘海艳　苏明富　李振河　杨　蕾

　　　　肖秋四　张　良　张景齐　陈俊杰　贾春宝

　　　　黄秀英　梁自广　葛忠源　蒋林树　韩　婷

　　　　童津津　熊本海　熊东艳

前 言 FOREWORD

受资源状况、经济条件等因素制约，我国规模化养殖主要集中在城镇附近和经济相对发达的地区。在很长的一段时间内，畜牧生产者只关心动物生长性能和产品数量，而忽视了动物产品的安全性。

畜禽生理、生长及生态指标体系研究是对我国畜牧业的经济特点和发展现状分析后，再根据国际上畜牧业发展的趋势及潮流，得出的一种动物福利、动物健康、生态环境、畜牧业生产协调发展的养殖观念。主要的技术有动物营养、遗传育种、家畜环境工程、疫病防治，等等，这不但能够满足动物的自然行为需求和基本生理需求及促进动物生长，同时也满足了畜禽产品安全、动物健康、经济效益及生态环境保护等畜牧业可持续发展需求。随着人们生活水平的不断提高，人们对健康的要求也逐渐地提升，因而更加关注畜禽的养殖健康，重视绿色畜牧业发展。在这种形势下，我们组织一线专业技术人员编写了本书。

本书主要介绍了畜禽生理、生长及生态指标体系研究的内容、意义及国内外的现状和发展等方面内容，以及猪、牛、驴、兔、蛋鸡、肉鸡、水禽、特禽生理、生长特点及生态养殖，生态养殖环境管理与无害化处理，畜禽生理、生长及生态指标与经济效益。健康养殖是现今畜牧业发展的表现，也是保障动物产品安全和发展绿色畜牧业的基本要求，有效地提升了我国畜牧产品的质量，使其在国际竞争中具有优势。

因编者水平和时间的限制，本书难免有不足之处，衷心希望有关专家和广大读者提出宝贵意见和建议。

编　者

2020 年 8 月

目 录 CONTENTS

第一节　畜禽生理、生长及生态指标
体系研究的内容

指标体系是指由若干个反映社会经济现象总体数量特征的相对独立又相互联系的统计指标所组成的有机整体。在统计学研究中，如果要说明总体全貌，那么只使用一个指标往往是不够的，因为它只能反映总体某一方面的数量特征。这时就需要同时使用多个相关指标，而这多个相关的又相互独立的指标所构成的统一整体即为指标体系。

在市场经济条件下，经济主体为了自身发展，在充分获取信息和仔细分析基础上，制定不同的策略，以决定采取竞争还是合作手段，可以说，任何制度的形成都是双方或多方多重博弈的结果，农业产业化经营也不例外。农业产业化经营问题产生于二战后发达国家，在中国 20 世纪 90 年代初产业化经营成为经济发达地区出现的一种新的经济现象，是继家庭联产承包责任制和乡镇企业异军突起之后的又一伟大创举。而畜牧业作为农业的重要组成部分，其地位和作用不断增强，特别在中西部地区，其产值已占农业产值的 50％以上，成为农民增收的重要途径。2001 年中国加入世界贸易组织（WTO）后，畜牧业在国际舞台上成为具有较强竞争力的产业，其优势越发明显，而畜牧产业化经营作为传统畜牧业向现代畜牧业转变的重要途径，解决了如小生产与大市场的矛盾及农户弱小地位等诸多问题，在理论和实践上，其都有存在的合理性和现实性。畜禽的生理、生长及生态环境指标体系的研究建设是为了更好地实现畜牧产业化，从而取得经济、社会和生态的最佳效益，达到提高农业竞争力的目的。

建立规划生理、生长及生态的指标体系是用来衡量、表征、描述生理、生长及生态环境现状、预测规划实施后对畜禽的影响，比较不同可选方案的产值效益。建立评价指标体系的实质是建立生理、生长及生态环境的具体评价内容。只有建立一系列的指标，才能对规划的不同方案的畜禽影响进行监测、评价和预测性研究，为决策提供信息支持。在规划生理、生长及生态环境影响评价中，设置的评价指标要能反映战略规划-经济-生理、生长及生态环境复合系统的状态和变化特征。要在众多的原始数据或评价信息中筛选较为灵敏的、便于度量的及内涵丰富的主导性指标作为评价指标。在选择评价指标时，应同时满足时间上和空间上的多样性、相对稳定性与绝对动态性相结合的原则。

我国目前较为普及的生态农业评价体系一般是以县为界。生态农业是超出农业范畴的一个复杂的自然生态复合系统，是由于人类活动而引起诸多环境因子变化的体系。笔者在调查养殖场、翻阅相关书籍的基础上，借鉴发达国家先进经验，广泛征求专家意见，采用德尔菲法、层次分析法等分析方法，结合实践，对规模化指标体系的构建提出了初步设想。其评价指标应按系统工程原理建立，结合资源条件与利用、生态与经济结构、粮食安全与消费、生态与经济、社会效益评价等方面的内容设置。

建立生理、生长及生态评价指标体系是一个庞大的系统工程，涉及生态学、畜牧兽医学、环境学、经济学等专业学科，是一项专业性、政策性、理论性很强的研究工作。首先要进行指标设计阶段，在充分吸收前人研究成果和案例分析的基础上，利用畜牧兽医学总结生理、生长规律与生态经济学的原理和方法，分析总结不同类型畜禽养殖污染治理模式，总结出一套适合我国大部分地区的生理、生长、生态评价指标体系。

采用的主要方法有：

（1）文献研究法。通过搜集和查阅相关文献，查找相关的政策信息、典型案例等内容，对文献中的成果和亮点进行归纳总结，形成文献的系统成果。

（2）调查法。根据具有代表性的畜禽污染生态治理典型案例进行调查，搜集第一手材料和数据，对相关信息进行总结分析。

（3）定量分析法。对不同存栏规模、不同饲养方法、不同地形地貌、不同生态环境按照定量分析的方法，总结出不同养殖场将会取得的生长指标、经济效益、环保效益。

一、指标体系建立的原则与内容

（一）畜禽生理、生长及生态指标体系建立遵循的原则

依据国内外指标体系的理论和实践，畜牧业项目是指具体项目，不同于对项目负责人、项目单位或项目区域的评价，但对项目的评价可作为这些评价的依据之一。为此，指标体系建设工作应当循序渐进、先易后难，逐步积累经验，改进方法和程序。在研究畜牧业项目的评价指标体系方法和确定指标体系时，必须坚持如下原则：

1. 科学性原则　要求评价者秉持科学的态度，运用科学的方法。评价的方法论要经得起推敲，结果要经得起检验。

2. 独立和公正性原则　一方面，生理、生长及生态指标体系评价的实施

者本身应该与所评价的项目没有利害关系，并能秉持公正、客观的态度进行评价工作。另一方面，指标体系评价的实施者应该保持独立，不受项目管理单位和实施单位的影响。

3. 相关性原则 指标体系评价指标要与项目的目标密切相关。各类畜牧业项目都应该有其特定的意图，其政策目标都是十分明确的，因此，政策目标就成为项目评价的重要依据。必须围绕各类项目的主要政策目标设计评价指标，开展指标体系评价。指标体系的设立要有针对性，要反映不同类型项目的不同地域特点、环境条件和发展阶段，要有所侧重。

4. 系统性原则 要运用一个能够反映项目主要目标实现程度的指标体系评价生理、生长及生态情况。各项评价指标都是从某一个角度、某一个侧面说明畜禽的生理、生长及生态情况，单纯采用一个指标就很容易导致评价的片面性，对指标体系的评价就会缺乏客观性。因此，一定要将各指标结合使用，以全面地反映真实情况。

5. 层次性原则 对各类畜禽的评价应当有层次性，如国家层次、地区层次和畜禽项目层次，以满足项目评价的不同要求。对国家重大畜禽项目的评价，要反映项目对国家发展目标的重要性和贡献。在地区层次上进行的评价主要涉及畜牧业项目的国家目标在当地的实现程度及地区发展目标的满足程度等方面。

6. 简便实用原则 要防止评价工作过度事务化、复杂化。要遵循简便实用原则，突出重点。评价方法应具有现实可操作性，评价工作本身要有效率、效益和效果。所选取的指标概念一定要清晰、明确、易懂，信息来源可靠，易于采集。指标体系评价一旦过分复杂，不仅不易操作，而且会事倍功半。

7. 定性分析与定量分析相结合原则 定量分析比定性分析更精确、更具体，因此，在项目的评价过程中，能采用定量分析的，首选定量分析方法；难以量化的项目绩效，则可以用定性方法予以论述。两种方法应有机地结合起来，并通过一定的标准和机制相互转化。无论定量方法还是定性方法，均要注意依据的充分性和分析的合理性。

8. 横向纵向比较原则 在研究畜禽生理、生长及生态项目时，通过对项目实施前后、有项目和无项目的情况进行纵向、横向比较，矫正可能的扭曲，以真实全面地反映畜禽的生理、生长及生态和效益。

(二) 指标体系建立的内容

按照畜禽本身的生理、生长及对生态环境的影响来建立具体的指标体系。以生猪养殖为例：

1. 生长阶段 生猪养殖从补栏 4 月龄后备母猪到商品猪出栏历时约 14 个

月。母猪 8 月龄可配种，经过 4 个月妊娠期分娩得到仔猪，仔猪经过 180d 左右长成商品猪出栏。其中仔猪 0～35d 称为哺乳仔猪，体重达到 7kg。36～70d 称为断奶仔猪，体重达到 20kg。71～110d 称为生长猪，体重达到 60kg，日增重 600～700g。111～150d，体重达到 100kg，日增重 800～900g。180d 体重达到 110kg。商品猪出生 2～3 个月体重 20～30kg，该阶段是骨骼生长期。随着日龄增长，体内水分含量下降，蛋白质含量轻度下降，体重达到 50kg 后脂肪含量急剧上升，体重达到 100kg 以后脂肪开始大量沉积。

2. 生态污染 生猪养殖期间对生态环境的影响：

（1）对水环境的污染。在生猪养殖过程中，粪污中含有相当数量的污染物，其存在的氮磷、重金属、药物残留等成分会对环境产生严重污染。一般情况下，粪尿比例为 33% 和 67%，当总体排放量大于 70% 时，将对水体造成很大污染。

（2）对大气环境的污染。可以根据每年出栏 10 万头的数量进行计算，发现产生的污染物主要为氨气、粉尘、菌体，它们的含量分别达到 1.48kg、13.5kg 及 14 亿个。根据相关计算，其产生的污染范围将达到 5km 左右。当污染物随风逐渐传播时，污染范围将达到 30km 以上，一些尘埃和病原微生物也会逐渐扩散。在大气和水体之间，污染物通过上下循环，也会导致氮磷钾等逐渐分解，有机物逐渐繁殖，在这种情况下，将引起水中含氧量的大量消耗，在总体上也会对周边环境造成影响，从而制约农业生产的健康稳定发展。

（3）对土壤环境的污染。由于在饲料中添加了一些矿物质和微量元素，这些元素通过生猪的新陈代谢，存在部分残留，然后排放到环境中，将给土壤净化、改良等造成很大影响。在连锁反应下，土壤环境遭到破坏，也会降低植物产品的产量和品质。

根据生猪各个阶段生理变化、生长阶段的日采食量、平均日增重、病死率、肉料比（蛋料比）、屠宰率（产蛋率）等，以及对生态环境的污染来设计建立生长、生理及生态评价指标体系。

第二节　畜禽生理、生长及生态指标体系研究的意义

十八大以来，生态文明建设被纳入"五位一体"，国家对生态文明建设做出了全面部署，生态文明建设已被提高到前所未有的地位。在这种大背景下，科学生态养殖将成为时代发展的必然要求。从现实情况来看，目前生态养殖作为"概念性"的口号宣传较多，很多养殖场出于自身利益的考虑，往往自封为生态养殖，以获得消费者和政府的认同。从政府层面来看，主管部门一直推行

规模化标准养殖，但由于职责分割，规模化标准养殖更侧重于提高猪场生产水平和经济效益，对生态养殖的要求往往不够突出。如何更加科学、更加全面地定义生态养殖？什么样的养殖场是生态养殖？生态养殖程度处于什么样水平？这对养殖业主、消费者、政府部门来说都至关重要。然而从相关文献资料来看，国内外对规模化评价指标体系的研究一直是学术界的空白。缺乏科学且可操作的评价指标体系导致养殖业主对生态养殖的具体要求缺乏深刻认识，也导致各级政府对畜牧业的支持政策的导向性不够明晰，财政补贴的效果大打折扣。

在市场经济条件下，任何产业在发展过程中都必须根据市场变化不断调整结构，实现产业升级，这是一个客观规律。畜牧业产业升级包括产品、结构、组织形式等各方面，所有这些都与畜产品质量标准、管理标准、工作标准的阶梯原则相一致。畜牧业标准化工作的阶梯原则完全符合畜牧产业不断升级的需要，并在畜牧科技的推动下，不断地推动畜牧产业的升级换代。随着我国农业进入新阶段，畜产品供应已由长期短缺转变为总量基本平衡，结构性剩余；畜牧业的发展由资源约束转变为资源与市场双重约束；畜牧业生产由解决量的需求转向在保证量的基础上，努力提高质量和效益，主要表现在优质畜禽产品供不应求，市场前景好，而大众化产品则出现了销售难的现象。因此，实施标准化生产必然成为实施畜牧业品牌发展战略的根本前提，建立完善、科学的指标体系是今后的主要发展方向。

从现代畜牧业的观点看，畜牧业作为一个完整的大产业，也必须像工业那样实行专业生产，形成完整的工艺流程，这样畜产品自然就会随着产业链条的延伸而适当地转化增值。畜牧业产业链的形成不仅需要各环节的经营主体以经济利益为纽带，有效地建立起相互依存、共同发展的经济合作关系；还需要各环节在技术上相互衔接，以便将专业化生产与众多农户和经营单位有机地联系起来，形成社会化的大产业。畜牧业标准化具有统一和规范的职能，它可以借助制定和实施各种生产标准，使各生产环节在技术上有机地联系起来，保证其有条不紊、协调一致地发展。畜牧业生产的社会化程度越高，生产规模越大，技术要求就必然越高，分工就越细，协作就越密切，畜牧业标准化的统一与协调职能就越突出。所以启动畜牧业标准化可以为产业化各环节之间奠定技术基础，保证产业化各环节的正常运转，同时这种规范化的操作还可以更好地同其他产业相联系，进一步延长畜牧业产业链。

畜禽养殖指标体系的建立有利于提高产品卫生质量，保障消费者食用安全。畜禽养殖指标体系的建立就是对畜产品的生产过程进行规范、约束，按标准要求进场饲养、防疫、用药、排污等，规范各环节操作，以有效地控制产品卫生质量，确保食用安全，实施畜禽养殖标准化生产的目的就是提供优质、安全的畜产品。

畜禽养殖指标体系的建立有利于提高产品的国际竞争力。目前，国际市场是一个受贸易规则规范、技术标准约束的现代经济市场，价格优势曾经是我国畜禽产品的主要出口优势，但是目前一些畜禽产品已经逐渐失去优势，卫生质量不高成为制约畜禽产品出口的关键因素，肉鸡出口屡次被欧盟、日本、韩国限制，猪肉、牛肉出口的地域限制，使畜禽产品的出口受挫，要从根本上改变这种局面，必须推进畜禽养殖标准化的进程。

畜禽养殖指标体系的建立有利于推广普及畜禽养殖场新技术、新成果。畜禽养殖指标体系的建立就是运用现代科学技术对养殖生产的规范与提高，是现代畜牧业技术成果的组装、集成，同时也使农牧民易于接受、掌握畜禽养殖的有关技术成果，发现技术带来的经济效益，提高应用现代技术的自觉性，便于成果的转化应用。养殖指标体系的建立可以提高、提升畜牧业的科技水平，同时还有利于地方优良品种的培育及世界优良品种的推广利用。

第三节　畜禽生理、生长及生态指标体系研究的现状及发展

一、我国畜禽生理、生长及生态指标体系研究的发展与演变

健康养殖就是以保护动物健康、保护人类健康、生产安全营养的动物产品为目的，最终以无公害畜牧业的生产为结果，核心就在于体现经济、社会和生态效益的高度统一。以安全、优质、高效、无公害为主要内涵，由以追求数量增长为主的传统养殖业向数量、质量和生态效益并重的现代养殖业方向发展。健康养殖概念是在环境和健康的保护意识不断提高、经济的高速发展等情况下逐渐完善和发展的。起初，一些专家将健康养殖定义为能够实施养殖的生物物种，在长时间内，不患病害的产业化。之后，一些学者又结合了国际有机畜牧业的生产，不断地完善了养殖畜牧业的概念，为畜牧业提供了一个有利的发展环境。

我国在 20 世纪 90 年代就提出了绿色畜牧业的发展战略，其中包含羊、牛等健康养殖的观念。绿色畜牧业知识根据绿色食品的生产标准，将养殖、饲料生产、包装、加工、销售以及运输等经营链有机地统一在一起，主要核心是控制生产经营的整个过程，最终目的是让消费者享受到健康、无污染以及安全的绿色食品。

在过往的几十年中，抗生素在我国畜禽疫病治疗方面发挥了重大作用，推动了我国畜牧业的发展。但是随着时代的进步，人们逐渐意识到抗生素对畜禽养殖的害处。滥用兽药不仅会使药物在动物体内残留，提高畜禽的耐药性，还

会在一定程度上影响人类的食品安全。目前兽药滥用问题已经成为制约畜牧业发展的关键问题，在实际养殖中经常能看到超量用药、盲目用药、不执行休药期规定的情况，甚至偷偷使用违禁药品。这种行为严重阻碍了我国畜牧业的转型和发展。必须建立完备配套的检测、管理机制才能逐步改善这种行为。药物残留也是影响肉类出口的重要因素，我国虽是肉类生产大国，但是出口所占比例极小。此外，多数矿物元素的添加成本明显低于除水外的其他营养素，因此，在实际养殖生产中，养殖者往往在饲料中成倍地添加低廉的矿物质原料。众所周知，矿物元素之间存在拮抗关系，添加比例不恰当将大大降低饲料中铜、锌、铁等矿物元素的吸收利用率。

目前我国畜牧业产值约占农业生产总值的 30%，《全国农业现代化规划（2016—2020 年)》中提出要推进以生猪和草食畜牧业为重点的畜牧业结构调整，形成以规模化生产、集约化经营为主导的产业发展格局，在畜牧业主产省（区）率先实现现代化；加快发展草食畜牧业，扩大优质肉牛肉羊生产，加强奶源基地建设，提高国产乳品质量和品牌影响力。虽然我国生态指标体系刚刚起步，但是提高中国养殖业生产效率，解决养殖业质量安全和环境污染问题，促进各地区养殖业健康可持续发展，促进各地区养殖资源的优化配置是今后的发展目标。

二、国外畜禽生理、生长及生态指标体系研究的现状

从文献资料来看，欧盟是目前生态养猪做得最到位的，1991 年，欧盟通过的《有机农业和有机农产品与有机食品标志法案》(以下简称欧洲有机法案)为欧盟生态养猪发展提供了法律保证，该法案规定有机农业生产和流通必须符合欧洲有机法案规程，纳入监控操作程序。在相对封闭的有机农业系统内，动物生产通过饲料和肥料将种植和养殖合理地结合起来，对建立系统内良性物质循环、保持和发展土壤肥力意义重大。另外，欧盟在生态养殖政策方面也做得很到位，主要体现在三个方面：一是建立了多元化管理渠道和标准。废弃物能够安全贮存 6 个月以上；将废弃物集中到可以回收或者处理的地方；将废弃物提供给具有授权许可的个人或公司；要根据具体条件注册登记废弃物回收或处理的豁免权。二是严格限定粪便的施用量和施用时间。由于土壤对有机物的消纳量是有限度的，同时作物生长发育过程中对养分的需求也有所不同，因此要限定粪便的施用量和施用时间。欧盟的相关农业法规对在农场中安装农业生产设施、废弃物排放、肥料施用与销售等都做了严格规定。三是合理布局与污染防治。在最初进行农场规划布局时，均需要请有资质的机构进行选址设计、成本和收益测算、企业经营和环境风险的评估等步骤，并且配套全面的数据、图表统计资料加以辅证。场区布置要求考虑准确的坡度、土壤类型、地表水位置

和水供应等因素，以确定哪些地方或哪些地方的部分地区不能将畜禽粪便和养殖废水作为肥料应用。

欧美发达国家已有五种成熟的养殖污染防治模式：一是种养区域平衡一体化模式。发达国家的生猪养殖场附近有充足的土地可以消化、利用养殖废弃物。例如，荷兰全国只有 4 个大型农场，整个农业、畜牧业分散在全国 13.7 万个家庭农场中，养殖废弃物在周边农场即可被全面消化、利用；美国虽有大型畜牧场，但在养猪方面起主导作用的是年出栏 200～500 头的小型农牧结合的农场。二是规模化养殖场达标排放模式。规模化养殖场必须具备废弃物综合利用和污染处理设施，做到达标排放，或达到一定排放要求并交纳污水处理费后进入市政污水处理厂，如日本横滨市就排放量及浓度对牧场主进行收费。三是以沼气工程技术为纽带的能源化模式。德国、瑞士、瑞典、丹麦等国家多采用沼气工程技术建立沼气发电生产线，沼液经过二次厌氧发酵后，利用序列间歇式活性污泥法（SSBR）处理技术对沼液进行无害化处理，使处理后的沼液达标排放。四是以生物有机肥生产为核心的资源化模式。日本采用卧式转筒式和立式转筒式快速堆肥装置对养殖粪便进行处理并进行生物有机肥的生产。五是以发酵床养猪技术为核心的零排放模式。日本、韩国和北美等国家和地区多采用发酵床技术，采用农作物、锯木屑和秸秆作为垫料以吸附动物的粪尿，在垫料中添加发酵菌剂，生产过程中无需冲洗用水，基本实现养殖废弃物的零排放。

从文献资料来看，大量的事实表明，长期大量使用抗生素会造成有害菌种的耐药性/抗药性及动物产品药残。并且人如果食用了饲养过程中使用含抗生素的饲料饲喂的动物所制成的产品，身体健康势必会受到损害，如过敏、中毒反应等严重危害。因此，各国相继推出了禁止在饲料中添加抗生素的规定。瑞典于 1986 年首度宣布全面禁止在畜禽饲料中使用抗生素，美国《新闻周刊》报道，仅 1992 年美国就有 13 300 名患者死于抗生素耐药性细菌感染；1999 年 2 月，路透社报道美国科学家在肉鸡饲料中发现了"超级细菌"，该菌对当时所有抗生素均具有耐药性。基于上述事件的发生，全世界范围内开始重新审视养殖业中抗生素的使用。1993 年，英国禁止使用阿伏霉素做抗生素饲料添加剂；1997 年，欧盟委员会宣布在所有欧盟成员中禁止使用阿伏霉素做饲料添加剂；自 2006 年 1 月起，欧盟成员全面停止使用所有抗生素生长促进剂；2012 年美国食品药品监督管理局（FDA）颁布在畜牧生产中停止使用头孢菌素类抗生素的禁令。在欧盟抗生素禁用之初，断奶仔猪死亡率较高，采取其他措施后，死亡率已恢复正常。日本从 2008 年起就开始禁止所有抗生素在饲料中的使用。韩国政府从 2011 年 7 月 1 日起也全面禁止在动物饲料中添加抗生素。开发新型的绿色安全无公害饲料添加剂来替代抗生素的使用是畜牧业发展的必然趋势，目前科学家们已经研制出了许多能增强动物抗病能力的绿色安全的新型饲料添加剂，取得了骄人的成就。如益生素、低聚糖、抗菌肽、多不饱和脂肪酸、中草药等。另外，欧盟生态养殖的典范——"瑞典养殖模式"正在向全球推广，并得到欧盟及世界各国高度重视，其核心是：限制抗生素在养殖生产中的应用，禁止使用激素，关注环境污染，无沙门氏菌养猪，所有猪群应铺以垫草，饲养环境应满足猪的行为习性，圈舍要有良好的采光条件。

家畜生长需要及特点

　　动物生理学是研究动物体机能（如消化、循环、呼吸、排泄、生殖、刺激反应性等）、机能变化发展及对环境条件所发生的反应的学科。在农业范畴内，动物生理的研究范畴主要转向综合性机能生理的探索。如营养、转运、代谢和信息的研究早已取代早期器官系统的结构性研究，并与畜牧科学相结合，与其他学科相渗透，逐渐发展成营养生理学、繁殖生理学和泌乳生理学等学科。本章主要从家畜生长发育营养需要和消化特点方面进行相应的介绍。

第一节　家畜生长发育需要

　　生长发育是动物生命过程中的重要阶段，育肥是饲养动物的重要生产目的；而营养物质则是生长育肥的物质基础。不同的动物、同一动物不同的生长阶段，生长发育的规律不尽相同，对营养物质的需要也不同。准确地确定动物的营养需要，对提高生长育肥的效率具有重要的意义。要准确地确定生长育肥的营养需要量，必须了解动物的生长规律及其营养需要的特点。本章主要介绍动物生长发育和机体养分沉积规律，影响机体发育及养分沉积的因素，以及动物对各种养分需要量的确定原理及方法。

一、生长生理基础

　　1. 生长的概念　　生长是极其复杂的生命现象，其奥妙至今尚未被完全揭示。从物理的角度看，生长是动物体长的增长和体重的增加；从生理的角度看，则是机体细胞的增殖和增大，组织器官的发育和功能的完善；从生物化学的角度看，生长又是机体化学成分，即蛋白质、脂肪、矿物质和水分等营养物质的积累。

　　最佳生长体现在动物有一个正常的生长速度和成年动物具有功能健全的器官。为了取得最佳的生长效果，必须供给动物含有各种营养物质的数量及比例适宜的饲粮。

　　生长育肥不但要有高的生长速度，而且要减少脂肪的沉积量。为达此目的，育肥期往往限制增重速度过快。而对于种用家畜，早期的生长发育影响其终生的繁殖成绩，合理饲养、保证其具有良好种用体况更为重要。

2. 生长的一般规律　揭示生长规律是确定动物不同生长阶段的营养需要的基础。总体及各部位的生长及机体化学成分各有其特点和变化规律。

（1）总体的生长。机体体尺的增大与体重的增加密切相关。一般以体重反映整个机体的变化规律。在动物的整个生长期中，生长速度是变化的。绝对生长速度——日增重取决于年龄和起始体重的大小。图 2-1 是体重随年龄变化的绝对生长曲线，总的规律是慢—快—慢。在生长转折点（拐点）以下，日增重逐日增加；在转折点以上，逐日下降；转折点在性成熟期内。而相对生长速度——相对于体重的增长倍数、百分比或生长指数却随体重或年龄的增长而下降。

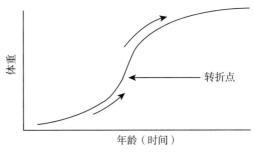

图 2-1　绝对生长曲线

（2）局部的生长。整体生长是由各个组织器官的生长所汇集而成的，主要是骨骼、肌肉和脂肪组织的增长。动物各种组织的生长速度不尽相同，从胚胎开始，最早发育和最先完成发育的是神经系统，其次为骨骼系统、肌肉组织，最后是脂肪组织，如图 2-2 所示。图 2-2 还表明早熟品种和营养充足的动物生长速度快，器官生长发育完成早，但骨骼、肌肉和脂肪生长发育强度的顺序不变。

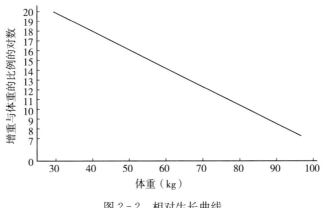

图 2-2　相对生长曲线

（3）机体化学成分的变化。年龄不同，机体组织（骨骼、肌肉、脂肪等）增长的速度不同；其化学成分如水分、粗蛋白质、粗脂肪、粗灰分等的含量和比例及能量也不相同（表2-1）。

表2-1　不同年龄猪肌肉组织化学成分含量的变化

年龄	水分（%）	脂肪（%）	蛋白质及其他（%）
出生	81.5	1.9	16.6
4周龄	75.7	4.3	20.0
8周龄	76.2	4.7	19.1
16周龄	75.7	3.4	20.9
20周龄	74.4	4.0	21.6
28周龄	71.8	5.6	22.6

表2-2是猪、牛、羊生长期机体化学成分和能量的变化。所有动物机体水分含量比例随年龄增长而下降，粗脂肪和能值则随年龄增长明显上升。机体粗蛋白质的百分比含量不同的动物表现不完全一样，牛、羊粗蛋白质变化较小，猪略呈下降趋势。生长后期机体组织能值的增加与机体水分的减少和脂肪比例的增加有关。牛最瘦，绵羊和猪相对较肥。粗灰分的比例，猪随年龄增长有所下降，而绵羊则明显上升。

表2-2　动物不同年龄和体重的增重成分及能值的含量

	活重（kg）	年龄	增重成分（%）				能值（MJ/kg）
			水分	粗蛋白质	粗脂肪	粗灰分	
猪	15	7周龄	70.4	16	9.5	3.7	7.58
	40	11周龄	65.7	16.5	14.1	3.5	9.52
	80	18周龄	58	15.6	23.2	3.1	12.92
	120	24周龄	50.4	14.1	32.7	2.7	16.34
牛	10	1.3月龄	67	19	8.4	—	7.83
	210	10.6月龄	59.4	16.5	18.9	—	11.39
	450	32.4月龄	55.2	20.9	18.7	—	12.35
绵羊	9	1.2月龄	57.9	15.3	24.8	2.2	13.9
	34	6.5月龄	48	16.3	32.4	3.1	16.49
	59	19.9月龄	25.1	15.9	52.8	6.3	20.8

3. 影响生长的因素　动物的生长速度和生长内容受动物品种（品系）、性别、营养、初生重、环境等多种因素的影响。

（1）动物品种及性别。动物品种及性别是影响生长的内在因素。例如猪品种间存在明显差异，不同时代及不同类型猪体脂和瘦肉增长随年龄的变化而变化。现代瘦肉型猪在达到屠宰体重以前，瘦肉的日沉积量都超过脂肪；而20世纪40年代的猪，体重达60kg左右瘦肉的日沉积量开始下降，70kg左右脂肪日沉积量超过瘦肉，与目前我国某些地方猪种类似。

（2）营养水平。动物的生长速度和增重内容直接受营养制约。营养水平和营养物质间的比例同样影响生长速度和增重内容。随营养水平的升高，生长速度加快、日增重明显增加、育肥期缩短、脂肪和蛋白质沉积增加，但蛋白质增加幅度比脂肪小。每千克增重耗料以营养水平为维持的3～3.5倍时最少，超过或低于这个水平，每千克增重耗料增加（饲料报酬下降）。营养水平过低对生长速度、每千克增重耗料、蛋白质沉积都是不利的。营养水平过高，蛋白质沉积的增加很有限，但脂肪沉积增加却较多，使每千克增重耗料增加。

饲粮蛋白质、氨基酸与能量的比例不当对生长也会有影响。生长前期，蛋白质、氨基酸比例偏低对生长速度影响较大，动物越小影响越严重，尤其是瘦肉型猪。例如，对于20～45kg体重的猪，当饲粮能量水平分别为维持的2.5倍和3.6倍，赖氨酸水平从0.2%上升到1%时，日增重和胴体蛋白质日沉积量随赖氨酸水平的增加而增加，直到满足最大需要后才缓慢下降；而能量水平只影响变化的幅度，对变化的规律无明显影响；每千克增重耗料和胴体脂肪沉积的变化规律与日增重和蛋白质沉积相反，受能量的影响也较小。

（3）环境。环境温度、湿度、气流、饲养密度（每头或只动物占面积和空间）及空气清洁度也影响生长的速度和内容。

①环境温度。环境温度对动物生长的影响较大，过高过低都将降低蛋白质和脂肪的沉积速度而使生长速度下降。高温对育肥畜禽的影响大，低温对幼小的畜禽影响大。有效温度比临界温度下限每低1℃，仔猪（10kg）每天将多耗料5g；对于50kg体重猪，有效温度超过临界温度上限1℃，采食量将减少5%，增重降低7.5%。

②湿度、气流、密度及空气清洁度。随着集约化饲养业的发展，畜舍的空气湿度、清洁度、流速、每头或只动物占有面积和空间的大小也成为影响动物生长速度和健康的重要因素。据调查，如果在超过最适面积基础上增加圈养猪头数，每增加一头，采食量可减少1.2%，日增重下降0.95%。

二、生长营养需要

按照动物生长发育的规律特点及其影响因素，研究制定生长动物的营养需要时，一般按阶段考虑。我国及世界很多国家的饲养标准对生长育肥畜禽的营养需要量都是按阶段给出的。但目前，营养需要或饲养标准正向动态模型（标准）发展，即分别估计任意时期（体重）及不同生长速度（日增重及瘦肉沉积量）的营养需要。美国国家科学研究委员会（NRC）猪（1998 年）的营养需要就是最典型的例子。确定需要量的方法有综合法和析因法。综合法只考虑总的需要，而不需分别考虑生长、维持等各部分的需要，析因法则相反。两者相比，析因法更有利于预测动物的需要和建立动态模型。

1. 能量需要 生长育肥动物所需能量用于维持生命、组织器官的生长及机体脂肪和蛋白质的沉积。能量需要主要通过生长实验、平衡实验及屠宰实验，按综合法或析因法的原理确定。各种动物及不同生长阶段的需要量不同，但确定的方法和原理并无差异。

（1）综合法。主要通过生长实验，也常与屠宰实验相结合确定动物对能量的需要。一般采用不同能量水平的饲粮，以最大日增重、最佳饲料利用率和胴体品质时的能量水平作为需要量。后备公母畜的生长前期与育肥动物差异不大，后期一般限制采食，防止脂肪沉积过多。能量的需要也常与蛋白质的需要结合研究，使之能取得一个适宜的能量蛋白质比例。为保证胴体品质，生长实验也与屠宰实验结合。能量需要可表示为每千克饲料含消化能、代谢能或净能的量，也可以是每头每日需要量。根据日采食量，两种表示法可相互换算。需限制采食的后备种畜，一般给出每日的需要量。我国猪禽和牛的饲养标准基本上是按照上述方法总结的。在大量实验数据的基础上，也可建立回归公式估计其需要量。

（2）析因法。综合法主要根据生长速度和饲料利用率来估计总的需要，析因法则从维持和剖析增重的内容出发，研究在一定条件下蛋白质和脂肪的沉积规律及沉积单位重量的脂肪和蛋白质所需的能量，在大量实验数据的基础上，建立回归公式以估计某种动物在一定体重和日增重情况下的脂肪和蛋白质日沉积量。再根据脂肪和蛋白质的沉积量推算出增重净能，加上维持净能，即为所需的总的净能。根据各种动物的消化能、代谢能和净能相互转化的效率（转化系数），可将净能需要换算成消化能或净能。析因法估计能量需要的公式表示如下：

$$ME = ME_m + \frac{NE_f}{K_f} + \frac{NE_p}{K_p}$$

式中，ME_m 为维持所需代谢能；NE_f 和 NE_p 分别为脂肪沉积和蛋白质沉积所需净能；K_f 和 K_p 为 ME 转化为 NE_f 和 NE_p 的效率（系数），不同的动物各种能量间的转化效率不同。对于各种生长动物，原则上都可用析因法估计能量的需要。

（3）生长、育肥猪的能量需要。把总的需要剖分为几个部分，测定难度较大；我国一般采用综合法。欧美发达国家综合法和析因法都有采用，但目前已倾向于析因法。下面以 NRC（1998 年）猪的营养需要为例，介绍能量需要的析因法估计。

NRC（1998 年）猪的营养需要采用代谢能（ME）计算，其生长猪总的 ME 需要为：

$$ME = ME_m + ME_{pr} + ME_f + MEH_c$$

式中，ME_m、ME_{pr}、ME_f 及 MEH_c 分别为维持、蛋白质沉积、脂肪沉积和温度变化（超过最适温度下限）的 ME 需要。可进一步分项估计如下：

$ME_m = 2\ 510 \times P_t^{0.648}$　　（P_t 为机体所含蛋白质质量，kg），或者为每千克代谢体重（kg $W^{0.75}$）444kJ ME（W 为体重，kg）。

ME_{pr} 可按每沉积 1g 蛋白质平均需 44.35kJ ME 计。

ME_f 可按每沉积 1g 脂肪平均需 52.3kJ ME 计。

$MEH_c = [(0.313 \times W + 22.71) \times (T_c - T)] \times 4.184$（式中，$MEH_c$ 的单位为 kJ；T_c 为最适温度下限，对于 20kg 以上的生长育肥猪为 18～20℃；T 为环境温度）。

对于 ME_{pr} 和 ME_f 的需要也有按不同体重及不同日增重的蛋白质沉积量和脂肪沉积量，用动态模型（预测公式）来估计。这样可计算任一阶段（或一天）沉积蛋白质和脂肪所需的 ME 以及 NE，如：

$$ME_{pr} = \frac{NE_{pr}}{K_{pr}} = \frac{pr \times 22.6}{0.56}$$

$$pr = 5.73W^{0.75} - 0.151\ 3W^{1.5} + 0.110\ 0\Delta W$$

$$ME_f = \frac{NE_f}{K_f} = \frac{f \times 39.0}{0.74}$$

$$f = -141.42 + 2.645\ 4W + 0.292\ 1\Delta W$$

式中，W 为体重（kg）；ΔW 为日增重（g）；pr 为日沉积蛋白质质量（g）；f 为日沉积脂肪量（g）；NE_{pr} 为日沉积蛋白质所需净能（kJ）；NE_f 为日沉积脂肪净能（kJ）；K_{pr} 为 ME 用于蛋白质沉积转化为 NE 的效率；K_f 为 ME 用于脂肪沉积转化为 NE 的效率。

对于 5～25kg 的仔猪，每千克代谢体重的维持需要比生长育肥猪高，ME_m 的估计公式与生长育肥猪不同。

$$ME_m = (754 - 5.9W + 0.025W^2) \times W^{0.75}$$

按此式估计的 5～20kg 仔猪每千克代谢体重的维持对 ME 的需要为 725～645kJ。每克脂肪沉积需 ME 为 42～52kJ，转化为 NE 的效率（K_f）为 0.95～0.75；每克蛋白质沉积需 ME 为 45kJ，转化效率（K_p 为 0.5 左右）。因此，每千克增重的增长需 ME 22～25MJ，ME 转化为 NE 的平均效率是 0.7。表 2-3 是按上述参数推算的仔猪能量（ME）需要。

表 2-3　仔猪不同体重和日增重的 ME 需要 ［MJ/（头·d）］

日增重 (g)	体重（kg）			
	5～10	10～15	15～20	20～25
100	2.6	—	—	—
200	4.3	5.2	6.0	—
300	6.0	7.1	8.0	9.0
400	—	8.9	10.0	11.2
500	—	—	12.0	13.3
600	—	—	—	15.5

我国瘦肉型生长育肥猪的能量需要与 NRC 标准接近，但每千克饲料 DE 或 ME 的含量均较 NRC 低 1MJ 左右。这是考虑到我国粗饲料用得较多，饲料有效能含量较低的原因。但此标准制订已有十多年，有待修订、完善。

后备公母猪在育成期的能量需要不同于生长育肥猪，一般在 60kg 体重以后要限制采食，减少日增重，以免沉积脂肪过多，影响以后的繁殖成绩。母猪过肥易发生难产、死胎、乳腺炎及缩短繁殖寿命。各国对不同的猪种从何时开始限制采食、限制程度如何的要求并不完全一致。我国本地猪（小型）及杂交猪（大型）因易肥，母猪从 20kg 体重以后就开始限制增重。公猪因不易过肥，一般不限。NRC（1998 年）在 120kg 体重前基本不限，但公母分开饲养，母猪日采食量比公猪低 13%、比生长育肥猪低 6.5%。而德国标准却从 30kg 体重逐渐限制采食，90kg 体重后加大限制程度，详见表 2-4。

表 2-4　后备母猪的适宜日增重（g）

体重（kg）	中国小型	中国大型	德国
10～20	320		
20～35	380	400	
35～60*	360	480	600
60～90		440	700
90～120			500

注：*表示德国标准是 30～60kg。

（4）生长、育肥牛能量需要。生长、育肥牛能量需要的确定一般按析因法，即维持加增重的方法确定。增重能值的估计是直接测定增重 NE。牛的品种间体型差异大，根据某种牛的实验数据建立的回归公式一般不能通用。例如，德国将生长育肥牛分为 160kg 以下和以上两个部分。60～160kg 体重小牛的能量需要的析因公式为：

$$ME = 0.46 \times W^{0.75} + \frac{NE_g}{0.68}$$

式中，0.46 为每千克代谢体重的维持需要（MJ）；NE_g 为增重净能（MJ）；0.68 为 ME 转化为 NE_g 的效率。

对于 160kg 以上的牛虽然也可按上式估计，但每千克代谢体重的维持需要为 0.45～0.50MJ ME。ME 转化为 NE_g 的效率，随饲粮的性质不同，一般在 0.4～0.5。

后备母牛从 130kg 体重开始适宜限制增重，从 130kg 开始日增重比育肥牛低 10% 左右，然后逐渐下降到 600kg 时比育肥牛低 50% 左右。后备公牛生长期日增重保持中等水平，体重 160～600kg 小型牛平均日增重控制在 1 100g，大型牛为 1 300g，均为各原水平的 70% 左右。

我国《奶牛饲养标准》（NY/T 34—2004）估计生长母牛增重的净能需要不是根据脂肪和蛋白质沉积量，而是用体增重、体重与沉积净能的回归公式估计。

$$增重的净能沉积 = \frac{增重 \times [1.5 + 0.004\,5 \times 体重]}{1 - 0.30 \times 增重} \times 4.184$$

$$维持净能 = 0.53 W^{0.67} \times 110\%$$

生长公牛因能量的利用率比母牛高，增重加维持的需要量按母牛需要的 90% 估计。

2. 蛋白质和氨基酸的需要　动物对蛋白质的需要实际上是对氨基酸的需要，粗蛋白质的需要只是一定饲粮条件下为满足氨基酸需要的另一种表示方式，可随饲粮氨基酸可利用性（可消化性）的变化而变化。由于营养学的发展，猪已开始采用可消化（可利用）氨基酸体系，反刍动物则多为瘤胃降解与未降解蛋白质体系，因此，确定动物维持加生长（或产奶、产蛋）的净蛋白质和氨基酸需要及氨基酸模式比确定粗蛋白质需要更重要。

（1）生长育肥猪蛋白质和氨基酸的需要。NRC（1998 年）是先确定维持及生长（蛋白质沉积）的氨基酸模式，然后分别测得其可消化赖氨酸的需要，再根据各自的氨基酸模式可推算出其他氨基酸的需要量（真可消化氨基酸），维持加生长即为总的真可消化氨基酸的需要。

各国饲养标准对动物蛋白质、氨基酸需要的规定不尽相同，原因是各国用于研究蛋白质、氨基酸需要的典型饲粮的不同及实验条件和氨基酸分析测定的差异。由表 2-5 可见，我国标准推荐的粗蛋白质需要量一般比 NRC（1988 年）标准高 5% 左右，而赖氨酸却低 20% 左右；与 NRC（1998 年）标准相比，粗蛋白质需要低 10% 左右，赖氨酸低 30% 左右。其原因是 NRC 基于较优良的猪种、较理想的饲养条件和蛋白质质量较好的玉米-豆粕型饲粮。基于猪遗传特性的改良和高瘦肉率，NRC 1998 年标准的粗蛋白质和氨基酸水平比 1988 年标准相应提高了一个档次，即 1998 年标准每个生长阶段的推荐量相当于 1988 年标准的前一个阶段。

NRC（1998 年）后备公母猪蛋白质和氨基酸的需要（每千克饲粮含量），体重在 20kg 前基本与生长育肥猪相同；20kg 后母猪比生长育肥猪高 7% 左右，公猪约低 7% 左右，但日摄入量公母相同。我国只在肉脂型标准中列出了小型（本地猪）和大型（杂交猪）母猪蛋白质、氨基酸需要，而且均较国外瘦肉型母猪低，主要原因是生长速度和胴体瘦肉率比国外瘦肉型猪低。后备公母猪与生长育肥猪最大的不同是到一定时期要限制采食和增重，保证机体健壮而肥度适当。

表 2-5　生长育肥猪粗蛋白质和氨基酸的需要（%）

生长阶段 （kg）	中国（1987 年）			NRC（1998 年）					NRC（1988 年）		
	10~20	20~60	60~90	5~10	10~20	20~50	50~80	80~120	10~20	20~50	50~110
粗蛋白质	19	16	14	23.7	20.9	18.0	15.5	13.2	18.0	15.0	13.0
赖氨酸	0.78	0.75	0.63	1.35	1.15	1.02	0.80	0.60	0.96	0.75	0.60
				(1.19)	(1.01)	(0.83)	(0.66)	(0.52)			
蛋氨酸	0.51	0.38	0.32	0.76	0.65	0.54	0.44	0.35	0.48	0.41	0.34
				(0.68)	(0.58)	(0.47)	(0.39)	(0.31)			
苏氨酸	0.51	0.45	0.38	0.86	0.74	0.61	0.51	0.41	0.56	0.48	0.40
				(0.74)	(0.63)	(0.52)	(0.43)	(0.34)			
异亮氨酸	0.55	0.41	0.34	0.73	0.63	0.51	0.42	0.33	0.53	0.46	0.38
				(0.65)	(0.55)	(0.45)	(0.37)	(0.29)			
色氨酸	—	—	—	0.24	0.21	0.17	0.14	0.11	0.14	0.12	0.10
				(0.22)	(0.18)	(0.15)	(0.12)	(0.10)			

注：括号内为回肠真可消化氨基酸。中国标准饲料干物质含量为 88%，NRC 为 90%。

在我国，蛋白质饲料严重不足，一些饲料蛋白质质量也较差，宜及早采用可消化氨基酸体系。在生产实践中，添加合成氨基酸（赖氨酸、蛋氨酸）时，粗蛋白质水平可降低 2%~3%。补充第一和第二限制性氨基酸是提高饲料蛋白质和氨基酸利用率最有效的途径。采用可消化氨基酸将会使合成氨基酸的添加更准确。目前能用于生产中添加的合成氨基酸有赖氨酸、蛋氨酸、色氨酸、苏氨酸四种，但苏氨酸和色氨酸添加成本还较高，生产中一般少用。

（2）生长、育肥牛蛋白质和氨基酸的需要。目前一些国家反刍动物的蛋白质需要采用新的蛋白质体系，如英国的"瘤胃可降解蛋白质（RDP）和未降解饲料蛋白质（UDP）"体系。此体系把动物对蛋白质的需要分为 RDP 和 UDP 两个部分。现以小公牛对 RDP 和 UDP 需要量的估计为例介绍如下：

一头体重 200kg 的小公牛，日增重 750g，每千克增重含蛋白质 160g，维持所需蛋白质为每千克代谢体重 2.19g，皮屑损失为每千克代谢体重 0.112 5g，日需代谢能（ME）43MJ，现计算 RDP 和 UDP 的需要。

该体系规定，食入每兆焦 ME 的饲粮，瘤胃微生物可合成 8.34g RDP，所以：

$$RDP = 8.34 \times 43 = 358.6$$
$$UDP = \frac{TP - (RDP \times 0.8 \times 0.8 \times 0.85)}{0.8 \times 0.85}$$

式中，TP 为动物日需蛋白质的量（真蛋白质）；分子中的 0.8、0.8 和 0.85 分别为瘤胃微生物蛋白质中的真蛋白质含量、生物学价值和消化率；分母中的 0.8 和 0.85 分别为饲料蛋白质转化为体蛋白质的生物学价值和消化率。TP 可由下式估计：

$$TP = 维持所需蛋白质 + 皮屑损失蛋白质 + 增长蛋白质$$
$$= 2.19 \times 200^{0.75} + 0.112\ 5 \times 200^{0.75} + 0.75 \times 160 = 242.5$$
$$UDP = \frac{242.5 - (358.6 \times 0.8 \times 0.8 \times 0.85)}{0.8 \times 0.85} = 69.7$$

即每日需由瘤胃微生物提供的蛋白质是 358.6g（RDP），未降解的过瘤胃真蛋白质是 69.7g（UDP）。

NRC 采用的"吸收蛋白质体系"（absorbed protein system）要测定降解食入蛋白质（DIP）和未降解食入蛋白质（UIP）的需要量。其估计的原理与 RDP 和 UDP 类似，只是估计的方法和采用的系数有所差异。在此体系中，将进食饲料的粗蛋白质分为 DIP、UIP 和不可消化的食入蛋白质（indigestible intake protein，IIP）。前两者是动物和瘤胃微生物可消化利用的。IIP 主要来自饲料中的酸性洗涤不溶氮（acidic detergent insoluble nitrogen，ADIN）。

3. 矿物质元素的需要 对于生长动物，必需的矿物元素都不能缺少。但从缺乏程度、添加量及饲粮平衡等因素考虑，钙、磷相对于其他矿物元素更为重要。对于生长动物，在肌肉和脂肪增长的同时，骨骼也迅速生长发育。骨骼和牙齿中的钙和磷约占机体矿物质元素总量的 70%。生长动物对钙和磷的需要量较大，骨骼的钙化情况表明骨骼发育是否正常。对于生长育肥动物，只要求骨骼的发育与最大生长速度相适应，而对于种用和乳用的生长动物，有适宜的钙化速度是必要的。一般认为，能保证骨骼正常生长发育的饲粮钙、磷水平可作为动物对钙、磷的需要量。

生长动物钙、磷的需要主要取决于动物的体重和生长速度。可用平衡实验测定钙、磷的需要。由于骨骼钙、磷不断更新，而且速度很快，内源损失量较大，因此净需要量应为机体沉积钙、磷加上内源损失的钙、磷。可用下式估计：

$$总的需要=\frac{沉积量+内源损失}{利用率}=\frac{净的需要}{利用率}$$

内源损失的测定需要采用同位素示踪技术。利用率决定于饲粮钙、磷的形式和溶解性。肠道的酸性环境、饲粮适宜的脂肪含量、钙磷比例适当及有足够的维生素 D 均有助于钙、磷的吸收和利用。饲粮中钙、磷的利用率差异很大，无机物和动物产品来源的钙、磷利用率一般较植物来源的高。谷物及其副产物和油饼类含有 60%～75% 的植酸磷，利用率很低，一般只有 15%～50%。在生产实践中，一般都需添加无机钙、磷。钙、磷的比例对其吸收利用也很重要，一般为（1.5～2）：1。表 2－6 表明了不同钙、磷比例对猪骨成分的影响，无论是股骨或肱骨，其灰分中钙、磷含量都随饲料钙、磷水平的提高而明显增加。

表 2－6　饲料钙、磷水平对猪骨成分的影响（%）

项目	组成 1	组成 2	组成 3
饲粮钙	0.77	0.78	0.77
饲粮磷	0.18	0.33	0.59
股骨和肱骨灰分	48.18	57.35	59.64
股骨和肱骨含钙	18.35	21.93	22.70
股骨和肱骨含磷	8.69	10.58	10.82

由于确定钙、磷需要量的标志不统一，钙、磷体内周转代谢复杂，内源损失测定困难，以及饲料钙、磷利用率的不一致，准确测定动物的钙、磷需要量较困难，各国饲养标准中所给出的钙、磷需要量都说明了估计值的利用率。特别是磷，一般都给出了有效磷的需要量。表 2－7 是按平衡实验测定的仔猪、生长育肥猪对钙、磷的需要量。除钙、磷外，常量矿物元素常需考虑的还有镁和钠。表 2－8 是牛、绵羊、马、猪对钙、磷、镁、钠的维持（等于内源损失）、沉积的净需要及利用率。其总的需要（mg/d）按维持加上沉积除以利用率估计。

表 2－7　仔猪及生长育肥猪每日钙、磷的沉积、内源损失、利用率及需要量

体重阶段 (kg)	钙					磷				
	沉积 (g)	内源损失 (g)	净需要 (g)	利用率 (%)	总需要 (g)	沉积 (g)	内源损失 (g)	净需要 (g)	利用率 (%)	总需要 (g)
1.3	1.3	0.04	1.34	85[a]	1.5[a]	1	0.02	1.02	85[a]	1.2[a]

（续）

体重阶段 (kg)	钙					磷				
	沉积 (g)	内源损失 (g)	净需要 (g)	利用率 (%)	总需要 (g)	沉积 (g)	内源损失 (g)	净需要 (g)	利用率 (%)	总需要 (g)
5	3	0.2	3.2	80[b]	4[b]	1.9	0.1	2	80[b]	2.5[b]
10	4.5	0.3	4.8	80[c]	6[c]	2.8	0.2	3	75[c]	4[c]
20	6	0.6	6.6	65[c]	10[c]	3.6	0.4	4	55[c]	7[c]
50	7	1.6	8.6	60[c]	14[c]	4.2	1.0	5	50[c]	10[c]
100	7	3.2	10.2	55[c]	18[c]	4.2	2.0	6	50[c]	12[c]

注：a. 母猪奶；b. 母猪奶加补饲料；c. 以谷物、豆饼和无机磷组成的饲粮。

表 2-8　生长育肥动物钙、磷、镁、钠的净需要及利用率

项目	钙		磷		镁		钠	
	净需要 (mg/kg)	利用率 (%)	净需要 (mg/kg)	利用率 (%)	净需要 (mg/kg)	利用率 (%)	净需要 (mg/kg)	利用率 (%)
牛：								
维持需要①	16	50	24	70	4	20	11	80
100kg②	150	90	90	85	3.0	40	14	80
225kg②	60	50	33	70	1.8	20	6	80
350kg②	30	50	17	70	1.1	20	4	80
750kg②	20	50	10	70	0.3	20	2.8	80
绵羊：								
维持需要①	16	50	14	70	4.0	20	25	80
20kg③	135	50	75	70	5.3	30	21	80
马：								
维持需要①	30	60	12	40	7.0	35	1.8	90
150kg（1 000g）	120	70	60	50	2.7	50	10	90
300kg（800g）	45	60	21	40	0.8	35	4.3	90
430kg（300g）	10	60	5.3	40	0.2	35	1.1	90
猪：								
维持需要①	32	50～70	20	50	2	40	11	80
35kg④	190	70	140	70	9.6	70	32	80
70kg④	80	50	54	40	4.3	40	10.7	80

注：表中括号内的数字为日增重。
①按内源损失评定的量。
②日增重为1 000g 的沉积需要。
③日增重为300g 的沉积需要。
④日增重为750g 的沉积需要。

其他矿物元素的需要量都较少。其需要一般通过生长和屠宰实验，根据生长效应、组织中的含量及其功能酶的活性进行综合评定。由于微量元素添加量少，价格便宜，中毒剂量一般又超过需要量若干倍，在生产实际中，除饲料中个别含量已超过需要量的元素，一般将饲料中的含量忽略不计。

我国猪的饲养标准中，钙、磷、铜、锌、硒等矿物质元素的推荐量是根据实验结果，并参考了 NRC、英国农业研究委员会（ARC）等国外标准给出的。其他元素是参照 NRC 标准按饲粮每兆卡[①]消化能或代谢能中的含量折算的。表 2 - 9 是我国猪、牛饲养标准中几种矿物元素的需要量。

表 2 - 9　猪、牛矿物质元素的需要量

动物	钙 （%）	总磷 （%）	铁 （mg/kg）	铜 （mg/kg）	锌 （mg/kg）	锰 （mg/kg）	硒 （mg/kg）	碘 （mg/kg）
猪	0.5～1.0	0.4～0.8	50～165	3.8～6.5	90～110	2.5～4.5	0.15～0.30	0.14～0.15
牛	0.4～0.8	0.36～0.48	50～100	5～8	20～30	14～40	0.1	—

4. 维生素的需要　对于生长动物，维生素的需要主要通过生长实验评定。对于单胃动物和反刍动物，脂溶性维生素都必须由饲粮提供，尤其是消化道功能尚未健全的幼龄动物。在有充足的阳光照射情况下，不需饲粮提供即可保证维生素 D 的需要。成年家畜肠道微生物能合成维生素 K。成年反刍动物能合成足够自身需要的全部水溶性维生素。工厂化养猪应特别注意维生素的补充。在有青绿饲料喂养情况下，维生素的添加量可适当降低。

表 2 - 10 是从有关资料总结的一些生长动物维生素需要的推荐量。对于所有的动物，每千克饲粮所需的维生素含量随年龄的增长而下降。鱼类维生素的需要量差异较大，不同于其他种类动物。

表 2 - 10　生长动物维生素需要的推荐量[a]

维生素	小牛	羔羊	猪	马	犬	猫
脂溶性维生素（每天每千克体重）						
维生素 A（IU）	60～160	60～150	130～2200[b]	50～150	100～200	600[b]
维生素 D（IU）	5～10	5	150～220[b]	10～20	0～20	15～352
维生素 E（mg）	0.1	0.1	11～16[b]	—	2	1～2[b]
水溶性维生素（每千克饲料风干物质含量）						
维生素 B_1（mg）	2.5	2.0	1～1.5	4	1	5

---

　　① 卡为非法定计量单位，1cal≈4.18kJ。——编者注

（续）

维生素	小牛	羔羊	猪	马	犬	猫
维生素 B_2（mg）	4	4	2～4	5	2～5	5
维生素 B_6（mg）	4	4	1～2	1.6	1.25	4
维生素 B_{12}（ug）	18	18	5～20	1.6	25	20
尼克酸（mg）	25	25	7～20	15	10	45
泛酸（mg）	12	12	7～12	6	10	10
叶酸（mg）		0.3		0.5～1	1	1～2
生物素（mg）		0.05～0.08		(0.1)	0.1	0.05
胆碱（g）		0.3～1		0.08	1.2	2

注：a. 幼小动物取上限；b. 每千克饲料含量。

由于确定维生素需要的标准不同、维生素源效价的不同、饲料加工贮存中的损失及饲养环境条件的差异，各国标准公布的维生素需要量差异较大。为保证畜产品的质量和延长保质时间，增强动物抗应激和免疫的能力，防止饲料的氧化及考虑到在加工贮存中的损失，商业产品的推荐量一般都大于甚至远远超过需要量。因此，在实际生产中与微量元素一样，一般未考虑饲料中原有的维生素含量。

三、生长育肥的饲料利用率

动物对饲料的利用效率可以剖分为对各种养分，如能量、蛋白质等的利用效率。对于生长育肥动物，饲料能量和蛋白质的利用效率一直是研究的重点。单位增重的耗料多少，即耗料/增重（F/G）或饲料报酬，常用以表示饲料利用率的高低，特别是在比较不同饲粮的生长育肥效果时。值得注意的是，当饲粮养分浓度和增重内容不相同时，用 F/G 表示饲料利用率就不够准确。

1. 营养水平与饲料利用率 营养水平是指动物每天摄入营养物质的含量，常表示为相当于维持需要的倍数。营养水平直接影响饲料的利用率。随着营养水平的提高，每千克增重耗料减少（饲料报酬提高），当营养水平提高到一定程度，每千克增重饲料消耗开始上升（饲料报酬下降）。对于幼龄生长动物，增重以蛋白质沉积为主，机体水分占的比例也较大（70％左右）；而随着年龄的增长，脂肪的比例明显上升，机体水分含量减少（50％左右）。因此，动物年龄越小，饲料报酬越高。动物体重越大和饲养时间越长，维持占总营养需要的比例越大，饲料报酬也越低。所以生长育肥动物全期都采用充足的饲养，有利于获取最大日增重和最佳饲料报酬。但在生长后期，为避免胴体过肥而适当限制采食，以降低日增重，减少脂肪沉积。由于每千克脂肪所含能量相当于每千克瘦肉的 5 倍以上，脂肪沉积增加，饲料报酬也就下降。

显然，每千克增重耗料或每千克饲料增重在经济上有其重要的意义，但它不能说明各种营养物质及能量被利用的程度。营养物质及能量的利用效率与每千克饲料增重呈高度正相关，但意义有所不同。主要涉及增重的内容，如增重内容以脂肪为主，能量利用效率不一定低，但每千克饲料增重就比以沉积瘦肉为主少得多。

2. 生长育肥的能量利用效率　动物生长育肥过程中对能量的利用主要用于维持机体的生命活动和体脂、体蛋白质的合成。维持的能量来自体内营养物质氧化分解释放的能量（热），而体脂、体蛋白质的合成却是一个耗能的过程。从理论上推算，机体合成体脂的效率是 $65\%\sim95\%$，合成体蛋白质的效率是 $80\%\sim90\%$。两者差异主要来自合成的原料。

但是在实际生产中，饲料营养物质所含能量转化成体脂、体蛋白质的效率却低于理论推算值。究其原因在于机体吸收饲料营养物质转变成体脂、体蛋白质的过程中还要经过一些周折。例如，吸收氨基酸的比例与将合成的体蛋白质氨基酸模式不一致，一些氨基酸（非必需氨基酸）需经过降解和再合成的耗能过程。表 2－11 是牛和猪各种能量（消化能、代谢能、净能）在不同生理状况下的转化效率（利用率）的平均值。

表 2－11　牛和猪消化能转化为代谢能的效率（K）

项目	牛	猪
K_p（蛋白质沉积）	0.72	0.75
K_m（维持）	0.38	0.56
K_f（脂肪沉积）	0.60	0.74
消化能转化为代谢能的效率	0.82	0.96

3. 生长育肥的蛋白质利用效率　对于生长、育肥动物，除蛋白质品质外，年龄、蛋白质的食入量也影响蛋白质的利用效率。与能量的利用类似，随着年龄的增长，相对生长速度下降，用于维持所需的蛋白质比例增大，用于生长育肥的比例减少，利用率也就降低。例如，生长猪从 $20\sim100kg$，生长育肥的平均效率从 55% 下降到 40% 左右。我国猪饲养标准建议，在正常饲粮的粗蛋白质水平范围内，生长育肥猪对蛋白质的利用效率用如下公式推算：

$$Y = 22.67 - 0.56X + 0.009X^2$$

式中，Y 为沉积氮（g）；X 为食入氮（g）。由沉积氮和食入氮可计算食入蛋白质的利用效率。$20\sim100kg$ 体重，蛋白质的利用效率从 42% 降至 35%，比国外报道的资料低。究其原因主要是饲料及蛋白质质量问题。饲粮粗纤维每增加 1%，蛋白质的消化率下降 1.0%～1.5%。

随着蛋白质摄入量的增加，蛋白质的利用效率也下降，特别是在食入量较大的情况下。

对于反刍动物，由于瘤胃微生物的作用，其对优质的饲料蛋白质利用率比单胃动物低；其对质量差的饲料蛋白质和非蛋白氮（NPN）利用率却能大大提高。反刍动物蛋白质用于生长育肥的平均效率为 40% 左右（45%～35%），但同样随年龄、体重的增加而降低。

总的来说，蛋白质的利用效率很大程度上取决于蛋白质的品质。相比较而言，生长育肥的蛋白质利用效率比维持和泌乳低，高于妊娠。

第二节　猪的生长、饲养及消化特点

根据猪生理生长特点和营养需要的不同，在仔猪出生后，通常将其生长过程划分为哺乳期、保育期、生长育肥期等几个阶段，各阶段采用不同的饲养管理措施。

一、生长发育规律及特点

（一）生长发育规律

1. 哺乳阶段　仔猪出生至断乳阶段，一般为 3～5 周。哺乳期仔猪处于生命早期，容易受外环境的影响而生病，饲养管理不善会导致仔猪死亡。因此，加强哺乳期仔猪的饲养管理是提高仔猪成活率和养猪效益的关键环节。

2. 保育阶段　仔猪断奶至保育结束这一阶段，通常为 5 周。仔猪断奶后离开与母猪共同生活的环境，加上饲料类型和环境发生改变，对其生长发育造成很大应激，这一阶段猪容易掉膘，体质虚弱，发病率增加，饲养管理不当容易形成僵猪，甚至死亡。因此，搞好断乳后仔猪的饲养管理十分关键。

3. 生长育肥阶段　仔猪保育结束进入生长舍饲养直至出栏这一阶段，一般为饲养 7 周左右（70～180 日龄）。此阶段是猪生长发育最快的时期，也是养猪经营者获得经济效益的重要时期。饲养管理中应加强营养供给，提供充足洁净的饮水，搞好舍内外的环境卫生和疫病防治工作，以保证猪充分地生长发育。

（二）哺乳仔猪生长特点

哺乳仔猪的主要特点是生长发育迅速和生理上不成熟，从而造成难饲养、成活率低。

（1）生长发育迅速、代谢机能旺盛、利用养分能力强。仔猪初生重小，不足成年体重的 1％，但生后生长发育迅速。一般仔猪初生重为 1kg 左右，10 日龄时体重达初生重的 2 倍以上，30 日龄达 5～6 倍，60 日龄达 10～13 倍。

仔猪生长速度快是因为物质代谢旺盛，特别是蛋白质代谢和钙、磷代谢要比成年猪高得多。生后 20 日龄时，每千克体重沉积的蛋白质相当于成年猪的 30～35 倍，每千克体重所需代谢净能为成年猪的 3 倍。所以，仔猪对营养物质的需要无论在数量和质量上都高，对营养不全的饲料反应特别敏感，因此对仔猪必须保证各种营养物质的供应。

（2）仔猪消化器官不发达、容积小、机能不完善。仔猪初生时，消化器官虽然已经形成，但其重量和容积都比较小。如胃重，仔猪出生时仅有 4～8g，能容纳乳汁 25～50g，20 日龄时胃重达到 35g，容积扩大 2～3 倍，当仔猪 60 日龄时胃重可达到 150g。小肠也强烈地生长，4 周龄时重量为出生时的 10.17 倍。消化器官这种强烈的生长保持到 7～8 月龄，之后开始降低，一直到 13～15 月龄才接近成年水平。

仔猪出生时胃内仅有凝乳酶，胃蛋白酶很少，由于胃底腺不发达，缺乏游离盐酸、胃蛋白酶，没有活性，不能消化蛋白质，特别是植物性蛋白质。这时只有肠腺和胰腺发育比较完全，胰蛋白酶、肠淀粉酶和乳糖酶活性较高，食物主要是在小肠内消化。所以，初生仔猪只能吃乳汁而不能利用植物性饲料。

在胃液分泌上，由于仔猪胃和神经系统之间的联系还没有完全建立，缺乏条件反射性的胃液分泌，只有当食物进入胃内直接刺激胃壁后才分泌少量胃液。而成年猪由于条件反射作用，即使胃内没有食物，同样能分泌大量胃液。

哺乳仔猪消化机能不完善的又一表现是食物通过消化道的速度较快，食物进入胃内排空的速度 15 日龄时为 1.5h、30 日龄时为 3～5h、60 日龄时为 16～19h。

（3）缺乏先天免疫力。容易患病仔猪出生时没有先天免疫力，是因为免疫抗体是一种大分子 γ-球蛋白，胚胎期母体血管与胎儿脐带血管之间被 6～7 层组织隔开，限制了母体抗体通过血液向胎儿转移。因而仔猪出生时没有先天免疫力，自身也不能产生抗体。只有吃到初乳以后，靠初乳将母体的抗体传递给仔猪，以后过渡到自体产生抗体而获得免疫力。

（4）调节体温的能力差，怕冷。仔猪出生时大脑皮层发育不够健全，通过神经系统调节体温的能力差。还有仔猪体内能源的贮存较少，遇到寒冷时血糖很快降低，如不及时吃到初乳很难成活。仔猪正常体温约为 39℃，刚出生时所需要的环境温度为 30～32℃，当环境温度偏低时仔猪体温开始下降，下降到一定范围开始回升。仔猪生后体温下降的幅度及恢复所用的时间视环境温度而变化，环境温度越低则体温下降的幅度越大，恢复所用的时间越长。当环境温度低到一定范围时，仔猪则会被冻僵、冻死。

二、饲养管理

按照猪的生长发育规律，强化日粮搭配。猪在生长过程中需要充足的营养，为了保证猪体重快速增长，要充分提高蛋白质的比例，通过猪生长期强大的消化功能，提高蛋白质利用率。如在饲喂时可以用两份玉米加一份肉骨粉，这种专业混合饲喂方法可有效提高蛋白质的利用率，对猪体重增加有促进的作用。在搭配过程中不可以将饲料煮熟，避免高温使饲料中蛋白质变质，尽量用生饲料喂猪。

饲喂时要定时定量。在饲喂过程中需要严格按照时间饲喂，在饲喂次数上也要明确，通过科学的饲喂，使猪的进食有规律，促进消化液分泌，提高消化机能，使猪在育肥期内有食欲，从而提高饲料的利用价值。具体方法是，以精饲料为主时每天控制饲喂次数为 2～3 次；以青绿饲料为主时，每天控制饲喂次数为 3～5 次。养殖户要根据饲料情况合理调整饲喂次数，在冬季和夏季可以根据昼夜长短多饲喂 1 次。在饲喂的时候一定要定量，要按比例增加饲料量，避免影响猪日后采食食欲，从而降低饲料消化能力。在变更饲料饲喂的时候，要遵循循序渐进的方法，不可以快速更换饲料，必须要让猪有适应阶段，这样也有利于提高猪的食欲，达到增肥的目标。

三、影响生长发育的环境因素

1. 温度　对猪的生活、生产有利的温度范围称为适宜温度。一般大猪为 15～25℃，仔猪生后第一周为 27～28℃。猪的增重速度、饲料利用率、抗病力在 15～23℃最佳，饲养较为经济。

2. 湿度　空气高湿低温时，猪体因大量失热而感到过冷，从而导致生长发育受阻、生产力下降、抵抗力降低、容易发病，特别是易患感冒。

高湿高温会阻碍机体散热，使猪体过热，猪易患热射病造成中暑。此外，潮湿也是仔猪副伤寒、腹泻、呼吸道疾病与湿疹、疥癣等皮肤病的发生诱因之一。这是因为潮湿是病原微生物繁衍的一个条件。因此要保持环境的相对干燥，一般相对湿度应为 60%～75%。

3. 气流　气流主要影响皮肤与整个机体的散热过程。在低温情况下，气流可加速体热发散从而加剧严寒对猪的危害。夏季常温时加强空气对流有散热作用，可使猪感到凉爽。

4. 有害气体　猪舍内有害气体主要是二氧化碳、氨气、硫化氢等。

（1）二氧化碳。猪舍空气中的二氧化碳含量高达 4%～7%时即可引起猪中毒。猪长期处于二氧化碳含量在 0.5%以上的环境中往往表现萎靡不振、食欲减退、消瘦、抗病力降低、易患病。猪舍内空气二氧化碳含量一般规定不得超过 0.20%。

（2）氨气。氨气有毒，易溶于水，对猪的黏膜、结膜有刺激作用，可引起肺水肿、贫血、中枢神经兴奋、抽搐、麻痹以致死亡。虽然舍内的氨气含量一般达不到中毒量，但对增重也会产生不良影响，猪体对一些传染病抵抗力明显减弱。

（3）硫化氢。硫化氢使猪黏膜上的水分很快溶解，由于黏膜受到刺激易引起炎症。猪在较低浓度硫化氢的影响下体质减弱，抗病力下降，容易发生胃肠炎、心力衰竭等，给生产带来损失。硫化氢浓度过高时会使中枢神经麻痹甚至窒息死亡。

5. 阳光　阳光除通过土壤、空气和温度对猪产生影响外，还直接影响机体的生理过程。过度光照与光照不足均属不利影响。适量的光照能加速血液循环，使血管及微细血管舒张，增加流向皮肤的血量，从而改善皮肤的营养状况，加速皮肤的再生过程，促进皮毛的生长，提高皮肤的防御能力。发生外伤时阳光可促进伤口愈合。其机理为：阳光能促进红细胞及血红蛋白的产生，促进白细胞的生长并加强其活性。阳光还可促进气体代谢，从而使组织中的氧化过程加强，促进糖原在肝脏及肌肉中的沉积。对消瘦的猪有促进脂肪沉积的作用。这就是病弱猪复壮需要充足的阳光和育肥猪暖舍育肥的道理。

阳光是生殖器官正常发育和维持其机能的必需条件。所以光照不足往往导致生殖机能不全，甚至有的猪生殖机能失调。充足的阳光可促进母猪发情。

此外，阳光可促进蛋白质代谢，使氮在组织中沉积加速，使幼猪生长发育及增重加快，还可促进矿物质代谢，使猪皮肤中的胆固醇转变为维生素 D，进而促进钙、磷代谢。在北方冬季，舍饲期长时，若光照不足且饲料中维生素 D 的含量又不足，则会造成软骨症、佝偻病。阳光中的紫外线还具有杀菌作用。

四、各阶段的饲料搭配

在养猪过程中，饲料的使用是非常重要的，关系到养殖成本和养殖效益。猪的不同生长阶段对营养的需求不同，因此在日常生产中应该合理地搭配饲料、科学喂养，以更好地促进猪的生长发育。

（一）哺乳仔猪饲料

开口料是仔猪出生后 7～10d 开始调教诱食至断奶后 7～10d 这一时期补充饲喂的饲料，其目的是补充泌乳养分的不足，有利于刺激仔猪消化酶的合成，提高哺乳仔猪淀粉酶和胰蛋白酶的活性。此外，哺乳期充分补饲可使仔猪对饲料中某些抗原物质产生免疫耐受力，并保护消化道壁的完整性，以便断奶时消化道快速适应固体饲粮的采食。因此，哺乳仔猪饲料应该是营养全面的配合饲料，最好制成经膨化处理的颗粒饲料，保证松脆、香甜等良好的适口性。

1. 原料选择　既要与消化系统的能力相适应，也要为断奶后平稳过渡做好准备。饲料应含有与母乳类似的原料如奶粉、乳渣粉等，添加糖和油脂，同时含有一定比例的植物蛋白，有助于断奶后的平稳过渡，所选原料应品质好、消化率高。

2. 营养因素　主要考虑的是能量和蛋白质水平，消化能浓度范围一般在 $13.8\sim15MJ/kg$，蛋白质含量在 $20\%\sim25\%$，粗纤维含量不超过 4%，同时，还应考虑饲粮中的限制性氨基酸（如赖氨酸等）和钙磷等矿物质的含量。另外，还要注意在饲料中添加柠檬酸、乳酸、甲酸、延胡索酸等有机酸来提高消化道的酸度和饲料的消化率，注意在饲料中添加抗生素，补充铁、铜、硒等矿物质。

（二）断奶仔猪饲料

仔猪断奶后，环境、营养和免疫机能不成熟等多种应激常导致仔猪食欲降低、腹泻、增重减缓甚至减重、生长受阻等。因此断奶仔猪的饲养目标是减少腹泻，提高成活率和日增重。在整个仔猪保育期间，控制仔猪腹泻是饲养的关键。

1. 原料选择　可利用能量饲料有乳糖、脂肪、蔗糖、谷物等，特别是早期断奶料中，乳糖的添加必不可少，它不仅能促进食欲，而且是仔猪最好的能量来源。乳清粉中乳糖含量在 60% 以上，是乳糖的良好来源。乳汁干物质中含 $30\%\sim40\%$ 的脂肪，故断奶仔猪中使用脂肪还是必要的，其中豆油和椰子油是仔猪较好的脂肪来源。谷物类最好熟化处理，特别是对 21 日龄之前断奶的仔猪尤为重要，谷物熟化之后，消化和吸收率提高，可减少腹泻。随日龄增加，仔猪对淀粉的消化率提高，采用普通谷物即可，蛋白源可选用易消化的动植物蛋白如奶粉、乳清粉、血浆蛋白粉、鱼粉、豆粕、大豆浓缩蛋白等，大豆蛋白中的某些抗原物质会引起早期断奶仔猪短暂过敏反应，尽管高水平豆粕有害，但断奶第一阶段料中必须含有一定量的豆粕，使仔猪产生适应性，否则以后仍会发生过敏反应。

2. 阶段饲喂　根据仔猪的生长发育特点，采用阶段饲喂法，即把断奶仔猪分为断奶到 7kg、$7\sim11.5kg$、$11.5\sim23kg$ 三个阶段，分别饲喂相应阶段的饲料。第一阶段喂高浓度养分饲料，以乳蛋白为基础，添加维生素、微量元素和抗生素，日粮含高浓度的蛋白质和赖氨酸。第二阶段以玉米-豆饼型饲粮为基础，加 10% 乳清粉，饲粮含粗蛋白质 $18\%\sim20\%$、赖氨酸 1.25%。第三阶段用简单饲粮，以谷物-豆饼为基础，含赖氨酸 1.1%。

（三）生长育肥猪饲料

该阶段占养猪饲料总消耗的 70% 左右。因此，该阶段猪的生产性能和饲料成本直接关系到猪场效益的高低。

1. 原料选择　生长育肥猪的能量饲料以玉米为主，蛋白质饲料以豆饼为主，要利用本地丰富的饲料原料进行合理搭配，做到既降低饲料成本，又保证肉猪一定的增重速度和胴体品质。

2. 营养因素　能量供给水平与增重速度和胴体品质有密切关系，体重 50kg 之前，蛋白质沉积速率随能量增加而呈线性增加，充分表现其生长潜力的日粮浓度为 14～15MJ/kg，一般来说，在日粮中蛋白质、必需氨基酸水平相同的情况下，肉猪摄取能量越多，日增重越多，饲料利用率越高，背膘越厚，胴体脂肪含量越多，但日增重达到一定程度，再增加能量的摄入量也不能使蛋白质和瘦肉量的沉积继续增长，饲料转化率进而开始降低，对于不同品种、不同类型和不同性别的肉猪，其能量的最佳摄入水平也不同。

生长期日粮中的蛋白质和赖氨酸主要用于瘦肉组织的生长，因此日粮中充足的蛋白质和赖氨酸供应对猪遗传潜力的发挥起主导作用。不同遗传类型的猪生长速度和胴体差异很大，采食量也存在较大差异，因此对日粮中的氨基酸水平要求不同。沉积瘦肉速度较快的猪显然需要较高的蛋白质和氨基酸水平。在日粮消化能和氨基酸都满足的情况下，日粮蛋白质水平在 9%～18% 的范围内，随着蛋白质水平的提高，猪的日增重和饲料转化率均提高，但超过 18% 时，日增重不再提高，反而有的会出现下降的趋势，但瘦肉率提高了。一般来讲，体重 20～60kg 时，瘦肉型猪的粗蛋白质水平为 16%～17%，体重 60～100kg 时，为 14% 或 16%；在提供合理的蛋白质营养时，要注意各种氨基酸的给量和配比，尤其要注意日粮中赖氨酸占粗蛋白质的比例，通过确定赖氨酸的需要量，然后选择合适的理想的蛋白质模式。

在日粮消化能和粗蛋白质水平正常情况下，体重 20～35kg 阶段，粗纤维含量为 5%～6%；35～100kg 阶段，为 7%～8%，不能超过 9%。日粮中应含有足够数量的矿物质元素和维生素，特别是矿物质中某些微量元素的不足和过量会导致育肥猪代谢紊乱、增重速度缓慢、饲料消耗增多，重者能引发疾病或死亡。

五、消化道组成及特点

（一）消化道组成

猪的消化道由口腔、咽、食管、胃、肠、肛门等组成。主要功能是摄取、消化、吸收营养物质、水分和电解质，供给机体生长、发育和维持生命的需要，排除废物等。

1. 口腔　猪的上唇短而厚，与鼻连在一起构成坚强的吻突，能够掘地而食，猪的下唇小而尖，活动性不大，但是口裂很大，牙齿和舌尖露在外面即可采食。猪具有发达的犬齿和臼齿，靠下颌的上下运动将坚硬的食物嚼碎。猪的唾液腺发达，能够分泌比较多的含淀粉的唾液，淀粉酶的活性要比马、牛强14倍。唾液除了能够浸润饲料使其便于吞咽外，还能将少量的淀粉转化为可溶性糖。猪的舌长而尖薄，主要由横纹肌组成，表面有一层黏膜，上面有不规则的舌乳头，大部分的舌乳头有味蕾，能辨别口味，食物经食管很快进入胃中。

2. 胃　猪的胃容积为7~8L，是介于肉食动物的简单胃与反刍动物的复杂胃之间的中间类型，胃有消化腺，不断分泌含有消化酶与盐酸的胃液，分解蛋白质和少量脂肪，食物经胃中消化变成流体或半流体的食糜，食糜随着胃的收缩运动而逐渐移向小肠。

3. 小肠　猪的小肠很长，达到18m左右，是体长的15倍，容量大约为19L。小肠内有肠液分泌，并含有胰腺分泌的胰液和胆囊排出的胆汁，食糜中的营养物质在消化酶的作用下进一步消化，随着小肠的蠕动，剩下的食糜进入大肠。

4. 大肠　猪的大肠长4.6~5.8m，包括盲肠和结肠两部分。猪的盲肠很小，几乎没有任何功能，只有结肠的微生物对纤维素有一定的消化作用。大肠内没有被消化和吸收的物质逐渐浓缩形成粪由肛门排出体外。

（二）消化特点

1. 口腔消化特点　猪有坚硬的吻突，可以掘地寻食，靠尖形下唇将食物送入口腔。猪饮水或饮取流体食物时主要靠口腔形成的负压来完成。猪咀嚼食物较细致，咀嚼时多做下颌的上下运动，横向运动较少。咀嚼时有气流自口角进出，因而随着下颌上下运动，发出咀嚼所特有的响声。猪的唾液中含有较多的淀粉酶，这在家畜中是一个突出的特点。唾液淀粉酶的适宜pH是弱碱性或中性。

食物进入胃内之后，在未被酸性胃液浸透之前，随食物入胃的唾液淀粉酶仍继续起消化作用。猪的唾液分泌是连续性的，不论是否采食，24h总在不断分泌，但采食时分泌加强，唾液分泌量每昼夜可多达15L。猪两侧唾液分泌呈不对称性。对某一食物的刺激，左侧腺体的分泌多于右侧，而另一种食物的刺激，则右侧分泌多于左侧。因此，应避免长期喂给单一饲料，避免造成单侧腺体负担过重，而另一侧腺体却可能因功能得不到发挥而退化。唾液分泌的质和量随饲料不同而变化。

2. 胃消化特点 胃液是胃黏膜各种腺体所分泌的混合液，无色透明，呈酸性（pH0.5～1.5），由水、有机物、无机盐和盐酸所组成。有机物中主要是各种消化酶，包括胃蛋白酶、胃脂肪酸和凝乳酶。猪胃腺细胞不产生水解糖类的酶。但糖在胃内也存在一定程度的消化过程，这主要依靠唾液淀粉酶和植物性饲料中含有的酶来完成。仔猪胃内的消化酶具有一些突出的特点。哺乳仔猪胃液分泌量随日龄增长而增加，到断乳时白天和夜间胃液分泌量几乎相等，然后逐渐过渡到成年猪的白天分泌量大于夜间分泌量。初生仔猪胃液中不含游离的盐酸或仅有少量。盐酸产生后即被胃液所中和。

到1月龄左右，仔猪胃酸才显示出杀菌功能，但此时酸度仍然较低，直至2.5月龄时，胃酸才达到成年猪水平。仔猪胃液中凝乳酶和脂肪酶活性很强，胃蛋白酶活性很弱，仔猪对蛋白质的消化主要是依靠小肠中胰蛋白酶来完成的。仔猪出生后便对母猪乳汁中的各种营养成分有很强的消化吸收能力，消化吸收率几乎达100%。由此可见，母乳是仔猪的最佳食品。当母猪缺乳时，其仔猪应首先考虑寻找乳汁充足的哺乳母猪寄养或代养。仔猪出生后36h内，胃肠黏膜上皮能够以"吞饮"的方式直接吸收母猪初乳中完整的免疫球蛋白，从而使仔猪获得后天免疫能力。因此，应尽早让仔猪吃到初乳。

3. 小肠消化特点 由胃排入小肠的食糜在小肠内受到胆汁、胰液和小肠液中各种酶的化学作用及小肠收缩运动的机械作用，其中含有的各种营养物质变成能溶于水的小分子物质。因此，小肠是整个消化系统中最重要的消化部位。

胰液由胰腺组织中的消化腺细胞所分泌，经胰腺导管排入十二指肠，无色透明，呈碱性（pH7.8～8.4）。胰液分泌是连续的，采食时分泌量增加。胰液中含有无机盐和有机物，无机盐中主要是浓度很高的碳酸氢钠和钾、钠、钙等离子，有机物中主要包括胰蛋白酶、胰脂肪酶、胰淀粉酶等。

仔猪哺乳期间胰脂肪酶活性很强，断奶之后活性降低。胆汁由肝细胞分泌，是有黏性、味苦、橙黄色的弱碱性液体。胆汁在非消化期间贮于胆囊中，消化时胆囊收缩，胆汁由胆管排入十二指肠。胆汁中除水以外，主要包括胆盐、胆色素、胆固醇等，不含消化酶。

小肠液是指小肠黏膜中肠腺的混合分泌物，呈弱碱性，含有水、碳酸氢钠和多种消化酶，并混有脱落肠黏膜上皮细胞。消化酶主要包括肠肽酶、肠脂肪酶、麦芽糖酶、蔗糖酶、乳糖酶、核酸酶、核苷酸酶等种类齐全的消化酶。小肠中的食糜一方面受到小肠液中各种消化酶的水解作用，另一方面小肠也在不断运动，使消化产物与肠黏膜密切接触，以利吸收，并推进食糜后移入大肠。小肠运动是肠壁平滑肌收缩与舒张的结果，肠壁内层环行肌收缩时，肠腔缩小；外层纵行肌收缩时，肠管长度缩短。两层肌肉协同舒缩而表现出各种肠运动方式，包括蠕动、分节运动和摆动。

4. 大肠消化特点 大肠液的主要成分是黏液，酶含量很少。随食糜进入大肠的小肠液中的消化酶在大肠内继续进行着消化作用。但食糜中绝大部分营养物质经过小肠之后均已被消化和吸收。进入大肠的大都是难以消化的物质，主要是植物性饲料中的纤维素。大肠内的微生物可对部分纤维素进行分解和发酵。大肠内的细菌也能分解蛋白质、氨基酸等含有氮素的物质。

猪大肠运动方式基本与小肠相似，但速度比小肠慢，运动强度也较弱。大肠内容物被推送到大肠后段后，由于水分被强烈吸收，最终形成粪便。自饲料入口腔直至消化残渣形成粪便由肛门排出体外所需的时间可因饲料性质、采食量及猪体生理状态不同而异，一般情况下，成年猪进食后18～24h开始排出饲料中的第一份残渣，约持续12h方能排泄完毕。

第三节　牛的生长、饲养及消化特点

一、牛的生长发育及特点

（一）奶牛

奶牛按照其生长发育以及生产情况可划分为：哺乳期、断奶期、育成期、妊娠前期和妊娠后期。

1. 哺乳期犊牛（0～3月龄）　此阶段是后备母牛中发病率、病死率最高的时期。

2. 断奶期犊牛（3～6月龄）　此阶段是生长发育最快的时期。

3. 小育成牛（6～12月龄）　此阶段是母牛性成熟时期，母牛的初情期一般发生在9～10月龄。

4. 大育成牛（12月龄至配孕）　此阶段是母牛体成熟时期，15～18月龄，母牛体重达到370kg以上时是适宜的初配期。

5. 妊娠前期青年母牛（妊娠期前6个月）　此阶段是母牛初妊娠期，也是乳腺发育的重要时期。

6. 妊娠后期青年母牛（妊娠7个月至产犊）　此阶段是母牛初产和泌乳的准备时期，是由后备母牛向成年母牛的过渡时期。

（二）肉牛

根据肉牛生长发育及生产情况可划分为生长期、育肥前期和育肥后期。

1. 生长期（架子牛时期）　这阶段的牛是以长骨骼为主，生长需要较高的蛋白质饲料，基本的维持能量饲料、矿物质和维生素，同时注意调节钙、磷等矿物质元素的比例，这样才能在以后的育肥期获得较好的补偿生长效果。

2. 生长育肥阶段（育肥前期）　在这个阶段，肌肉的生长占主要的地位，皮下脂肪增长速度也很快，蛋白质和维生素 A 的比例加强，促进肌肉的生长，精饲料比例上升，此时需要注意防止瘤胃酸中毒，可添加碳酸氢钠及氧化镁或瘤胃缓冲剂，调节瘤胃内 pH，保证瘤胃内微生物正常生长。

3. 育肥期（后期）　该阶段饲养是以脂肪在肌纤维间适当沉积为主要目的，要求沉积较多的体脂肪，以提高牛肉的质量。该阶段应增加能量饲料的饲喂量，尤其是谷物饲料的喂量。这个阶段也需要注意防止瘤胃酸中毒，可添加碳酸氢钠及氧化镁或瘤胃缓冲剂，调节瘤胃内 pH，保证瘤胃内微生物正常生长。

二、肉牛各阶段饲养特点

牛的生长周期与品种及饲养管理有较大的关系，因此养牛户应根据牛的生长特点合理进行饲养管理，下面简介肉牛不同生长阶段的饲养特点。

（一）犊牛期

犊牛期指 6 月龄以下未断奶的时期，此期大部分的营养均从母乳中获得，因此一定要加强哺乳期母牛的饲养管理，多喂蛋白质和钙含量高的食物，例如豆粕、豆饼等，并保证充足的水分摄入。只有这样母牛才能充足泌乳，乳汁质量才能更好。犊牛还需进行一定量的补饲，以降低母牛的泌乳压力和促进犊牛的胃肠发育，一般补饲主要以配合精饲料和优质牧草及青干草为主。

（二）架子期

犊牛断奶后至 350～400kg 为骨架快速生长发育阶段，这一阶段最好采用散栏放养的饲养模式，同时需要注意钙磷等营养物质的补充。也可以不分阶段选择直线育肥的模式，如果选择直线育肥，这一阶段还需要注意蛋白质、碳水化合物及其他营养物质的补充。

（三）育肥期

育肥期又可以分为育肥前期和育肥后期，前期为 350～550kg 这一阶段，主要以长肉为主，需要多补充蛋白质饲料；后期为 550kg 至出栏这一段时间，主要以长脂肪为主，需要多喂精饲料，特别是高能量的精饲料。

当然此时精饲料饲喂量较大容易造成饲料消化吸收不完全随粪便排出体外的现象，这种现象不仅造成饲料的浪费增加成本，还会增加牛的胃肠道负担，引发各种肠道疾病。

三、牛消化道组成及特点

(一) 牛的消化道组成

牛的消化道由口腔、咽、食管、胃、小肠（十二指肠、空肠和回肠）、大肠（盲肠、结肠和直肠）和肛门组成。

1. 口腔　牛没有上切齿，只有臼齿（板牙）和下切齿。牛是通过左右侧臼齿轮换与下切齿切断饲草，在唾液润滑下将其吞咽入瘤胃，反刍时再经上下齿仔细磨碎食物。

2. 四个胃区　牛有四个胃，即瘤胃、网胃（蜂巢胃）、瓣胃（腺胃）、皱胃（真胃）。牛由于本身营养的需要必须采食大量饲草饲料，因此消化道相应地有较大的容量来完成加工和吸收营养物质的功能。其消化道中以瘤胃的容量最大。

3. 小肠与大肠　食入的草料在瘤胃发酵形成食糜，通过其余三个胃进入小肠，经过盲肠、结肠然后到大肠，最后排出体外。整个消化过程大约需 72h。

(二) 牛的消化生理特点

1. 瘤胃微生物　瘤胃里生长着大量微生物，每毫升胃液中含细菌 250 亿～500 亿个，原虫 20 万～300 万个。瘤胃微生物的数量根据日粮性质、饲养方式、喂后采样时间和个体的差异及季节等而变动，并在以下两方面发挥重要作用：第一，能分解粗饲料中的粗纤维，产生大量的有机酸，即挥发性脂肪酸（VFA），约占牛的能量营养来源的 60%～80%，这就是牛能主要靠粗饲料维持生命的原因；第二，瘤胃微生物可以利用日粮中的非蛋白氮（如尿素）合成菌体蛋白质，进而被牛体吸收利用。所以，只要为瘤胃微生物提供充足的氮源，就可以适当满足牛对蛋白质的需要。

2. 瘤胃发酵及其产物　瘤胃黏膜上有大量乳头突，网胃内部由许多蜂巢状结构组成。食物进入这两部分后，瘤胃通过各种微生物（细菌、原虫和真菌）的作用对食物进行充分的消化。事实上瘤胃就是一个大的生物"发酵罐"。

3. 反刍　反刍是牛的重要消化特性。牛采食饲草时不经精细咀嚼即将其食入瘤胃中。此后，在牛休息时，牛各胃室有节律的收缩使吃下的食糜返回至食管，液体流回胃内。粗糙的食物回到口腔中后被再次咀嚼，与唾液搅拌后再次咽下。奶牛的反刍通常是在饲喂结束后 20～30min 出现。每个食团经逆呕、咀嚼到吞咽的时间为 40～50s。正常情况下，成年牛每天有 10～15 个反刍周期，每个反刍周期约持续 0.5h，一天的反刍时间长达 8h。纤维素含量高的饲料反刍的时间则长。反刍有利于饲料的物理消化和唾液分泌，有利于抑制瘤胃 pH 的降低。当牛患病、劳累过度、饮水不足或饲料品质不良时，反刍则减少或停止。

4. 嗳气　食物在消化道内发酵、分解，产生大量的二氧化碳、甲烷等气体。这些气体会随时排出体外，这就是嗳气。嗳气也是牛的正常消化生理活动，一旦失常，就会导致一系列消化功能障碍。

第四节　驴的生长、饲养及消化特点

驴属于哺乳纲、奇蹄目、马科、马属。体型比马和斑马都小，与马属有不少共同特征，如第三趾发达，有蹄，其余各趾都已退化。驴形似马，多为灰褐色，头大耳长，胸稍窄，四肢瘦弱，躯干较短；颈项皮薄，蹄小坚实，体质健壮，抵抗能力很强；耐粗饲，不易生病；性情温顺，耐劳作。

一、驴的生长特点

（1）幼驴断奶后的第一年生长速度较快，日增重应达 0.3kg 以上，所以对断奶后的幼驴应给予多种优质草料配合的日粮，其中精饲料量占 1/3（肉用的幼驴精饲料量应更高），且随年龄的增长而增加。

（2）断奶到 1 岁，体高、体重分别达到成年时的 90％和 60％；2 岁时体高、体重分别达到成年时的 94％和 70％以上，公母驴此时均已达到性成熟。

（3）驴驹从出生到 2 岁，每增重 1kg 所消耗的饲料是最少的，也即消耗每千克饲料所得到的体重增长报酬是最多的。因此，加强这一阶段的饲养在经济上最合算。

（4）若因饲养条件不良而使驴驹的生长受阻，那么 2 岁后即便增加双倍料也无法弥补前期发育上的不足。

二、营养需要与饲养标准

驴对营养物质的需要，除水以外，主要包括蛋白质、能量（碳水化合物、脂肪）、矿物质、维生素等。目前，对驴的营养需要研究虽然积累了一定的资料，但还很不够。目前提出的营养需要仅是保持驴体健康和生产的最低需要量，使用时还应根据驴个体间的差异、养分间的关系、驴的营养状况、疾病和环境条件等酌情变化。

（一）营养需求

驴的营养需要与其他畜禽一样，分为维持需要和生产需要。维持需要为仅维持正常的生命活动，不进行生产，体重不增不减所需的热能。生长、繁殖、泌乳、妊娠的营养需要则为生产需要。表 2-12 所列为不同阶段驴的营养需要。体重不一，营养需要也随之变化。营养需要只可作为参考，不可奉为唯一标准。饲养者必须经常观察饲喂效果，灵活地调整日粮。

表 2-12　驴的营养需要

项目	体重 (kg)	日增重 (kg)	日采食 干物质量 (kg)	消化能 (MJ)	可消化 粗蛋白质 (g)	钙 (g)	磷 (g)	胡萝卜素 (mg)
成年驴维持需要	200	—	3	27.63	112	7.2	4.8	10
妊娠末期 90d 母驴	—	0.27	3	30.89	160	11.2	7.2	20
泌乳前 3 个月母驴	—	—	4.2	48.81	432	19.2	12.8	26
泌乳后 3 个月母驴	—	—	4	43.49	272	16	10.4	22
哺乳驹 3 月龄	60	0.7	1.8	24.61	304	14.4	8.8	4.8
除母乳外需要	—	—	1	12.52	160	8	5.6	7.6
断奶驴驹（6 月龄）	—	0.5	2.3	29.47	248	15.2	11.2	11
1 岁	140	0.2	2.4	27.29	160	9.6	7.2	12.4
1.5 岁	170	0.1	2.5	27.13	136	8.8	5.6	11
2 岁	185	0.05	2.6	27.13	120	8.8	5.6	12.4
成年驴轻役	200	—	3.4	34.95	112	7.2	4.8	10
成年驴中役	200	—	3.4	44.08	112	7.2	4.8	10
成年驴重役	200	—	3.4	53.16	112	7.2	4.8	10

（二）日粮配合

根据不同体重、年龄、育肥程度和不同生理阶段（如妊娠、哺乳）驴的营养需要，将不同种类和数量的饲料依所含营养成分加以合理搭配，配成一昼夜所需的各种精粗饲料的日粮。只有配合出合理的日粮，才能做到科学饲养、提高经济效益。

配合驴的日粮时，要注意三点：一是要因地制宜，充分利用本地饲料资源，降低成本；二是饲料应多样化，尽量充分利用粗饲料和青绿饲料，精饲料也要尽量搭配，做到营养成分相互补充，以提高利用率；三是要注意饲料加工调制，增强适口性，提高食欲。

根据表 2-12 确定驴的草料喂量，再根据表 2-12 控制粗饲料的比例。要使驴的日粮既能满足驴的营养要求，又能使驴吃饱。

草料搭配和日粮组成是否合适应在饲养实践中加以检验。要观察驴的采食量、适口性、粪便软硬程度。饲喂半个月后，若膘情下降，要及时调整日粮，尤其要调整能量和蛋白质饲料。

当前，我国农村驴的日粮配比主要是根据驴体格的大小和使役的轻重，草料和精饲料的饲喂量各不相同。如华北、西北地区农忙时，每天喂给青苜蓿5～7.5kg，或铡碎的麦秸或谷草4～5kg。另外补给精饲料少则1～1.5kg，一般为2.5kg。农闲时，补精饲料少则0.75kg，一般为1～1.5kg。

陕西省扶风县关中驴场驴的日粮，粗饲料和青干草充分喂给，精饲料母驴每天2kg，驴驹每天1kg，种公驴配种期每天3kg，非配种期每天2.5kg。精饲料的组成：玉米45%，麸皮35%，豌豆20%。另加食盐1%，骨粉1%。

三、饲养管理

根据驴的消化生理特点和民间的养驴经验，饲喂驴应掌握以下的原则和方法。

1. 分槽定位 应依驴的用途、性别、年龄、体重、个性、采食快慢分槽定位，以免争食。哺乳母驴的槽位要适当宽些，以便于驴驹吃乳和休息。

2. 季节调整 依不同季节确定不同饲喂次数，做到定时定量。冬季天气寒冷且夜长，可分早、中、晚、夜喂4次，春、夏季可增加到5次，秋季天气凉爽，每日可减少到喂3次。每次饲喂的时间和数量都要固定，使驴建立正常的条件反射。驴每日饲喂总的时间不应少于9h。要加强夜饲，前半夜以草为主，后半夜加喂精饲料。

3. 草短干净，先粗后精，少给勤添 喂驴的草要铡短，喂前要筛去尘土，挑出长草，拣出杂物。料粒径不宜过大。每次饲喂要掌握先给草、后喂料，先喂干草、后拌湿草的原则。拌草的水量不宜过多，使草粘住料即可。每一顿草料要分多次投放，每顿至少5次。这些方法的目的是增强驴的食欲，多吃草，不剩残渣。"头遍草，二遍料，最后再饮到""薄草薄料，牲口上膘"等农谚都是有益经验的总结。

4. 饲料要多样化，做到营养全面 "花草、花料，牲口上膘"就是讲营养的互补作用。

5. 变更饲料，切忌突然，应逐渐进行 突然变更饲料会破坏原来的条件反射，使消化机能紊乱造成疾病，如病痛、便秘等。

6. 饮水要适时，慢饮而充足 饮水对驴的生理起着重要作用，应做到自由饮水。养驴者认为驴喝水越多，精神越好，即所谓的"草膘，料力，水精神"。驴的饮水要清洁、新鲜，冬季水温以8～12℃为宜。切忌役后马上饮冷水，可稍事休息后，再饮一些水，要避免暴饮和急饮，以免发生腹痛，影响心脏健康。每次吃完干草也可饮些水，但饲喂过程中或吃饱之后不宜大量饮水，因为这样会扰乱胃内分层消化饲料的状态，影响胃的消化。喂饲中可通过拌草补充水分。待吃饱后过一段时间或至下槽使役前，再使其饮足水。一般每天饮水4次，天热时可增加到5次。

四、消化道组成及特点

驴的消化系统是由消化道和消化腺两部分组成的。消化道是由一条肌质管道和一些附属器官所组成的。消化道包括口腔、咽、食管、胃、小肠、盲肠、大结肠、小结肠、直肠和肛门。参与消化的附属器官有舌、牙齿、唾液腺、肝脏和胰脏。

（一）口腔

口腔是消化道的始端，具有采食、咀嚼、味觉、分泌唾液和形成食团的作用。驴主要靠唇和切齿采食，用臼齿咀嚼并磨碎食物，同时混合大量唾液，形成食团咽下。其采食特点是细嚼慢咽。一般壮年驴吃混合草料时每分钟咀嚼五六十次。每吃进1kg草料要分泌出约4倍的唾液。唾液具有泡软草料、消化饲料中糖和淀粉的作用。因此，喂养驴既要有充足的采食时间，又要供给充足的饮水。

（二）咽

咽是消化道和呼吸道的共同通道。位于口腔与鼻腔的后方。口腔后部的软腭像一道闸门，能阻止食物、饮水及空气从咽返回口腔。因此，驴不能用口腔呼吸，也不能通过口腔呕吐。因食管梗阻或疾病原因而不能通过食管的食物常从鼻孔流出，而不是从口腔吐出。

（三）食管

食管起于咽部，下部与胃的贲门相连，为一长约1m的肌质管道。食管肌以向下蠕动的方式将来自口腔的食团和水送入胃。因食管肌肉不能向上蠕动，加上贲门紧缩，所以食物和水一经入胃就难以返回口腔。

（四）胃

胃前部以贲门与食管相连，后部以幽门通向十二指肠。驴胃容积小，只相当于同样大小牛的1/15。贲门紧缩，而幽门畅通。食物在胃运动和胃液作用下形成食糜后在胃内停留时间很短。4h后，胃内容物可全部转移到肠道。喂驴一次喂量不应超过胃容积的 2/3，且饲喂间隔不宜过长。因此，驴适于定时定量、少喂勤添的饲养原则。因为驴不能呕吐，采食过多的饲料易造成胃扩张，严重者有胃破裂的危险。要注意选择疏松、易消化、便于转移、不致在胃内形成熟块的饲料，如燕麦、麸皮等精饲料与切短的饲草拌匀喂给，有利于驴咀嚼消化和转移，减少消化道疾病。另外，先后进入驴胃的食物呈分层状态被消化，故不宜在采食过程中大量饮水，以免破坏分层状态，将尚未充分消化的食物冲进小肠。

（五）肠

胃以下至肛门的这一段消化道为肠，总长度约 20m。可分为小肠、大肠。小肠细而长，直径 4～5cm，由十二指肠、空肠、回肠三段组成，有分泌消化液促进消化吸收的功能。大肠粗而短，直径二十多厘米，粗细很不均匀，有的地方粗细可相差 10 倍。由盲肠、大结肠、小结肠和直肠组成。驴饲料的消化吸收主要在肠道中进行。驴的盲肠很大，其功能与反刍动物的瘤胃相似。其中含有大量的微生物，便于分解粗纤维。食糜中易消化物质被小肠吸收，未被消化的物质特别是纤维素进入大肠。盲肠上与回肠相接的回盲口、下与结肠相通的盲结口均很细，能使来自小肠的食糜和饮水在其中混合、停留，由盲肠中的大量微生物进一步分解。驴的大结肠位于盲肠和小结肠间，直径 30cm 左右，容量约 50L。其中含有细菌，也可分解纤维素。食糜经盲肠和大肠被消化吸收后，剩余残渣形成粪便排出体外。

驴每天吃进的大量粗饲料主要在大肠内由微生物分解，成为可吸收的营养物质。但驴盲肠的微生物作用远不如牛瘤胃，被微生物合成的养分吸收率也比牛低。

驴肠道直径的大小极不均匀，如盲肠和大结肠的直径相当粗大，可达 30cm；但小肠、小结肠直径却只有 4～5cm，尤其是在一些肠道入口处如回盲口和盲结口处更细。在喂养不适宜和饲料骤变及气候突然变化的情况下，驴容易产生肠道梗死，发生便秘症。因此应该正确调制草料，供给充足饮水以防止消化道疾病的发生。

第五节　家兔的生长、消化与饲养

家兔是由一种由野生的兔经过驯化饲养而成的家畜。上唇分裂，称为兔唇，因而常暴露出上门齿。前肢短，肘部向后弯曲，前爪有 5 趾。后肢长而强壮，膝部向前弯曲，后爪有 4 趾，第一趾退化，善于奔跑和跳跃。耳朵长，尾巴短。全身被毛，体表的毛光滑柔软，有很好的保温作用。

家兔是草食性动物，以野草、野菜、树叶、嫩枝等为食，多为白色、灰色与黑色。喜欢独居，白天活动少，都处于假眠或休息状态，多在夜间活动，食量大。有啃木、扒土的习惯。胆小怕惊、怕热、怕潮，喜欢安静、清洁、干燥、凉爽的环境，不能忍受肮脏的环境。

一、生长特点

家兔生长发育迅速，仔兔出生时全身裸露，眼紧闭，耳闭塞无孔，趾间相互联结在一起，不能自由活动。仔兔出生以后 3～4 日龄即开始长毛，30 日龄左右被毛形成；4～8 日龄脚趾开始分开；6～8 日龄耳根内出现小孔与外界相通；10～12 日龄眼睛睁开，出窝活动并随母兔试吃饲料，21 日龄左右即能正式吃料。初生仔兔由于全身无毛，加之体温调节系统发育不完善，不能忍受较低的环境温度。

仔兔初生时体重 50g 左右，1 月龄时体重相当于初生时的 10 倍，初生至 3 月龄体重增加几乎呈直线上升，3 月龄以后体重增加相对缓慢。

家兔性成熟较早，小型品种 3～4 月龄，中型品种 4～5 月龄，大型品种 5～6 月龄。体成熟年龄比性成熟推迟 1 个月以上。

二、消化特点

兔子在长期的进化过程中，其消化系统适应了摄取纤维性饲粮的小型草食动物的需要。饲粮中必须有足够的纤维，尤其是硬质粗纤维（木质素）。

1. 胃的消化特点　在单胃动物中，家兔的胃容积占消化总容积的比例最大，约为 35.5%。兔胃内容物的排空速度是很缓慢的，15 日龄以前的仔兔胃液中缺乏游离盐酸，对蛋白质不能及时消化，16 日龄后胃液中才出现少量的盐酸，30 日龄时，胃的消化机能基本发育完善。

2. 盲肠的消化特点　家兔消化的最大特点在于发达的盲肠及其盲肠内微生物的消化。盲肠微生物的巨大贡献是对于纤维的消化，它们可分泌纤维素酶，将很难利用的粗纤维分解成低分子有机酸，被肠壁吸收。粗纤维是家兔必需的营养，是任何其他营养所不能替代的，饲料中粗纤维含量不足时将导致消化系统功能失调。

3. 胃肠壁的脆弱性　家兔患消化系统疾病较多，一旦发生腹泻或肠炎，很难救治。饲喂低纤维、高能量和高纤维蛋白质的日粮，使过量的碳水化合物在小肠内没有被完全消化吸收并进入盲肠，过量的非纤维性碳水化合物造成一些产气杆菌（大肠杆菌、魏氏梭菌）的大量繁殖和过度发酵，破坏盲肠内正常的微生物区系和盲肠的正常内环境，并使肠壁受到破坏，肠黏膜的通透性增高，大量的毒素被吸收进入血液造成中毒和脱水。

三、饲料要求

鉴于家兔的消化特点，在饲养管理方面应针对这些特点进行饲养管理。

1. 按消化特点供给饲料　家兔消化器官发达，具有一系列适应草食的解剖构造和生理特点。饲料的品质要根据家兔生长、配种妊娠等不同生理阶段的需要而定，妊娠后期的母兔、配种期的公兔及生长发育的幼兔所需要的营养水平相对要高些。

家兔生长发育快，繁殖率高，新陈代谢旺盛，必须从饲料中获取多样养分满足各阶段生长、生产的营养需要，从而提高生产水平，增加经济效益。因此，饲喂营养全面、平衡的优质全价配合颗粒饲料是养好家兔的关键环节。

2. 更换饲料要逐渐进行　当前养兔户基本都以颗粒配合饲料为主，适当补饲青绿饲料。在配合饲料和青绿饲料的饲喂上应有一个合理的日粮搭配，在饲喂日粮搭配发生变化时，应使家兔肠胃有个逐渐适应的过程，如突然更换饲料搭配比例时，容易引起食欲不振，消化不良，甚至腹泻或便秘等。饲喂配合颗粒饲料是当前养好家兔的基本环节。

3. 要定时定量又要机动灵活　定时即固定每天饲喂次数和时间，使家兔养成定时采食和排泄的习惯，使其肠胃有一个休息时间，定时饲喂可使家兔形成条件反射增加消化液的分泌，提高肠胃的消化能力，提高饲料的效率。定量即根据家兔对饲料的需求和生理与季节特点来确定每天饲喂的数量，防止忽多忽少，需注意吃饱吃好，防止过食，特别是幼兔过食会引起肠胃炎。因此，具体饲喂时应灵活机动。采取"七看饲喂"法：

（1）看体重。体重大的多喂，体重小的少喂。

（2）看膘情。家兔以八成膘为适度，过肥的要少喂，瘦弱者多喂。

（3）看粪便。粪便干硬，增加青绿饲料，增加饮水；粪便湿稀，增加颗粒配合饲料，少给青绿饲料，减少饮水，及时投喂药物。

（4）看饥饱。如果家兔饥饿，食欲旺盛，可适当增加喂食量。食欲不佳，不饿可少喂。

（5）看冷热。天气寒冷时，应喂饲料，饮温水。天热少喂精饲料，增加青绿饲料，多饮水，饮鲜井水或自来水。

（6）看年龄。成年兔日饲喂要少于3次，刚断奶幼兔饲喂次数要多，少喂勤添，要求喂给质量好、易消化的饲料。

（7）看带仔兔数。如母兔哺乳仔兔多，仔兔开始吃饲料，要多设饲槽，多喂饲料。

4. 适时添喂夜食　家兔仍然继承其祖先的昼伏夜出习性，夜间活动多，采食量大。"马不喂夜草不肥，兔不喂夜食不壮"就是这个道理，尤其是夏季，白天炎热，而夜间清凉，家兔食欲旺盛，更需要喂夜食。因此想要养好家兔，必须添喂夜食。

5. 保证供水充足　水是家兔生活中必需营养之一。实践证明，如果供水不足，则采食量下降，食物的消化和吸收、代谢物的排除及体温的调节都会受到影响。炎热的夏天缺水时间一长，家兔容易中暑死亡，母兔分娩后无水会食仔兔。供水量根据年龄、季节、生理状况进行调节，自动饮水器解决了频繁供水的工作，但应注意饮水清洁卫生，供应充足。

Chapter 第三章
家禽生理生长体系

第一节 家禽的生理特征

家禽生理生长体系的研究能够引导广大禽业从业人员掌握基础的养殖知识，树立健康养殖观念，科学饲养管理，规范使用药物，选择适合自己的养殖模式，生产出优质、安全的禽产品。

家禽属于鸟纲动物，在血液、循环、呼吸、消化、体温、泌尿、神经、内分泌、淋巴和生殖等方面有着自己独特的解剖生理特点，与哺乳动物之间存在着较大的差异。了解禽生理特征，对正确饲养禽、认识禽疾病、分析禽致病原因，以及提出合理的治疗方案和有效预防措施都有重要的作用。

一、血液生理

（一）血液的理化特性

1. 血色 动脉鲜红色；静脉暗红色。血液中含氧量下降时鸡冠等部位出现发绀现象。

2. 相对密度和黏滞性 相对密度在 1.045～1.060。公禽血液黏滞性大于母禽。

3. 渗透压 血浆总渗透压约相当于 159mmol/L 氯化钠溶液的渗透压。但胶体渗透压比哺乳动物的低。

4. 血浆的化学成分

（1）血浆蛋白。禽类血浆蛋白含量比哺乳动物低，并随种别、年龄、性别和生产性能不同而有一定差异（表 3 - 1）。血浆非蛋白氮含量平均为 14.3～21.4mmol/L。其中尿素含量很低，仅 0.14～0.43mmol/L，几乎不含肌酸。

表 3 - 1　鸡和鸽的血浆蛋白量（g/L）

禽类	蛋白总量	白蛋白（A）	球蛋白（G）	A/G
母鸡（产蛋期）	51.8	25.0	26.9	0.93
母鸡（停产期）	53.4	20.0	33.4	0.60
公鸡	40.0	16.6	25.3	0.66
鸽	23.0	13.8	9.5	1.45

（2）无机盐。血浆中的无机盐与哺乳动物比较，含有较多的钾和较少的钠，成年禽类血浆钠含量为 $130\sim170$mmol/L，钾为 $3.5\sim7.0$mmol/L。血浆的总钙含量成年的公禽为 $2.2\sim2.7$mmol/L，但产蛋的母禽比公禽和未成熟的母禽要高 $2\sim3$ 倍。成年鸡的血浆无机磷含量为 $1.9\sim2.6$mmol/L。

5. 血糖　禽类血糖可高达 $12.8\sim16.7$mmol/L，母鸡为 $7.2\sim14.5$mmol/L，公鸡为 $9.5\sim11.7$mmol/L；鸭和鹅在 8.34mmol/L 左右。

6. 血脂　产蛋母鸡较停产母鸡、公鸡和雏鸡显著增高。

（二）血细胞

禽类的血细胞分为红细胞、白细胞和凝血细胞。

1. 红细胞　红细胞为有核、椭圆形的细胞。其体积比哺乳动物的大，但数目较少，细胞计数在 $2.5\times10^{12}\sim4.0\times10^{12}$ 个/L，一般公禽（除鹅和公鸡外）的数目较多（表 3-2）。

表 3-2　禽红细胞数目和血红蛋白含量

种别	性别	红细胞（$\times10^{12}$个/L）	血红蛋白（g/L）
鸡	公	3.8	117.6
	母	3.0	91.1
北京鸭	公	2.7	142.0
	母	2.5	127.0
鹅		2.7	149.0
鸽	公	4.0	159.7
	母	2.2	147.2
火鸡	公	2.2	$125.0\sim140.0$
	母	2.4	132.0
鹌鹑	母	3.8	146.0

研究证明，血红蛋白结构在所有家畜和家禽中都完全相同。红细胞被破坏后血红蛋白释放出来，进一步被分解为珠蛋白、铁和胆绿素。由于禽类（鸡的研究表明）肝脏中葡萄糖醛基转移酶水平很低，而且胆绿素还原酶很少，所以禽类胆汁中的胆红素很少。

禽类红细胞在循环血液中生存期较短，鸡为 $28\sim35$d，鸭为 42d，鸽为 $35\sim45$d，鹌鹑为 $33\sim35$d。禽类红细胞生存时间短与其体温和代谢率较高有关。

2. 白细胞　白细胞是无色、有核的血细胞，在血液中一般呈球形，根据形态差异可分为有颗粒和无颗粒两大类。

（1）中性粒细胞。中性粒细胞由于颗粒具有多种嗜色性，故又称为异嗜性粒细胞，细胞较大，细胞质内含棒状或纺锤形的红色颗粒。细胞质色淡，胞核分叶情况因成熟程度而有不同，有的不分叶，有的分叶，染色呈淡紫色。中性粒细胞具有变形运动和吞噬活动的能力，是机体对抗入侵病菌，特别是急性化脓性细菌的最重要的防卫系统。当中性粒细胞数显著减少时，机体发生感染的机会明显增高。

（2）嗜酸性粒细胞。嗜酸性粒细胞具有粗大的嗜酸性颗粒，颗粒内含有过氧化物酶和酸性磷酸酶。嗜酸性粒细胞具有趋化性，能吞噬抗原-抗体复合物，减轻其对机体的损害，并能对抗组织胺等致炎因子的作用。

（3）嗜碱性粒细胞。嗜碱性粒细胞中有嗜碱性颗粒，内含组织胺、肝素与5-羟色胺等生物活性物质，在抗原-抗体反应时会被释放出来。

（4）淋巴细胞。淋巴细胞则为具有特异性免疫功能的细胞。

（5）单核细胞。单核细胞是血液中最大的血细胞。目前认为它是巨噬细胞的前身，具有明显的变形运动，能吞噬、清除受伤、衰老的细胞及其碎片。单核细胞还参与免疫反应，在吞噬抗原后将所携带的抗原决定簇转交给淋巴细胞，诱导淋巴细胞的特异性免疫反应。单核细胞也是对付细胞内致病细菌和寄生虫的主要细胞防卫系统，还具有识别和杀伤肿瘤细胞的能力。

禽类血液白细胞总数和分类比例见表3-3。

表3-3　禽类血液白细胞总数和分类比例

种别	性别	数目 (×10⁹个/L)	分类（%）				
			中性粒细胞	嗜酸性粒细胞	嗜碱性粒细胞	淋巴细胞	单核细胞
鸡	公	16.6	25.8	1.4	2.4	64.0	6.4
	母	29.4	13.3	2.5	2.4	76.1	5.7
北京鸭	公	24.0	52.0	10.0	3.3	31.0	3.7
	母	26.0	32.3	10.2	3.4	47.2	6.9
鹅		18.2	50.0	3.8	2.1	36.1	8.0
鸽		13.0	23.0	2.2	2.6	65.6	6.6
鹌鹑	公	19.7	20.8	2.5	0.4	73.6	2.7
	母	23.1	21.6	4.2	0.2	71.3	2.7

3. 凝血细胞　禽类的凝血细胞相当于哺乳动物的血小板，参与凝血过程。凝血细胞比红细胞数量少。在每升血液中，鸡约为 26.0×10^9 个，其中滨白鸡

为 31.0×10^9 个，鸭为 30.7×10^9 个。细胞呈椭圆形，细胞质中央有一个圆形的核。

禽类成熟的血细胞见图 3-1。

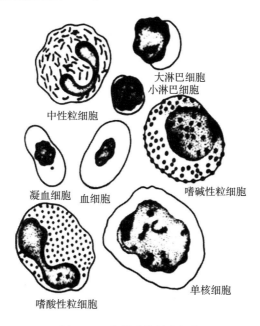

图 3-1　禽类成熟的血细胞

（三）血液凝固

禽类血液凝固较为迅速，如鸡全血凝固时间平均为 4.5min。血凝的根本变化是可溶性纤维蛋白原转变为不溶性纤维蛋白。一般认为禽血液中存在有与哺乳动物相似的凝血因子，但有人认为禽类血浆中缺乏Ⅸ和Ⅻ两个因子，鸡的凝血因子Ⅴ和Ⅶ很少甚至没有。肝素对鸡血液有很好的抗凝效果。

二、循环生理

禽类血液循环系统进化水平较高，主要表现在：动静脉完全分开，完全的双循环，心脏容量大，心跳频率快，动脉血压高和血液循环速度快。

（一）心脏生理

1. 心率　禽类的心率比哺乳动物高（表 3-4）。

2. 心电图　记录心电图，常用导联方法为标准的肢体导联，是身体两电极间的电位差。第Ⅰ导联是右翅基部和左翅基部间的导联（左正右负），第Ⅱ

导联是右翅基部与左腿的导联（左正右负），第Ⅲ导联是左翅基部和左腿的导联（翅负腿正）。

禽类心电图由于心率较快通常只表现 P、S 和 T 3 个波，而且 P 波还不明显，如果心率超过 300 次/min 以上，则 P 波和 T 波可能融合在一起。可见心房在心室完全复极化之前就开始去极化。

表 3 - 4　几种禽类的心率（次/min）

种别	年龄	性别	心率	种别	年龄	性别	心率
鸡	7 周龄	公	422	鹅	成年		200
		母	435	鸭	4 月龄	公	194
	13 周龄	公	367			母	190
		母	391		12～13 月龄	公	189
	22 周龄	公	302			母	175
		母	357	鸽	成年	公	202
		去势	350			母	208

3. 心排血量　禽类心排血量和性别有关。公鸡的心排血量大于母鸡。环境温度、运动和代谢状况对心排血量有显著影响。短期的热刺激使心排血量增加，但血压降低。急冷也可引起心排血量增加，血压升高。鸡在热环境中生活 3～4 周后发生适应性变化，心排血量不是增加而是明显减少。鸭潜水后比潜水前心排血量明显下降。

（二）血管生理

禽类血液在动脉、毛细血管和静脉内流动的规律和哺乳动物的相同。

1. 血压　鸡的血压受季节的影响，随着季节转暖，血压有下降的趋势。这种血压的季节性变化主要是环境温度的作用，而与光照变化无关。据观察，习惯于高温的鸡的血压明显低于生活在寒冷环境下的鸡。

2. 血液循环时间　禽类血液循环时间比哺乳动物短。鸡血液流经体循环和肺循环一周所需时间为 2.8s，鸭为 2～3s，潜水时血流速度明显减慢，循环时间增至 9s。

3. 器官血流量　鸡的实验表明，母鸡生殖器官的血流量占心排血量的 15% 以上。比例较高的还有肾、肝和十二指肠。

4. 组织液的生成和回流　家禽体内淋巴管丰富，在组织内分布成网，毛细淋巴管逐渐汇合成较大的淋巴管，然后汇合成一对胸导管，最后开口于左右前腔静脉。

（三）心血管活动的调节

禽类心脏受迷走和交感神经支配。与哺乳动物不同的是，禽类在安静情况下，迷走神经和交感神经对心脏的调节作用比较平衡；而对于哺乳动物，迷走神经对心脏产生经常持久的抑制作用，呈明显的"迷走紧张"状态，交感神经的促进作用较弱。

禽体大部分血管接受交感神经支配，调节禽类心脏和血管的基本中枢位于延髓。

与哺乳动物相比，禽类的颈动脉窦和颈动脉体位置低得多，恰好在甲状旁腺后方，颈总动脉起点处，锁骨动脉根部前方。虽然压力感受器和化学感受器参与血压调节，但敏感性较差，调节作用似乎不重要。

三、呼吸生理

（一）呼吸系统构成

禽类呼吸系统由呼吸道和肺两部分构成。呼吸道包括鼻、咽、喉、气管、鸣管、支气管及其分支、气囊及某些骨骼中的气腔。

1. 鼻腔 禽类鼻腔较狭窄，鼻腔黏膜有黏液腺和丰富的血管，对吸入气体有加温和湿润作用。黏膜上有嗅神经分布，但禽类嗅觉不发达。

2. 喉 禽类喉没有会厌软骨和甲状软骨，也没有发声装置。禽类的发声器官是鸣管，位于气管分叉为两支气管的地方。

3. 气管 禽类气管在肺内不分支成气管树，而是分支成 1～4 级支气管。各级支气管间互相连通。

禽类没有膈肌，胸腔内没有经常性负压存在，且肺的弹性较差。呼吸主要通过强大的呼气肌和吸气肌的收缩来完成。禽类气管系统分支复杂，毛细气管壁上有许多膨大部，称为肺房，是气体交换的场所。

4. 鸣管 鸣管是禽类的发音器官，由数个气管环和支气管及一块鸣骨组成。鸣骨呈楔形，位于鸣管腔分叉处。在鸣管的内侧、外侧壁覆以两对鸣膜。当禽呼吸时，空气经过鸣膜之间的狭缝振动鸣膜而发声。公鸭鸣管形成膨大的骨质鸣泡，故发声嘶哑。

5. 肺 约 1/3 嵌于肋间隙内。因此，扩张性不大。肺各部均与易于扩张的气囊直接通连（图 3-2）。所以，肺部一旦发生炎症，易于蔓延，症状比哺乳动物严重。

禽类的呼吸频率变化比较大（表 3-5），它取决于体格大小、种类、性别、年龄、兴奋状态及其他因素。通常体格越小，呼吸频率越高。

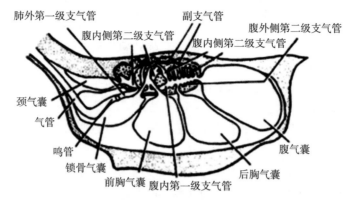

图 3-2 禽类肺和气囊的一般排列

表 3-5 几种禽类的呼吸频率 （次/min）

性别	鸡	鸭	鹅	火鸡	鸽
公	12～20	42	20	28	25～30
母	20～36	110	40	49	25～30

6. 气囊 气囊是禽类特有的器官，是肺的衍生物。禽类一般有 9 个气囊，其中包括 1 个不成对的锁骨气囊、1 对颈气囊、1 对前胸气囊、1 对后胸气囊和 1 对腹囊。

禽类的气囊除了作为空气贮存库外，还有下列许多重要功能：

（1）气囊内空气在吸气和呼气时均通过肺，从而增加了肺通气量，适应于禽体旺盛的新陈代谢需要。

（2）贮存空气，便于潜水时在不呼吸情况下依然能利用气囊内的气体在肺内进行气体交换。

（3）气囊的位置都偏向身体背侧，飞行时有利于调节身体重心，对水禽来说，有利于在水上漂浮。

（4）依靠气囊的强烈通气作用和广大的蒸发表面，能有效地发散体热，协助调节体温。但是，由于气囊的血管分布较少，因此不进行气体交换。

平静呼吸时每次吸入或呼出的气量称为潮气量。鸡的潮气量为 15～30mL，鸭为 38mL。每分钟肺通气量来航鸡为 550～650mL，芦花鸡约为 337mL。由于禽类气囊的存在，呼吸器官的容积明显增加。因此，每次呼吸的潮气量仅占全部气囊容量的 8%～15%。

（二）气体交换与运输

禽类支气管在肺内不形成支气管树。支气管在肺内为一级支气管，然后分支形成二级和三级支气管,三级支气管又称副支气管,各级支气管互相连通。副支气管的管壁呈辐射状地分出大漏斗状微管道,并反复分支形成毛细气管网,在这些毛细气管的管壁上有许多膨大部,即肺房,相当于家畜的肺泡。

(三) 呼吸运动的调节

禽类呼吸中枢位于脑桥和延髓的前部。

禽类肺和气囊壁上存在牵张感受器,感受肺扩张的刺激,经迷走神经传入中枢,引起呼吸变慢,所以对于禽类,肺牵张反射也可以调整呼吸深度,维持适当的呼吸频率。

血液中的二氧化碳和氧含量对呼吸运动有显著的影响。

四、消化与吸收

禽类的消化器官包括喙、口、唾液腺、舌、咽、食管、嗉囊、腺胃、肌胃、小肠、大肠、盲肠、直肠和泄殖腔及肝脏和胰腺。鸡的消化道见图3-3。

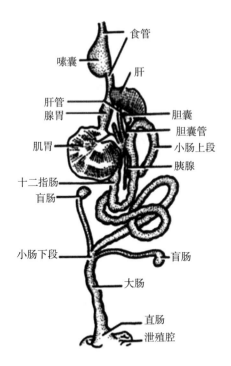

图3-3　鸡的消化道

禽类消化器官的特点是没有牙齿而有嗉囊和肌胃,没有结肠而有两条发达的盲肠。肝脏和胰腺在消化系统中所占的比例也明显高于家畜。

（一）口腔及嗉囊内的消化

1. 口腔内的消化　家禽主要采食器官是角质化的喙。鸡喙为锥形，便于啄食谷粒；鸭和鹅的喙扁而长，边缘呈锯齿状互相嵌合，便于在水中采食。口腔壁和咽壁分布有丰富的唾液腺，其导管开口于口腔黏膜，主要分泌黏液。

2. 嗉囊内的消化　嗉囊是食管的扩大部分，位于颈部和胸部交界处的腹面皮下。嗉囊壁的结构与食管相似，黏膜也由外纵肌层和内环肌层组成，进行收缩和运动。嗉囊的主要功能是贮存、润湿和软化食物。唾液淀粉酶、食物中的酶和某些细菌都可能在嗉囊内对淀粉进行消化，嗉囊内食物常呈酸性，平均 pH 在 5.0 左右。嗉囊内的环境适于微生物生长繁殖，其中乳酸菌占优势。

（二）胃内的消化

1. 腺胃内的消化　禽类的腺胃或称前胃，相当于哺乳动物胃的前半部，有两种类型的细胞，一种是分泌黏液的黏液细胞；另一种是分泌黏液、盐酸和胃蛋白酶原的细胞，这些细胞构成了复腺。禽类的胃液呈连续性分泌，鸡的分泌量大约是 8.8mL/（kg·h），显著高于哺乳动物。

2. 肌胃内的消化　肌胃呈扁圆形的双凸透镜状，主要由坚厚的平滑肌构成，它是禽类体内非常发达的特殊器官。肌胃的主要功能是对饲料进行机械性磨碎，同时使饲料与腺胃分泌液混合，进行化学性消化。肌胃内容物比较干燥，含水量平均为 44.4%，pH 为 2～3.5，适于胃蛋白酶的水解作用。肌胃主要接受迷走神经纤维的支配。刺激迷走神经，肌胃收缩增强，刺激交感神经使运动减弱。

（三）小肠内的消化

小肠是家禽进行化学消化的主要场所，也是营养物质吸收的主要部位。家禽的小肠前接肌胃、后连盲肠。全部肠壁都有肠腺，全部肠黏膜也都有绒毛。家禽的肠道长度相对较短，鸡的体长与肠长之比大约只有 1∶4.7，食物在消化道内停留的时间也比哺乳动物短，一般不超过一昼夜，但家禽肠内的消化活动进行得比家畜强烈。

1. 胰液的分泌　胰液通过 2 条（鸭、鹅）至 3 条（鸡）胰导管输入十二指肠。家禽的胰腺相对地比家畜大得多。鸡的胰液分泌是连续的。胰液分泌的调节包括神经和激素的作用。对于禽类，促胰液素是主要体液刺激因素。

2. 胆汁的分泌　禽类胆汁呈酸性（鸡 pH 5.88、鸭 pH 6.14），含有淀粉酶。胆汁中所含的胆汁酸主要是鹅脱氧胆酸、少量的胆酸和异胆酸，缺少脱氧胆酸。胆色素主要是胆绿素，胆红素很少，胆色素随粪便排出，而胆盐大部分被重吸收，再由肠肝循环促进胆汁分泌。

3. 小肠液的分泌和作用　禽类的小肠黏膜分布有肠腺，鸡缺乏十二指肠腺。肠腺分泌弱酸性至弱碱性的肠液，其中含有黏液、蛋白酶、淀粉酶、脂肪酶和双糖酶。

4. 小肠运动　禽类的小肠有蠕动和分节运动两种基本类型。逆蠕动比较明显，常使食糜往返于肠段之间，甚至可逆流入肌胃。小肠运动受神经、体液、机械刺激和胃运动的影响。

（四）大肠内的消化

禽类的大肠包括两条盲肠和一条直肠。食糜经小肠消化后，一部分可进入盲肠，其他进入直肠，开始大肠消化。

大肠的消化主要是在盲肠内进行的。在盲肠内的细菌还能分解饲料中的蛋白质和氨基酸产生氨，并能利用非蛋白氮合成菌体蛋白质，还能合成 B 族维生素和维生素 K 等。

盲肠内容物是均质和腐败状的，一般呈黑褐色，这是和直肠粪便的不同点。

家禽的直肠较短，直肠的主要功能是吸收食糜中的水分和盐类，最后形成粪便进入泄殖腔，与尿混合后排出体外。

（五）吸收

通过小肠绒毛进行。禽类的小肠黏膜形成"乙"字形横皱襞，因而扩大了食糜与肠壁的接触面积，延长了食糜通过的时间，使营养物质被充分吸收。

（1）碳水化合物主要在小肠上段被吸收，特别是当食物中的碳水化合物是六碳糖时更如此。

（2）蛋白质的分解产物大部分以小分子肽的形式进入小肠上皮刷状缘，然后再分解成氨基酸而被吸收。

（3）脂肪一般需要分解为脂肪酸、甘油或甘油一酯、甘油二酯后被吸收。脂类的消化终产物大部分在回肠上段被吸收。胆酸的重吸收也主要发生在回肠后段。

（4）禽类主要在小肠和大肠吸收水分和盐类，嗉囊、腺胃、肌胃和泄殖腔也有少许吸收作用。钙的吸收受 1，25-二羟维生素 D_3、钙结合蛋白的影响。用维生素 D 处理维生素 D 缺乏的鸡可增加磷的吸收。产蛋鸡对铁的吸收高于非产蛋鸡和成年鸡。

五、能量代谢和体温调节

（一）能量代谢及其影响因素

1. 能量代谢　禽类的能量代谢基本同于哺乳动物，能量来源于饲料中的化学潜能。表 3-6 为几种禽类的基础代谢率。

表 3-6　几种禽类的基础代谢率

种别	体重（kg）	代谢率 [kJ/(kg·h)]	种别	体重（kg）	代谢率 [kJ/(kg·h)]
鸡	2.0	20.9	火鸡	3.7	209.0
鹅	5.0	23.4	鸽	0.3	502.4

2. 影响能量代谢的因素

（1）品种类型。肉用仔鸡与同体重的蛋用鸡相比对日粮的能量需要量更多些。

（2）饲养方式。放养鸡比舍饲鸡需要的能量多，笼养鸡所需能量比平养鸡要少。

（3）性别。对于成年鸡，公鸡每千克代谢体重的维持能量比母鸡高 30%。

（4）体重。体重大的鸡需要的能量多，而体重小的鸡相对较少。如体重 1.5kg 的母鸡每日需要代谢能 740.56kJ，而体重 2.5kg 的母鸡则需要 1 083.67kJ。

（5）生产性能。产蛋率高和蛋重大的鸡需要的能量多。体重都为 2.0kg 的母鸡，日产蛋率为 60% 时，每日需要代谢能 1 221.67kJ，而日产蛋率为 90% 时，每日需要代谢能 1 380.72kJ。

（6）环境温度。环境温度低时，鸡为了维持体温恒定，提高机体代谢，要从饲料中获得更多的能量。高温时，鸡减少对饲料的摄入以维持体温正常。生产中，鸡的环境温度处于等热区范围内，饲料利用率最高。一般来讲，产蛋鸡的适宜环境温度为 18~24℃，外界环境温度每改变 1℃，蛋鸡维持代谢所需的能量每千克代谢体重每天要改变 8kJ。低温环境下鸡的能量消耗比适宜环境温度增加 20%~30%。

（二）体温调节

1. 禽类的体温　家禽是恒温动物，家禽体温可用温度计插入直肠内测定（表 3-7），近年来有用无线电遥测技术测定禽类体温。

表 3-7　几种成年禽类直肠温度

种别	正常范围（℃）	种别	正常范围（℃）
鸡	40.5~42.0	火鸡	41.0
鸭	41.0~43.0	鸽	41.3~42.2
鹅	40.0~41.0		

鸡的等热区为 $16\sim28$℃；火鸡为 $20\sim28$℃；鹅为 $18\sim25$℃。

2. 家禽的体温调节　家禽的体温调节中枢位于下丘脑前区-视前区。中枢接收来自温度感受器的信息。禽类的喙部和腰部有感受器。脊髓和脑干中有对温度敏感的神经元，它们是中枢温度感受器。体温调节中枢的神经递质可能主要是 5-羟色胺和去甲肾上腺素。

3. 家禽对环境温度变化的反应

（1）温度耐受性。家禽能耐受高温环境。气温为 27℃时，呼吸频率增加；气温高于 29.5℃时，蛋鸡产蛋性能明显受到影响；气温升到 38℃时，鸡常常不能耐受。

（2）适应和风土驯化。禽类在寒冷环境或炎热条件下可表现出风土驯化，以适应环境。

六、泌尿

禽类的泌尿器官由一对肾脏和两条输尿管组成，没有肾盂和膀胱。因此尿在肾脏内生成后经输尿管直接排入泄殖腔，在泄殖腔与粪便一起排出体外。公鸡的泌尿生殖系统见图 3-4。

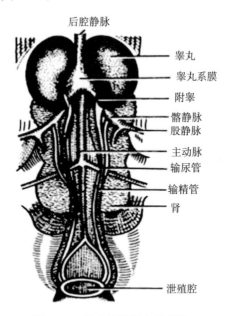

图 3-4　公鸡的泌尿生殖系统

（一）尿生成的特点

禽类肾小球有效滤过压比哺乳动物低，约为 $1\sim2kPa$（$7.5\sim15mmHg$）。

因此，滤过作用不如哺乳动物重要。

禽类肾小管的分泌与排泄作用在尿生成过程中较为重要。禽类蛋白质代谢的主要终产物是尿酸，而不是尿素。尿酸氮可占尿中总氮量的60%～80%，这些尿酸90%左右是由肾小管分泌和排泄的。

（二）尿的理化特性、组成和尿量

禽尿一般是淡黄色、浓稠状半流体，pH为5.4～8.0。尿生成后进入泄殖腔，在泄殖腔内可进行水的重吸收，所以渗透压较高。禽尿与哺乳动物尿在组成上的主要区别在于禽尿内尿酸含量多于尿素，肌酸含量多于肌酸酐。禽类尿量少，成年鸡的昼夜排尿量为60～180mL。

（三）鼻腺的排盐机能

鸡、鸽及一些其他禽类主要通过肾脏对盐进行排泄。但鸭、鹅和一些海鸟有一种特殊的鼻腺，又称盐腺，能分泌大量的氯化钠，可补充肾脏的排盐机能，从而维持体内盐和渗透压的平衡。这些禽类鼻腺并非位于鼻内，多数海鸟位于头顶或眼眶上方，故又名眶上腺。

七、神经系统

神经系统分脑神经、脊神经和植物性神经。禽类粗大的神经相对较少，因此神经传导速度较慢。成年鸡神经传导速度为50m/s（哺乳动物神经传导速度最快为120m/s）。

脊神经支配皮肤感觉和肌肉运动，都具有较明显的节段性排列特点。

1. 脊髓 禽类脊髓的上行传导路径不发达，少数脊髓束纤维可达延髓，所以外周感觉较差。

2. 延髓 禽类延髓发育良好，具有维持及调节呼吸、血管运动、心脏活动等生命活动的中枢。

3. 小脑 禽类的小脑相当发达，两侧为一对小脑绒球。小脑以前脚和后脚与中脑和延髓相联系。全部摘除小脑后，颈、腿肌肉发生痉挛，尾部紧张性增加，不能行走和飞翔。摘除一侧小脑则同侧腿部僵直。

4. 中脑 中脑是视觉及听觉的反射中枢。禽类视觉较其他动物发达，破坏视叶则失明，视叶表面有运动中枢，与哺乳动物前脑的运动中枢相同，刺激视叶引起同侧运动。

5. 间脑 间脑也包括丘脑、上丘脑和下丘脑。对于禽类，丘脑以下部位与身体各部躯体神经相连，破坏丘脑引起屈肌紧张性增高。丘脑下部与垂体紧密联系。丘脑下部的视上核和室旁核所产生的催产素沿神经细胞轴突运送到神经垂体贮存，丘脑还控制着腺垂体的活动。丘脑下部存在体温中枢和营养中枢（包括饱中枢和摄食中枢）。

6. 前脑 禽类纹状体非常发达，而皮质相对较薄。切除前脑后，家禽仍可出现站立、抓握等非条件反射，但不能主动采食谷粒，对外界环境的变化无反应，出现长期站立不动等现象，可见禽类的高级行为是由大脑皮质控制的。

八、内分泌

禽类内分泌腺包括垂体、甲状腺、甲状旁腺、腮后腺、肾上腺、胰腺、性腺、胸腺和松果体，这些内分泌腺有的机能尚不完全清楚。鸡甲状腺、甲状旁腺与胸腺的位置见图 3-5。

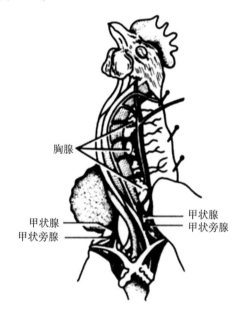

图 3-5 鸡甲状腺、甲状旁腺与胸腺的位置

（一）垂体

垂体是一个重要的内分泌腺，它所分泌的激素对正常代谢与协同其他内分泌腺对机体活动调节是必需的。

1. 腺垂体 腺垂体的细胞根据所含的颗粒不同，可分为糖蛋白颗粒和单纯蛋白颗粒两种类型。腺垂体分泌的激素可分为两种类型，糖蛋白类和蛋白质或多肽类。黄体生成素、促卵泡激素和促甲状腺素是糖蛋白激素。而生长素、催乳素和促肾上腺皮质激素属于蛋白质激素。

2. 神经垂体 禽类的神经垂体主要释放 8-精催产素和释放少量的 8-异

亮催产素。8-精催产素为禽类所特有,并具有催产和加压作用,这包括对输卵管刺激、水滞留和血管收缩等方面。增加血浆渗透压或钠离子浓度可刺激鸡的8-精催产素的分泌。母鸡产蛋前血中8-精催产素水平升高,神经垂体内含量减少,证明这一激素与产蛋有关。8-精催产素主要由在下丘脑的视上核前部的神经细胞生成,8-异亮催产素则在视上核侧区特别是室旁核部位生成。

(二)甲状腺

禽类的甲状腺为成对器官,椭圆形,呈暗红色,外表有光泽,位于颈部外侧、胸腔外面的气管两旁。

甲状腺激素的分泌率受环境的影响很大。如光照周期及昼夜变化影响甲状腺激素的分泌,黑暗期甲状腺激素的分泌和碘的摄取量增加,黎明前达最大值。光照期在外周组织中甲状腺素和三碘甲腺原氨酸脱碘,因此甲状腺素浓度降低,甲状腺素向三碘甲腺原氨酸转化。

在寒冷情况下,甲状腺素与三碘甲腺原氨酸的代谢迅速增加。甲状腺素向三碘甲腺原氨酸转化加强,耗氧量增加,产热量增加,以适应冷环境。当鹌鹑暴露在高温情况下,甲状腺的血流减少和血中甲状腺素浓度降低,三碘甲腺原氨酸浓度在较小范围内波动。血中甲状腺素和三碘甲腺原氨酸的浓度亦随季节发生变化。

(三)甲状旁腺

甲状旁腺素的主要机能是维持钙在体内的平衡,它对于蛋壳形成、肌肉收缩、血液凝固、酶系统、组织的钙化和神经肌肉兴奋性的维持是必需的。细胞外液的钙离子浓度是甲状旁腺素分泌的主要刺激物。

(四)腮后腺

禽类的腮后腺是成对的内分泌器官,呈椭圆形、两面稍凸而不规则的粉红色腺体,位于颈部两侧、甲状旁腺之后。

腮后腺的内分泌细胞称C细胞,通常呈索状或线状排列。

(五)肾上腺

禽类的肾上腺位于肾头叶的前中部,紧接肺的后方。肾上腺皮质和髓质具有不同的生理机能。

1. 肾上腺皮质 分泌糖皮质激素和盐皮质激素,其生理作用与哺乳动物相似。

2. 肾上腺髓质 分泌肾上腺素和去甲肾上腺素。成年禽类的髓质主要分泌去甲肾上腺素。

（六）胰腺

胰腺悬于 U 形十二指肠袢中，是分散在胰腺中的内分泌细胞群，有分泌胰岛素和胰高血糖素的作用。它也能分泌肽类激素入血。胰岛素的生理作用是降低血糖，胰高血糖素升高血糖浓度。两者协调作用，调节家禽体内糖的代谢，维持血糖水平。

（七）性腺

母禽卵巢间质细胞和卵泡外腺细胞能分泌雌激素和孕激素。雌激素可促进输卵管发育，促进第二性征出现；孕激素能促进母禽排卵。

雌激素的生理作用：促使输卵管发育，耻骨松弛和肛门增大，以利于产卵。促使蛋白分泌腺增生，并在雄激素及孕酮的协同下使其分泌蛋白。在甲状旁腺素的协同作用下，控制子宫对钙盐动用和蛋壳的形成。使羽毛的形状和色泽变成雌性类型。使血中的脂肪、钙和磷的水平升高，为蛋的形成提供原料。

公禽睾丸的间质细胞分泌雄激素。雄激素能促进公禽生殖器官生长发育；促进精子发育和成熟；促进公禽第二性征出现和性活动。

睾酮的生理作用：维持雄禽的正常性活动。控制雄禽的第二性征发育，如肉冠和肉髯的发育，啼鸣等。影响雄禽的特有行为，如交配、展翼、竖尾，以及在群体中的啄斗等。促进新陈代谢和蛋白质合成。雄鸡去势后，新陈代谢降低 10%～15%，血液中红细胞数和血红蛋白的含量下降、脂肪沉积增多，肉质改善。

（八）松果体

禽类松果体主要具有分泌功能，分泌褪黑激素。褪黑激素的含量在黑暗期最高，而在光照期最低，呈现生理昼夜节律性变化。研究证明，禽类褪黑激素可影响睡眠、行为和脑电活动，以及促使吡哆醛激酶形成更多的吡哆醛磷酸化物。

九、生殖

禽类生殖的最大特点是卵生。禽类属于雌性异型配子（染色体 ZW）和雄性同型配子（染色体 ZZ）的动物，雌性的性别取决于染色体 W。卵中含有大量卵黄和蛋白质，可满足胚胎发育的全部需要。

（一）母禽的生殖

1. 母禽的生殖道　成年母禽的生殖器官中主要是左侧卵巢和左侧输卵管

发达。禽类左侧卵巢位于身体左侧、肾的头端，以卵巢系膜韧带附着于体壁。未成熟的卵巢内集聚着大小不等的卵细胞。单个卵泡在排卵前直径为 40mm 左右，卵泡上有丰富的血管和神经分布。其神经纤维主要是肾上腺素能纤维和胆碱能纤维。

禽类的输卵管由 5 个部分组成，分别为漏斗部、膨大部（蛋白分泌部）、峡部、蛋壳腺（子宫）和阴道。产蛋母鸡的输卵管见图 3-6。

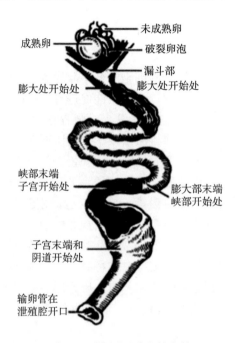

图 3-6 产蛋母鸡的输卵管

2. 卵的发生和蛋的形成

（1）卵的生长和卵黄沉积。卵泡膜上有特别发达的血管系统，这是保证卵泡生长和成熟的基础。

（2）排卵。排卵后，卵泡萎缩并逐渐退化，一周后只留下勉强可见的痕迹。禽类破裂的卵泡不形成黄体。破裂的卵泡在短期内有调节产蛋的作用。

3. 蛋的形成

（1）输卵管的功能。摄取排出的卵子，运送和贮存精子，是精卵结合的部位，并为胚胎的早期发育提供适宜条件。输卵管能分泌多种营养物质并形成壳膜和蛋壳保护层。

（2）蛋的形成过程。原始卵子直径不到 1mm，经过 1～2 周的发育时间，直径达到 25mm 左右，成为一枚成熟卵子。卵巢最终排出的卵子不再发育，接下来它将在输卵管内经过 24h 的旅程（表 3-8），最终成为鸡蛋的蛋黄。

表 3-8　母鸡输卵管各部的长度、功能和卵母细胞通过的时间

部位	平均长度（cm）	功能			卵母细胞通过的时间（h）
		功能种类	分泌量（g）	固形成分（%）	
漏斗部	11.0	形成卵系带	32.9	12.2	1/4
膨大部	33.6	分泌卵清蛋白	0.3	80.0	3
峡部	10.6	分泌壳膜	6.1	98.4	1/4
壳腺部	10.1	形成石灰质卵壳	0.1		18～22
阴道部	6.9	分泌黏蛋白			1/60

①漏斗部。卵子从卵泡排出以后，就进入漏斗部。漏斗部负责接住卵子，如果是种鸡，受精在此完成，蛋清内膜和卵带在此形成。

②膨大部。膨大部是输卵管最大最长的一段，也是蛋清形成的地方。蛋清主要分为四部分：卵清蛋白、卵铁传递蛋白、卵类黏蛋白和卵球蛋白。蛋清约占鸡蛋的六成重量，包含 40 多种不同蛋白质。

③峡部。峡部是蛋壳膜形成的场所，蛋壳膜分为蛋壳内膜和蛋壳外膜。

④壳腺部。壳腺部是蛋壳形成的场所。当鸡蛋从峡部到子宫时，蛋壳膜松弛且发皱，进入壳腺部后，由于鼓起作用壳膜变紧。大量的血液流动能够促进钙的转移，血液中钙离子和碳酸根离子转移到子宫液中进而沉积到蛋壳外膜上，最终形成外壳。

4. 蛋的产出　蛋在停留于壳腺部的绝大部分时间内始终是尖端指向尾部的位置，在蛋将产出过程中，它通常旋转 180°，以钝端朝向尾部的方向通过阴道产出。驱使蛋产出的主要动力是壳腺部平滑肌的强烈收缩。

5. 雌禽的生殖周期　雌禽生殖周期分段明显，包括产蛋期、赖抱期和恢复期三期，采食、代谢及神经内分泌均发生相应的变化。

母鸡的产蛋常有一定的节律性：一般是连续几天产蛋后，停止一天或几天再恢复连续产蛋。产蛋的这种节律性称连产周期。

提高连产周期的产蛋量方法：一种方法是缩短产蛋与排卵之间的时间间隔，另一种方法是缩短卵在壳腺内的时间。

6. 排卵周期的调节　黄体生成素被认为是诱导排卵的主要激素。血液中黄体生成素、孕酮和雌二醇在排卵前 4～7h 出现峰值。光照变化是影响禽类排卵的重要因素，在自然条件下，禽类有明显的生殖季节。

禽类的雌二醇、孕酮和睾酮对黄体生成素释放的影响的特点：

（1）在哺乳动物中，排卵前的雌激素峰是激发黄体生成素释放的必要因素。但对于禽类雌激素没有这种正反馈作用。

（2）鸡在排卵前4～7h出现的孕酮峰对诱导黄体生成素释放是必不可少的。同样，黄体生成素也能诱导鸡卵泡的颗粒细胞合成和分泌孕酮，但在大多数哺乳类动物中，孕酮常抑制黄体生成素释放。

（3）睾酮对下丘脑-垂体系统有正反馈作用，促进黄体生成素释放。

（4）高浓度的孕酮和睾酮都抑制黄体生成素释放，并引起卵泡萎缩、抑制鸡和鹌鹑排卵。

7. 抱窝（就巢性）　抱窝亦称赖抱性，赖抱期下丘脑-垂体-性腺轴活性下降，高浓度的催乳素具有抑制生长抑素分泌及抑制性腺功能的作用。

（二）公禽的生殖

公禽生殖系统包括一对睾丸、附睾、输精管和发育不全的阴茎。公禽没有精囊腺、前列腺和尿道球腺等副性腺。

鸡的睾丸位于腹腔内，没有隔膜和小叶，而由细精管、精管网和输出管组成。其重量在性成熟时约占总体重的1%，单个睾丸重9～13g。

刚孵出的公雏鸡细精管中就已经有精原细胞。到5周龄时，细精管中出现精母细胞。到10周龄时，初级精母细胞经减数分裂形成次级精母细胞。在12周龄时，次级精母细胞发生第二次成熟分裂，形成精子细胞。一般在20周龄左右时，细精管内可看到精子。

第二节　蛋鸡的生长管理要点

蛋鸡指饲养的专门产蛋的鸡，鸡蛋是饲养蛋鸡的主要收入来源。与肉用鸡不同，人们饲养蛋鸡的主要目的是提高鸡蛋质量和保持或提高产蛋量，而并非提高鸡肉品质。蛋鸡从出壳到淘汰大约需要饲养72周。根据蛋鸡生长发育的特点和规律可将蛋鸡饲养划分为几个不同的饲养管理阶段。要想使蛋鸡的高产性能充分发挥，以获取最佳的饲养效益，除品种因素外，关键在于熟悉并掌握蛋鸡在不同生长阶段的需求和饲养管理技术要点。

一、蛋鸡的三大饲养阶段

产蛋鸡生长阶段总体上可分为育雏、育成和产蛋三大阶段。

（一）育雏阶段（0～6周龄）

0～6周龄为育雏期。其饲养管理总的要求是根据雏鸡生理特点和生活习性，采用科学的饲养管理措施，创造良好的环境，以满足鸡的生理要求，严格防止各种疾病发生，提高成活率。

1. 雏鸡的生理特点

（1）体温调节机能差。雏鸡绒毛稀短、皮薄、皮下脂肪少，保温能力差。其体温调节机能在 2 周龄后才逐渐趋于完善，维持适宜的育雏温度对雏鸡的健康和正常发育是至关重要的。

（2）生长发育迅速，代谢旺盛。雏鸡 1 周龄体重约为初生重的 2 倍；6 周龄时约为 15 倍；其前期生长发育迅速，在营养上要充分满足其需要。由于生长迅速，雏鸡的代谢很旺盛，单位体重耗氧量是成年鸡的 3 倍。在管理上必须满足其对新鲜空气的需要。

（3）消化器官容积小、消化能力弱。雏鸡消化器官还处于发育阶段，进食量有限，消化酶分泌能力不太健全，消化能力差。所以配制雏鸡料时，必须选用质量好、易消化、营养水平高的全价饲料。

（4）抗病力差。幼雏由于对外界的适应力差，对各种疾病的抵抗力也弱，在饲养管理上稍有疏忽，雏鸡即有可能患病。在 30 日龄之内雏鸡的免疫机能还未发育完善，虽经多次免疫，自身产生的抗体还是难以抵抗强的病原微生物侵袭。因此，必须为其创造一个适宜的环境。

（5）敏感性强。雏鸡不仅对环境变化很敏感，而且由于生长迅速，对一些营养素的缺乏和一些药物及霉菌等有毒有害物质的反应也很敏感。所以，应注意环境控制和饲料的选择及慎重用药。

（6）群居性强、胆小。雏鸡胆小，缺乏自卫能力，喜欢群居。比较神经质，对外界的异常刺激非常敏感，易混乱引起炸群，影响正常的生长发育和抗病能力。所以需要环境安静及避免出现新奇的颜色，防止鼠、雀、兽等动物进入鸡舍。同时，注意其饲养密度的适宜性。

（7）初期易脱水。刚出壳的雏鸡体内含水率在 75％以上，如果在干燥的环境中存放时间过长，则很容易在呼吸过程中失去很多水分，造成脱水。育雏初期干燥的环境也会使雏鸡因呼吸失水过多而增加饮水量，影响消化机能。所以，在出生之后的存放、运输及育雏初期注意湿度的问题就可以提高育雏成活率。

2. 管理要点

（1）密度。平养为 1～3 周龄 20～30 只/m²，4～6 周龄 10～15 只/m²；笼养为 1～3 周龄 50～60 只/m²，4～6 周龄 20～30 只/m²，注意强弱分群饲养。

（2）温度。温度对于育雏开始的 2～3 周极为重要。刚出壳的雏鸡要求温度达到 35℃，此后每 5d 降低 1～2℃，在 35～42 日龄时，温度达到 20～22℃。

注意观察，如发现鸡倦怠、气喘、虚脱表示温度过高；如果幼鸡挤作一团、吱吱鸣叫表示温度过低。表 3-9 为蛋鸡各阶段适宜温度。

表 3-9 蛋鸡各阶段适宜温度（℃）

日龄	育雏温度		日龄	育雏温度	
	笼养	平养		笼养	平养
1～3	33～35	35	22～28	25～28	25
4～7	32～33	33	29～35	22～25	22
8～14	31～32	31	36～140	17～21	17～21
15～21	28～30	28			

（3）湿度。湿度过高影响水分代谢，不利羽毛生长，易滋生病菌和原虫等，尤其是球虫病。湿度过低不仅雏鸡易感冒，而且由于水分散发量大，影响卵黄吸收，同时引起尘埃飞扬，易诱发呼吸道疾病，严重时会导致雏鸡因脱水而死亡。适宜的相对湿度为 10 日龄前 60%～70%，10 日龄后 55%～60%。湿度控制的原则是前期不能过低，后期应避免过高。

（4）饮水。饮水是育雏的关键，雏鸡出壳后应尽早供给饮水，炎热的天气尽可能提供凉水；寒冷冬季应给予温度不低于 20℃ 的温水。在育雏的前几天，水中可加入 5% 的糖、适量的维生素和电解质，能有效地提高雏鸡的成活率。

（5）饲喂。雏鸡在进入育雏舍后先饮水，隔 3～4h 就可以开食。饲喂次数在第 1 周龄每天 6 次，以后每周可减少 1 次，直到每天 3 次为止。尽可能选用雏鸡开食料。

（6）通风。可调节温度、湿度、空气流速、排除有害气体，保持空气新鲜，减少空气中尘埃，降低鸡的体表温度等。应注意观察鸡群，以鸡群的表现及舍内温度的高低来决定通风的次数与时间长短。

（7）光照。原则上第 1 周强光照，2 周以后避免强光照，光照度以鸡能看到食物进行采食为宜。光照时间，第 1 周龄每天 22～24h，第 2～8 周龄每天 10～12h，第 9～18 周龄每天 8～9h。

（8）分群。适时疏散分群，可使雏鸡健康生长、减少发病，是提高成活率的一项重要措施。分群时间应根据密度、舍温等情况而定。一般是在 4 周龄时进行第一次分群，第二次应在 8 周龄时进行。具体是将原饲养面积扩大 1 倍，根据强弱、大小分群。

（9）断喙与修喙。7～11 日龄是第一次断喙的最佳时间；在 8～10 周进行修喙。在断喙前一天和后一天饮水（或饲料）中可加入维生素 K_3，每千克水（或料）中约加入 5mg。

（10）抗体监测与疫苗免疫。应根据制定的免疫程序进行。有条件的鸡场应该在免疫以后的适当时间进行抗体监测，以掌握疫苗的免疫效果，如免疫效果不理想，应采取补救措施。

（二）育成阶段（7～20周龄）

7周龄到产蛋前的鸡称为育成鸡。育成期总目标是培育出具备高产能力、有维持长久高产体力的青年母鸡群。

1. 育成鸡培育目标 体重符合标准、均匀度好（85％以上）；骨骼发育良好、骨骼发育应和体重增长相一致；具有较强的抗病能力，在产前确实做好各种免疫，保证鸡群安全度过产蛋期。

2. 雏鸡向育成鸡的过渡

（1）逐步脱温。雏鸡在转入育成舍后应视天气情况给温，保证其温度在15～22℃。

（2）逐渐换料。换料过渡期用5d左右时间，在育雏料中按比例每天增加15％～20％育成料，直到全部换成育成料。

（3）调整饲养密度。平养10～15只/m²，笼养25只/m²。

3. 生长控制 育成期的饲养关键是培育符合标准体重的鸡群，以使其骨架充实、发育良好。因此从8周龄开始，每周随机抽取10％的鸡进行称重，将平均体重与标准体重相比较。如体重低于标准，就应增加采食量和提高饲料中的能量与蛋白质的水平；如体重超过标准，可减少饲料喂量。同时，应根据体重大小进行分群饲喂，保证其均匀度。

4. 光照 总的原则是育成期宜减不宜增、宜短不宜长。以免开产期过早影响蛋重和产蛋全期的产蛋量。封闭式鸡舍最好控制在8h，7～20周龄，每周递增1h，一直到15～17h为止。开放式鸡舍在育成期不必补充光照。

5. 及时淘汰畸形和发育不良鸡

（三）产蛋阶段（20周龄至淘汰）

育成鸡培育到18周龄以后就要逐步转入产蛋期饲养管理，进入20周龄以后就要完全按照产蛋期饲养管理。

产蛋期管理的基本要求是合理的生活环境（光照、温度、相对湿度、空气成分）；合理的饲料营养；精心的饲养管理；严格的疫病防治。使鸡群保持良好的健康状况，充分发挥优良品种的各种性能，为此必须做到科学饲养、精心管理。

1. 提供良好的产蛋环境 开产是小母鸡一生中重大转折，产第一枚蛋是一种强刺激，应激相对大。产蛋前期生殖系统迅速发育成熟，体重仍在不断增长，产蛋率迅速上升，因此生理应激反应非常大。应激使鸡适应环境和抵抗疾病的能力下降，所以应减少外界干扰，减轻应激。

2. 满足鸡的营养需要 从18周龄开始，应给予高水平的产前料，在开产直到50％产蛋率时，粗蛋白质水平应保证在15％；以后要根据不同产蛋率，选择使用蛋鸡料，保证其产蛋所需。

产蛋高峰期如果在夏季，应配制高能量、高氨基酸营养水平的饲料，同时应加入抗热应激的药物。蛋鸡每天喂量 3～4 次。同时要保证不间断地供给清洁饮水。

3. 光照管理　产蛋鸡的光照应采用渐增法与恒定光照相结合的原则。若产蛋鸡光照突然增强，可致蛋壳质量下降，破损蛋、畸形蛋增加，猝死率提高。鸡觅食所需光照度一般是低的，鸡能在不到 2.7lx 的光照度下觅食。但要达到刺激垂体和增加产蛋的目的，则以 4 倍于此的光照度为宜。光照时间从 20 周龄开始，每周递增 1h，直至每天 17h。光照时间与光照度不得随意变更。

4. 做好温度、湿度和通风管理　产蛋鸡的适宜温度为 13～23℃、相对湿度为 55%～65%，通风应根据生产实际，尽可能保证空气新鲜和流通。

5. 经常观察鸡群并做好生产记录　健康与采食、产蛋量、存活、死亡和淘汰、饲料消耗量等都应该详细记录。在产蛋期，应该经常观察鸡群，发现病鸡时应迅速进行诊断治疗。

（四）蛋鸡产蛋期生理变化特点

（1）卵巢、输卵管在性成熟时急剧增长。性成熟以前输卵管长仅 8～10cm，性成熟后输卵管发育迅速，在短时期变得又粗又大，长 50～60cm。卵巢在性成熟前重量只有 7g 左右，在性成熟时迅速增长到 40g 左右。

（2）蛋壳在输卵管的峡部开始成形，大部分在输卵管子宫部完成。蛋壳形成所用的钙是饲料中的钙进入肠道，吸收后形成血钙，通过卵壳腺分泌，在夜间形成蛋壳。若饲料中钙较少不能满足鸡的需要，就要动用骨骼中的钙。因此保持足量的维生素 D_3、钙和磷及钙磷比例平衡对提高产蛋率和防止出现产蛋疲劳综合征有重要的意义。

（3）成年鸡适宜的温度为 5～28℃，产蛋鸡适宜的温度为 18～23℃，低于 13℃、高于 28℃会明显影响产蛋性能。适宜的相对湿度为 60%～70%。

（4）光照对蛋鸡产蛋影响较大，蛋鸡的光照制度原则是只能延长、不能缩短，一般建议稳定高峰期光照 16h/d，产蛋后期可以延长到 17h/d。

（5）通风的目的在于调节舍内温度，降低相对湿度，排除鸡舍中的有害气体，如氨气、二氧化碳和硫化氢等，使舍内空气清新，供给鸡群足够的氧气。其中氨气的浓度不超过 $25\mu g/m^3$，二氧化碳不超过 0.15%，硫化氢的浓度不超过 $1\mu g/m^3$。

（6）抗应激能力差，容易惊群，影响产蛋。蛋鸡在产蛋高峰期生产强度大，生理负担重，抵抗力较差，对应激十分敏感。如有应激，鸡的产蛋量会急剧下降，死亡率上升，饲料消耗增加，并且产蛋量下降后很难恢复到原有水平。

二、蛋鸡饲料营养水平

鸡的生长、产蛋都需要一定的营养物质，而营养物质主要是从饲料中摄取。鸡获得各类营养物质后，营养物质经过体内的消化、代谢活动转变成鸡的体蛋白、氨基酸、脂肪、维生素、糖原等，进而被合成为人类需求的鸡产品。

（一）蛋鸡的饲养标准

蛋鸡的营养指标有代谢能、蛋白质、氨基酸、无机盐、维生素和必需脂肪酸。这里主要列出代谢能、粗蛋白质、钙、磷、食盐及蛋氨酸、赖氨酸需要量（表3-10）和我国蛋鸡配合饲料标准（表3-11）。在我国蛋鸡配合饲料标准中，产蛋后备鸡包括雏鸡、青年鸡两个阶段。

表 3-10　蛋鸡各阶段营养指标

项　　目	雏鸡	青年鸡		产蛋鸡		
	0～6 周龄	7～14 周龄	15～20 周龄	产蛋率＞80%	产蛋率65%～80%	产蛋率＜65%
代谢能（Mcal/kg）	2.85	2.80	2.70	2.75	2.75	2.75
粗蛋白质（%）	18.0	16.0	12.0	16.5	15.0	14.0
蛋白能量比（g/Mcal）	63	57	44	60	54	51
钙（%）	0.80	0.70	0.60	3.50	3.40	3.20
总磷（%）	0.70	0.60	0.50	0.60	0.60	0.60
有效磷（%）	0.40	0.35	0.30	0.33	0.32	0.30
食盐（%）	0.37	0.37	0.37	0.37	0.37	0.37
氨基酸（%）	0.30	0.27	0.20	0.36	0.33	0.31
赖氨酸（%）	0.85	0.64	0.45	0.73	0.66	0.62

表 3-11　产蛋后备鸡、产蛋鸡、肉用仔鸡配合饲料主要营养成分（%）
（GB/T 5916—2008）

产品名称		粗蛋白质	赖氨酸	蛋氨酸	粗脂肪	粗纤维	粗灰分	钙	总磷	食盐
产蛋后备鸡配合饲料	蛋鸡育雏期（蛋小鸡）配合饲料	≥18.0	≥0.85	≥0.32	≥2.5	≤6.0	≤8.0	0.6～1.2	≥0.55	0.30～0.80
	蛋鸡育成前期（蛋中鸡）配合饲料	≥15.0	≥0.55	≥0.27	≥2.5	≤8.0	≤9.0	0.6～1.2	≥0.50	0.30～0.80
	蛋鸡育成后期（青年鸡）配合饲料	≥14.0	≥0.45	≥0.20	≥2.5	≤8.0	≤10.0	0.6～1.4	≥0.45	0.30～0.80

（续）

产品名称		粗蛋白质	赖氨酸	蛋氨酸	粗脂肪	粗纤维	粗灰分	钙	总磷	食盐
产蛋鸡配合饲料	蛋鸡产蛋前期配合饲料	≥15.0	≥0.60	≥0.30	≥2.5	≤7.0	≤15.0	2.0～3.0	≥0.50	0.30～0.80
	蛋鸡产蛋高峰期配合饲料	≥16.0	≥0.65	≥0.32	≥2.5	≤7.0	≤15.0	3.0～4.2	≥0.50	0.30～0.80
	蛋鸡产蛋后期配合饲料	≥14.0	≥0.5	≥0.30	≥2.5	≤7.0	≤15.0	3.0～4.4	≥0.45	0.30～0.80
肉用仔鸡配合饲料	肉用仔鸡前期（肉小鸡）配合例料	≥20.0	≥1.00	≥0.40	≥2.5	≤6.0	≤8.0	0.8～1.2	≥0.60	0.30～0.80
	肉用仔鸡中期（肉中鸡）配合饲料	≥18.0	≥0.90	≥0.35	≥3.0	≤7.0	≤8.0	0.7～1.2	≥0.55	0.30～0.80
	肉用仔鸡后期（肉大鸡）配合饲料	≥16.0	≥0.80	≥0.30	≥3.0	≤7.0	≤8.0	0.6～1.2	≥0.50	0.30～0.80

注：1. 产蛋后备鸡配合饲料、产蛋鸡配合饲料中添加植酸酶大于等于300FTU/kg，总磷可以降低0.10%；肉用仔鸡前期、中期和后期配合饲料中添加植酸酶大于等于750 FTU/kg，总磷可以降低0.08%。

2. 添加液体蛋氨酸的饲料，蛋氨酸可以降低，但应在标签中注明添加液体蛋氨酸，并标明其添加量。

（二）选择使用蛋鸡饲料应注意的问题

（1）在饲养蛋鸡中，若选购商品饲料时，应注意选择规模大、知名度较高的品牌，一定要按照不同生长发育和生产阶段选择，选购相对应饲料。

（2）育雏期最好使用全价颗粒饲料（破碎开口料）。

（3）育成期和产蛋期可选择使用浓缩饲料。浓缩饲料应按生产厂家推荐配方加入玉米（粉碎）、麸皮充分混合均匀后使用。

（4）在选购和使用饲料时，一定要认真仔细阅读所购饲料标签，看营养指标是否适合，是否加入药物等。若所购饲料含有药物添加剂，一定要注意防病治病时所用药物的配伍禁忌和使用量。

（5）在玉米、麸皮选择使用上，一定要注意质量，切勿使用发霉变质的饲料。

三、蛋鸡品种

现在我国蛋鸡品种已经进入百花齐放的多样化时代，既有进口品种，又有国产品种，既有普通品种，又有特色品种，既有褐壳品种，又有粉壳品种，还有白壳和绿壳品种等。在选择品种时一定要谨慎，结合不同种类蛋鸡的优势，以及当地消费市场、消费习惯、消费趋势及消费层次等因素，选择出适合的品种，才能创造出最大的效益。2009 年以前，国产祖代蛋鸡品种更新量占更新总量的比例低于进口品种，但从 2010 年开始这一比例高于进口品种。2013年，国产品种所占比例大约在 55%，比进口品种高 10%。目前国内国产蛋鸡品种主要有京红和京粉 1 号、大午京白 939、农大 3 号和新杨褐壳蛋鸡等，其中北京市华都峪口禽业有限责任公司的京红和京粉 1 号市场份额最大，约占国产品种总市场份额的 68%。

（一）进口品种

1. 海兰蛋鸡　是美国海兰家禽育种公司育成的系列高产鸡种，在国内外蛋鸡生产中被广泛饲养，有海蓝灰、海蓝褐、海蓝白等品系。海蓝灰初生雏鸡全身绒毛为鹅黄色，体型轻小、清秀，毛色从灰白色至红色间杂黑斑，肤色黄色，性情温顺。海兰褐的商品代初生雏可以自别雌雄，母雏全身红色，公雏全身白色。海兰白初生雏鸡全身绒毛为白色，通过羽速鉴别雌雄，母系均为白来航，全身羽毛白色，单冠，冠大，耳叶白色，皮肤、喙和胫的颜色均为黄色，体型轻小、清秀，性情活泼好动，成年鸡与母系相同。海蓝灰生产性能：1～18 周龄雏鸡成活率 96%～98%，出雏至 50% 产蛋率的天数为 152d（海蓝褐 140～145d；海蓝白 159d），高峰产蛋率 92%～94%（海蓝褐 94%～96%），入舍鸡年产蛋数 331～339 枚（海蓝褐 330 枚；海蓝白 271～286 枚）。30 周龄平均蛋重 61g，70 周龄平均蛋重 66.4g（海蓝褐 65g）。蛋壳颜色为粉色（或褐色）。饲料转换率 2.1～2.3（海蓝褐 2.0～2.25；海蓝白 2.0～2.2），72 周龄体重 2kg（海蓝白 1.68kg），耗料量 5.96kg（海蓝褐 5.9～6.8kg；海蓝白 5.70kg）。

2. 海赛克斯蛋鸡　由荷兰尤里勃利特公司培育，具有耗料少、产蛋多和成活率高的优点。

（1）褐壳蛋鸡。0～17 周龄成活率 97%，体重 1.41kg，每只鸡耗料量 5.7kg；产蛋期（20～78 周龄）每只鸡日产蛋率达 50% 的日龄为 145d，入舍母鸡产蛋数 324 枚，产蛋量 20.4kg，平均蛋重 63.2g，饲料利用率 2.24%，产蛋期成活率 94.2%，140 日龄后每只鸡日平均耗料 116g，每枚蛋耗料 141g，产蛋期末母鸡体重 2.1kg。商品代羽色为自别雌雄，分三种类型：一是母雏为均匀的褐色，公雏为均匀的黄白色，此类占总数的 90%。二是母雏主要为褐色，但背部有白色条纹，公雏主要为白色，但背部有褐色条纹，此类占总数的 8%。三是母雏主要为白色，但头部为红褐色，公雏主要为白色，但背部有 4 条褐色窄条纹，条纹的轮廓有时清楚有时模糊，此类占总数的 2%。

（2）白壳蛋鸡。135～140 日龄产蛋，160 日龄达 50% 产蛋率，210～220

日龄产蛋高峰产蛋率超过 90%，总蛋重 16～17kg。72 周龄产蛋量 274.1 枚，平均蛋重 60.4g，每千克蛋耗料 2.6kg，产蛋期存活率 92.5%。

3. 罗曼蛋鸡 有褐色、粉色等品系，由德国罗曼家禽育种有限公司育成。褐壳商品代雏鸡可用羽色自别雌雄，公雏白羽，母雏褐羽。0～20 周龄育成率 97%～98%，152～158 日龄达 50% 产蛋率（粉色品系 140～150d）。0～20 周龄总耗料 7.4～7.8kg，20 周龄体重 1.5～1.6kg（粉色品系 1.4～1.5kg）。高峰期产蛋率为 90%～93%（粉色品系 92%～95%），72 周龄入舍鸡产蛋量 285～295 枚（粉色品系 295～305 枚），12 月龄平均蛋重 63.5～64.5g（粉色品系 61～63g），入舍鸡总蛋重 18.2～18.8kg，每千克蛋耗料 2.3～2.4kg。产蛋期末体重 2.2～2.4kg（粉色品系 2.2～2.4kg），产蛋期母鸡存活率 94%～96%。料蛋比 2.49:1［粉色品系（2.1～2.2):1］，产蛋期死亡率 4.8%。产蛋期日耗料 110～118g。

（二）国产品种

1. 农大 3 号 为节粮型小型蛋鸡的代表。市场占有率仅在 5% 左右。体型小，成年鸡体重 1.6kg 左右，体高比普通蛋鸡低 10cm 左右，饲养密度可提高 33%。采食量低，产蛋高峰期日采食量平均 85～90g/只，比普通蛋鸡节粮 20%～25%，料蛋比一般在 2.0:1，高峰期可达 1.7:1，比普通蛋鸡提高饲料转化率 15% 左右。该鸡抗病力强、适应性好、成活率高、性格温顺、不善飞翔，适合林地、果园等地散养或放养。

2. 京红/京粉系列 2009 年 4 月 18 日，北京畜牧业协会和国家蛋鸡产业技术体系联合在北京人民大会堂隆重举办"新品种培育与蛋鸡产业发展论坛暨'京红 1 号''京粉 1 号'新品发布"，正式向社会推出由北京市华都峪口禽业有限责任公司新培育的蛋鸡配套体系。培育的成功将有利于我国打破长期以来的祖代蛋鸡品种受制于人，依赖国外进口的格局。这两个蛋鸡新品种配套体系充分考虑了我国适度规模的饲养条件。京粉 2 号蛋鸡由北京市华都峪口禽业有限责任公司选育，于 2013 年 1 月 24 日通过国家畜禽遗传资源委员会审定。商品代鸡群体型紧凑、整齐匀称，羽毛颜色均为白色，蛋壳颜色为浅褐色，色泽均匀；商品代蛋鸡 72 周龄产蛋数 310～318 枚，产蛋总重 19.5～20.1kg；父母代种鸡受精率 92%～94%，受精蛋孵化率 93%～96%；适应性强，能耐受高温高湿的特殊环境，适合在我国南方地区进行规划养殖；性情温和，不抱窝，无啄肛、啄羽等不良习性；成活率高，育雏育成期成活率为 99%，产蛋期成活率 96%，抗病性强。目前，京红/京粉系列在国产蛋种鸡品种中所占比例不断提高，已接近 80%。

3. 大午京白 939 是我国自主培育的优秀高产粉壳蛋鸡配套系。2004 年河北大午农牧集团种禽有限公司将京白939原种鸡更名为大午京白939。具有抗逆性强、耗料少、产量多、蛋重适中、蛋壳色泽明快等优点，特别适合在我国饲养。雏鸡全身为花羽，主要为白羽，但有一种头部、背部或腹部有几片黑羽，另一种头部、背部或腹部有片状红羽（占30％）。母鸡为快羽，公鸡为慢羽，可通过羽速自别雌雄。成年鸡全身为花羽，一种是白羽与黑羽相间，另一种头部、颈部、背部或腹部相杂红羽。单冠，冠大而鲜红，冠齿5～7个，肉垂椭圆而鲜红，体型丰满，耳叶为白色；喙为褐黄色，胫、皮肤为黄色。0～18周龄的成活率96％～98％，18周龄的体重1.34～1.4kg，20周龄的体重1.5～1.55kg，入舍鸡耗料6.0～6.4kg，产蛋期（19～72周龄）成活率95％～97％，开产日龄（50％产蛋率）140～150d，高峰产蛋率94％～97％，72周龄入舍母鸡产蛋数332～339枚，产蛋重20.3～21.4kg，平均蛋重61～63g，每只鸡日平均耗料100～110g，料蛋比2.15∶1。

4. 新杨褐壳蛋鸡　为上海新杨家禽育种中心等三单位联合培育，父母代羽色自别雌雄。具有产蛋率高、成活率高、饲料转化率高和抗病力强的优点。体躯较长，呈长方形，体质健壮，性情温顺，红羽，但部分尾羽为白色，黄皮肤，单冠，褐壳蛋。1～20周龄的成活率96％～98％，20周龄的体重1.5～1.6kg，入舍鸡耗料7.8～8.0kg，产蛋期（20～71周龄）成活率93％～97％，开产日龄（50％产蛋率）154～161d，高峰产蛋率90％～94％，72周龄入舍母鸡产蛋数287～296枚，产蛋重18.0～19.0kg，平均蛋重63.5g，每只鸡日平均耗料115～120g，饲料利用率2.25％～2.5％。

5. 苏禽青壳蛋鸡　由中国农业科学院家禽研究所主持培育。体型较小，结构紧凑，体躯呈船形。全身羽毛黑色，部分颈部带有红色羽毛；单冠红色，冠齿5～7个；喙、胫呈青色，无胫羽，四趾，皮肤白色。公、母鸡均活泼好动，眼大有神，生活力强，适应性广。成年公鸡体重1.4kg，母鸡体重1.25kg。72周龄入舍母鸡产蛋数平均183.5枚，300日龄平均蛋重44.9g，产蛋期日采食量75～80g。0～18周龄育成率98％以上，产蛋期存活率95％以上。18周龄时体重1.05～1.1kg，22周龄时体重1.2～1.25kg。23周龄时50％以上的商品鸡进入产蛋期，27～28周龄时85％以上的商品鸡进入产蛋期。产蛋期平均日采食量90～100克。该品种适宜在全国各地养殖。

6. 其他绿壳蛋鸡　如东乡绿壳蛋鸡、长顺绿壳蛋鸡、新杨绿壳蛋鸡、麻城绿壳蛋鸡、卢氏绿壳蛋鸡等。

第三节　肉鸡的生长管理要点

由于肉鸡培育程度很高，极其脆弱，所以其对肉鸡的福利要求特别的高，相对于蛋鸡而言，肉鸡的体质很差，饲养管理不当就会导致很严重的后果。肉鸡平滑肌（内脏）和横纹肌（肌肉）的发育存在严重的不平衡，所以肉鸡养殖过程中经常会出现肝肾肿胀、肝肾不全、痛风、腺胃炎、腹水等疾病。肉鸡的新陈代谢极其旺盛，所以对环境的破坏力特别强，对温度、湿度的要求也很敏感，在代谢过程中肉鸡能排出大量的有毒产物。所以养好肉鸡不仅是一门科学同时还是一门艺术，要真正把肉鸡的健康养殖当成自己的事业来做，关爱、了解每一只肉鸡，只有这样才能养好肉鸡。

所以研究疾病和研究用药都不是真正健康养殖的理念，真正的健康养殖是增加肉鸡福利，善待每一只肉鸡，让肉鸡处于一种舒适的环境中，同时做好疾病预防和日常的饲养管理工作，让肉鸡不患病或少患病，把用药作为备用手段，减少或者杜绝肉鸡药物残留，降低农资产品购入成本和饲养成本，尽可能地使用中药，掌握真正的养殖技术，这样才能称得上健康养殖。

一、肉鸡生产技术要点

雏鸡入舍后的前72h的管理是至关重要的，直接影响到肉鸡出栏后的经济效益指数及管理的成败。72h以内的雏鸡对外界环境极其敏感，此时的雏鸡体温调节能力差，肠道还没有发育好，主要依赖卵黄营养维持生命，72h的管理主要围绕为雏鸡提供稳定的、卫生的生存环境和开水、开食来展开。

（一）雏鸡运输

雏鸡运输管理是72h管理的第一步，也是关键的一步。雏鸡运输必须使用具备保温、隔热、通风能力的专用车辆。在装运鸡苗前对车辆内外进行彻底消毒，消毒所用消毒剂应选择高效且腐蚀性低的药物，防止药物残留灼伤雏鸡呼吸道、消化道黏膜。雏鸡装车后立即运输，中途停车时间每次不得超过10min，若因特殊情况停车时间超过10min时，应打开车门、侧窗，专人照料鸡群，使其不超温、不受凉、不缺氧。无论停车还是行车都必须保证车厢内温度不高于28℃、不低于27℃，鸡苗箱内温度不高于37℃、不低于35℃，保持通风，不缺氧。雏鸡运输途中出现超温（苗箱内温度高于38℃）会引起雏鸡脱水，卵黄重量减轻，影响育雏成活率和周末体重。雏鸡运输途中出现低温（苗箱内温度低于35℃）会引起雏鸡受凉感冒，免疫力降低，容易造成早期细菌感染。雏鸡在运输途中出现缺氧会引起小脑软化和肝脏坏死，出现神经症状，免疫力下降。

（二）接雏准备与接雏

接雏准备工作是根据雏鸡的生理需求和生理特点展开的。鸡苗入舍前15h

把鸡舍温度升至35℃，每3h对鸡舍空间、墙壁、网架等进行喷雾消毒1次，交替使用两种以上低腐蚀性且高效的消毒药，在雏鸡入舍前把舍内相对湿度提高到70%（在高温、高湿的环境当中消毒药的消杀效果会得到大幅度提高，雏鸡入舍前要为雏鸡提供一个温暖、湿润、洁净的生存环境）。雏鸡入舍前2h，上水上料（如果使用凉水应提前4h上水预温），保证雏鸡入舍时水温在22℃左右，否则会出现雏鸡拒饮或饮后发冷扎堆。雏鸡采食和饮水的器具要充足摆放，标准是雏鸡从任何地方出发步行1m以内能够找到水、料。

鸡苗入场后立即卸车，使其快速进入鸡舍，鸡苗入舍后要单层摆放并掀掉苗箱盖，因为鸡舍内温度较高，若苗箱重叠摆放或不开盖，苗箱内温度会在10min内超过40℃。鸡苗入舍清点数量和记录初生重后即可放入网架中。

（三）早期管理

鸡苗放入网架后30min要观察鸡苗对温度的反应，即寻找体感温度。因品种、种鸡日龄、舍内湿度、风速及鸡舍的密封性都会对雏鸡体感温度形成影响，雏鸡的体感温度应视雏鸡的舒适度为标准。观察雏鸡的表现，在适宜的体感温度下，雏鸡活泼好动，不张口呼吸，也不靠近热源或挤堆，通过观察鸡群表现调整鸡舍内温度，待雏鸡的体感温度确定以后，将此温度作为72h的恒定温度。

雏鸡入舍4h后，用手触摸嗉囊检查雏鸡开食情况，8h后再次检查雏鸡开食情况，如雏鸡入舍8h后还有部分雏鸡嗉囊是空的，应立即检查舍内温度、湿度、光照、密度是否合理，水、料盘是否充足，排除影响因素，确保雏鸡入舍20h内全部开水、开食成功。

雏鸡入舍前3d保持24h光照，每平方米2W。每天上料次数不低于10次，保持少喂勤添，每天清洁饲喂器具2次。

雏鸡从1日龄开始对声音敏感，喜欢追逐声音源，鸡场应保持静音管理，在舍内可利用雏鸡这一特性引导鸡群跑动，有利于雏鸡健康，同时可以发现弱雏，进行淘汰。

雏鸡前72h管理要保持各种环境条件的相对稳定，使雏鸡卵黄吸收迅速，顺利地从卵黄营养过渡到肠道营养，为下一环节管理打下良好基础。

二、肉鸡生产作业日程表（1～14日龄）

进雏前5d熏蒸消毒。关闭门窗和通风孔，为提高熏蒸消毒效果，使舍温达到24℃以上、相对湿度达到75%以上。用药量按每200m³空间用500g三氯异氰尿酸。

进雏前4d熏蒸24h后打开门窗和通气口，充分换气。注意：进出净化了的区域必须消毒，更换干净的衣服和鞋，搬入的物品也必须是干净的。每舍门口设消毒池（盆）。

进雏前 2d 关闭门窗，准备和检查落实进雏前的一切准备工作，包括保温措施、饲料、药品、疫苗、煤等。

进雏前 1d 冬春季节鸡舍开始预热升温，注意检查炉子是否正常供热，有无漏烟、倒烟、回水现象，有无火灾隐患。

进雏前 12h 开始生火预热，使舍温和育雏器温度达到要求，铺好垫料、饲料袋皮，准备好雏鸡料、红糖或葡萄糖、复合维生素和药品，设置好雏鸡的护栏。

1. 1～2 日龄

（1）在进雏前 2h 将饮水器装满 20℃左右的温开水，水中可加 5% 的红糖或葡萄糖、适量复合维生素和黄芪多糖，恩诺沙星或其他抗生素通过拌料给药，对运输距离较远或存放时间太长的雏鸡，饮水中还需加适量的补液盐。添水量以每只鸡 6mL 计，将饮水器均匀地分布在育雏器边缘。

（2）注意温度状况，育雏温度稳定在 34～36℃。注意通风，保持鸡舍相对湿度在 70%。如有雏鸡"洗澡"现象，适当降低室内温度。

（3）进雏后，一边清点雏鸡，一边将雏鸡安置在育雏器内休息。待雏鸡开始活动后，先调教雏鸡饮水，每 100 只鸡抓 5 只，将喙按入水中，1s 左右后松开。

（4）雏鸡饮水 2～3h 后开始喂料，将饲料撒到垫纸上，少给勤添，每 2h 喂一次料。第一次喂料为每只鸡 20min 吃完 0.5g 为度，以后逐渐增加。

（5）60W 灯泡，22h 光照。

（6）注意观察雏鸡的动态，密切注意舍内的温度、通风状况和湿度，判断环境是否适宜。

（7）喂料时注意检出没学会饮水、采食的雏鸡，将它们放在适宜的环境中设法调教，挑出弱雏病雏及时淘汰。

（8）在 2 日龄后，在饮水中添加抗生素，不再添加复合维生素。

（9）注意观察粪便状况，粪便在报纸上的水圈过大是雏鸡受凉的标志。发现雏鸡腹泻时，应该立即从环境控制、卫生管理和用药上采取相应措施。

（10）2 日龄时在饮水器底下垫上一块砖，有利于保持饮水的干净和避免饮水器周围的垫料潮湿。注意饮水和饲料卫生，每天刷洗 2～3 次饮水器。

（11）注意填写好工作记录。

2. 3～6 日龄

（1）注意观察鸡群的采食、饮水、呼吸及粪便状况。

（2）注意鸡舍内环境的稳定。

（3）清理更换保温伞内的垫料，扩大保温伞（棚）上方的通气口。

（4）清扫舍外环境并用 2% 氢氧化钠溶液消毒，注意更换舍门口消毒池内的消毒液。

（5）改进通风换气方式，每 1～2h 打开门窗 30s 至 1min，待舍内完全换成新鲜空气后关上门窗。

（6）改成每日喂料 6 次，3d 之内逐步转换成用料桶喂料。

（7）温暖季节饮水器中可以直接添加凉水，水中按说明比例添加二氧化氯等消毒药，注意消毒药的比例一定要正确。

（8）开始逐渐降低育雏温度，每天降 0.4～0.6℃。必须逐渐降温；降温速度视雏群状态和气候变化而定；白天可以降得多一些。

（9）注意观察雏鸡有无接种疫苗后的副反应，如果精神状态等不正常，应该将舍温提高 1～2℃，并在饮水中连续 3d 加入黄芪多糖、抗生素。

（10）舍内隔日带鸡喷雾消毒一次，消毒液用量为每平方米 35mL，浓度按消毒药说明书配制，消毒药选用聚维酮碘或双链季铵盐络合碘。

（11）根据鸡群活动状况逐渐扩大护围栏。

（12）22h 光照。

3. 7～9 日龄

（1）接种新城疫、禽流感二联灭活疫苗，每只雏鸡 0.3mL，颈部皮下注射。

（2）接种新支肾三联（预防新城疫、传染性支气管炎、肾型传染性支气管炎）疫苗，滴鼻、点眼，每只鸡 2 头份。免疫时抓鸡要轻，待疫苗完全吸入鼻孔和眼中后才放鸡。免疫当天的饮水中不加消毒药，可适当添加复合维生素。

（3）周末称重。午后 2 时，抽样 2% 或 100 只鸡称重。为使称重的鸡具有代表性，让鸡群活动开后，从 5 个以上点中随机取样，逐只称重。

（4）计算鸡群的平均体重和均匀度，检查总结一周内的管理工作。

（5）完全用料桶喂鸡，每天 4～5 次。

（6）换用 15W 灯泡，光照时间由 22h 改为 20h。

（7）隔日舍内带鸡消毒，周末对舍外环境清扫消毒。

（8）在控制好温度的同时，逐步增加通风换气量，注意维持环境的稳定。

（9）调节好料桶与饮水器的高度。

4. 10 日龄

（1）撤去护栏。

（2）夜间熄灯后仔细倾听鸡群内有无异常呼吸音。

（3）日常管理同前，控制好温度，注意通风换气。

5. 11～13 日龄

（1）注意日常管理，注意降温和通风换气。

（2）注意观察鸡群有无呼吸道症状、神经症状、不正常的粪便。

（3）注意肉鸡腺胃、肌胃炎和肠毒综合征的预防控制。

（4）用优质垫料更换雏鸡休息的保温伞（棚）内的垫料。

6. 14 日龄

（1）根据鸡群的生长状况，可将光照时间控制在 20h 以内。

（2）传染性法氏囊病活疫苗（B87 株）饮水免疫。

（3）饮水中加水溶性复合维生素。

（4）鸡群称重。方法同第一次，根据平均体重和鸡群均匀度分析鸡群的管理状况。

三、肉鸡的生长特点

1. 生产性能高　肉鸡有很高的生产性能，表现为生长迅速、饲料转化率高、周转速度快。肉鸡在短短的 42d 内平均体重即可从 40g 左右长到 2 500g 以上，6 周间增长 60 倍以上，而此时的料肉比仅为 1.75∶1 左右，即平均消耗 1.75kg 料就能长 1kg 体重，这种生长速度和经济效益是其他畜禽不能相比的。

2. 对环境的变化敏感　肉鸡对环境的变化比较敏感，对环境的适应能力较弱，要求有比较稳定适宜的环境。

肉雏鸡所需的适宜温度要比蛋雏鸡高 1~2℃，肉雏鸡达到正常体温的时间也比蛋雏鸡晚 1 周左右。肉鸡年龄稍大以后也不耐热，在夏季高温时节，容易因中暑而死亡。

肉鸡的迅速生长对氧气的需要量较高。如饲养早期通风换气不足，就可能增加腹水症的发病率。

3. 抗病能力弱

（1）肉鸡的快速生长使大部分营养都用于肌肉生长方面，抗病能力相对较弱，容易发生慢性呼吸道病、大肠杆菌病等一些常见性疾病，一旦发病还不易治愈。肉鸡对疫苗的反应也不如蛋鸡敏感，常常不能获得理想的免疫效果，稍不注意就容易感染疾病。

（2）肉鸡的快速生长也使机体各部分负担沉重，特别是 3 周内的快速增长使机体内部始终处在应激状态，因而容易发生肉鸡特有的猝死症和腹水症（遗传病）。

（3）由于肉鸡的骨骼生长不能适应体重增长的需要，肉鸡容易出现腿病。另外，由于肉鸡胸部在趴卧时长期支撑体重，如后期管理不善，肉鸡常常会发生胸部囊肿。

四、商品肉鸡科学饲养理念

现代商品肉鸡要求快速养殖成品出售，养殖户想要提高肉鸡的养殖速度必须采用科学的饲养方法。近几年来，有肉鸡养殖商户在生产实践中摸索出一条养殖方式，可推动肉鸡养殖业高效发展。

（一）饲养理念

具体做法如下：坚持全进全出的饲养理念。即同一栋鸡舍内饲养同一日龄的雏鸡，出售时同一天全部出场。优点是便于采用统一的温度、同一标准的饲料，出场后便于统一打扫、清洗和消毒，便于有效地杜绝循环感染。鸡舍熏蒸消毒后应封闭一周再饲养下一批雏鸡。全进全出制饲养比连续生产制饲养增重速度快、耗料少、死亡率低、生产效益高。

（二）两条原则

1. 科学选雏的原则 农户饲养肉雏鸡大都依靠外购，而从外面购入的雏鸡质量对育雏的效果影响很大，并直接影响养殖效益。为提高育雏成活率，购雏时必须严把质量关，严格挑选，确保种源可靠、品种纯正和鸡苗健康，切不可购进不健康的鸡苗。挑选雏鸡时，除了注重品种优良以外，还必须保证种鸡来自非疫区。选择良种鸡可以通过"一看、二摸、三听"的方法来鉴别。一看：看雏鸡的羽毛是否整洁，喙、腿、翅、趾有无残缺，动作是否灵活，眼睛是否正常，肛门有无被粪黏着。一般健康雏鸡两腿站立坚实，羽毛富有光泽，肛门清洁无污物。二摸：将雏鸡抓握在手中，触摸膘肥程度，骨架发育状态，腹部大小及松软程度，卵黄吸收程度和脐环闭合状况等。一般健康雏鸡体重适中，握在手中感觉有膘，饱满，挣扎有力，腹部柔软，大小适中，脐环闭合良好，干燥，其上覆盖绒毛。三听：听雏鸡的叫声来判断雏鸡的健康状态。一般健康雏鸡叫声洪亮而清脆。

2. 公母分群的原则 公母雏鸡生理基础不同，因而对生活环境、营养条件的要求和反应也不同。主要表现为：生长速度的不同，4周龄时公雏鸡比母雏鸡体重高 13％，6周龄时高 20％，8周龄时高 27％；沉积脂肪的能力不同，母雏鸡比公雏鸡容易沉积脂肪；对饲料要求不同；羽毛生长速度不同，公雏鸡羽毛生长速度慢，母雏鸡羽毛生长速度快；表现出胸囊肿的严重程度不同，对湿度的要求也不同。

公母雏分群后应采取下列饲养管理措施：母鸡生长速度在7周龄后相对下降，而饲料消耗急剧增加，因此应在7周龄末出售。公鸡生长速度在9周龄以后才下降，所以应到9周龄时出售才合算。公雏鸡能更有效地利用高蛋白质日粮，前期日粮中蛋白质水平应提高到 24%～25%，母雏鸡则不能利用高蛋白质日粮，而且会将多余的蛋白质在体内转化为脂肪，很不经济；若在饲料中添加赖氨酸后公雏鸡反应迅速，饲料效益明显提高，而母雏鸡则反应效果很小；若喂金霉素可提高母雏鸡的饲料效率，而公雏鸡则没有反应。由于公雏鸡羽毛生长速度慢，所以前期需要稍高的温度，后期公雏鸡比母雏鸡怕热，温度宜稍低一些；因为公鸡体重大，胸囊肿比较严重，故应给予更松软、更厚的垫草。

（三）抓好三期饲养

1. 育雏期（0～3 周龄） 饲养目标就是使各周龄体重适时达标。1 周龄末体重每少 1g，出栏时体重将少 10～15g。为了让 1 周龄末的体重达标，第 1 周要充分搞好饲养，喂高能量、高蛋白质日粮：能量不能低于 13.37MJ/kg，蛋白质水平要达到 22%～23%，应在日粮中及时添加维生素。2～3 周龄要适当限饲，以防止体重超标，从而降低腹水症、猝死症和腿疾的发生率，此期的饲料中蛋白质水平不能低于 21%，能量保持在 12.46～13.37MJ/kg。

2. 中鸡期（4～6 周龄） 是肉鸡骨架成形阶段，饲养重点是提供营养平衡的全价日粮，此期饲料中的蛋白质水平应达到 19% 以上，能量维持在 13.38MJ/kg 左右。

3. 育肥期（6 周龄至出栏） 为加快增重，饲料中要增加日粮能量浓度，可以在日粮中添加 1%～5% 动物油脂，此期饲料中粗蛋白质水平可降至 17%～18%。

（四）解决三个问题

1. 胸囊肿的问题 胸囊肿就是肉鸡胸部皮下发生的局部炎症，是肉仔鸡常见的疾病。它不传染也不影响生长，但影响胴体的商品价值和等级。应该针对其产生的原因采取有效的预防措施：①尽量使垫草干燥、松软，及时更换板结、潮湿的垫草，保持垫草应有的厚度。②减少肉仔鸡卧地的时间，肉仔鸡一天当中有 68%～72% 的时间处于俯卧状态，俯卧时体重的 60% 左右由胸部支撑，胸部受压时间长、压力大，胸部羽毛又长得慢、长得晚，故容易造成胸囊肿。因此，应采取少喂多餐的办法，促使肉鸡站起来采食活动。③若采用铁网平养或笼养，应加一层弹性塑料网。

2. 腹水症的问题 腹水症是一种非传染性疾病，其发生与缺氧、缺硒及某些药物的长期使用有关。控制肉鸡腹水症发生的措施：①改善环境通气条件，特别是密度大的情况下，应充分注意鸡舍的通风换气。②防止饲料中缺硒和维生素。③发现轻度腹水症时，应在饲料中补加维生素 C，用量为 0.05%，同时对环境和饲料做全面的检查，采取相应的措施来控制腹水症的发生。8～

18 日龄只喂给正常饲料量的 80% 左右，也可防止腹水症的发生。

3. 腿病的问题　随着肉仔鸡生产性能的提高，腿部疾病的严重程度也在增加。引起腿病的原因是各种各样的，总的归纳起来有以下几类：遗传性腿病，如胫骨软骨发育异常、脊椎滑脱症等；感染性腿病，如化脓性关节炎、鸡脑脊髓炎、病毒性腱鞘炎等；营养性腿病，如脱腱症、软骨症、维生素 B_2 缺乏症等；管理性腿病，如风湿性和外伤性腿病。

预防肉仔鸡腿病应采取以下措施：①完善防疫保健措施，杜绝感染性腿病的发生。②确保微量元素及维生素的合理供给，避免出现因缺乏钙磷而引起的软脚病，缺乏锰、锌、胆碱、尼克酸、叶酸、生物素和维生素 B_6 等所引起的脱腱症，缺乏维生素 B_2 引起的卷趾病。③加强管理，确保肉仔鸡合理的生活环境，避免出现因垫草湿度过大、脱温过早及抓鸡的方法不当而造成的脚病。

（五）巡查鸡舍的 10 项内容

在养鸡场，兽医技术人员应经常到鸡舍巡查，每天不少于 2 次，以便随时了解鸡群状况，及早发现问题，及早处理问题。技术人员巡查时应掌握如下 10 项内容：

1. 查有害气体　对鸡危害最大的气体是氨气和硫化氢。由于氨的挥发性和刺激性强，如果鸡舍有大量的氨气产生，人一进鸡舍就会首先感知到。当嗅到氨的气味时，说明鸡舍内氨气早已超标。硫化氢密度大，越接近地面的浓度越高。如果在鸡舍的稍高处嗅到硫化氢气味，则表明鸡舍内的硫化氢已经严重超标。当鸡舍中出现以下情况时可判定空气中确有过量的硫化氢存在：①铜质器具表面生成硫酸铜而变黑。②镀锌的铁器表面有白色沉淀物。③黑色美术颜料褪色。另外，用煤炉保温的鸡舍应注意人员和鸡的一氧化碳中毒。当以上三种有害气体超量时，应立即采取相应措施，例如适当加大通风量、更换垫料等，以减轻和杜绝对鸡的危害。

2. 查温度　对养鸡来说，温度是至关重要的。要查验温度计上的温度和实际要求的温度是否吻合。如温度相差很大要立即采取升温或降温措施，并要求管理人员把温度控制在要求范围内。

3. 查通风　检查一下通风是否良好。尤其是在冬季气温低的情况下，人们往往只注意保暖而忽视了正常的通风。通风良好时，鸡活泼好动，舍内无异味，特别是温度和通风都达标时，会有一种舒爽的感觉。如果发现鸡无病委顿、呼吸微喘，鸡舍异味很浓、灰尘弥漫，说明鸡舍内通风极度不良，应立即加强通风。

4. 查粪便　查看粪便的颜色和是否有血便。一般来讲，肉仔鸡的粪便呈条状。有些疾病可使鸡腹泻，如鸡患传染性法氏囊病与传染性支气管炎时，鸡的粪便呈黄白色：鸡患新城疫时排绿色、黄白色水样粪便；舍内有血便，多数鸡感染了球虫。当发现以上异常粪便时，应找到排粪的鸡，必要时给予剖检。

5. 查湿度 查看湿度是否符合标准。湿度高时微生物易存活，如果伴有温度低时则更加重低温的危害。湿度低则鸡舍干燥，鸡易患呼吸道病，尤其是雏鸡，长时间干燥的环境可使雏鸡脱水、衰弱。因此，要重视对鸡舍湿度的调整。

6. 查死鸡数量 无论是雏鸡、育成鸡或育肥鸡，每天都可能有极少数量的弱鸡由于各种原因而死亡，这是正常现象。正常情况下，雏鸡死亡率应不超过 0.05%，育成鸡死亡率不超过 0.01%，育肥鸡死亡率不超过 0.03%。若发现死亡数量过大，就应引起注意，要马上多剖检几只死鸡或送检，以找出死亡原因。

7. 查光照 大多数肉仔鸡场在夜间执行间歇式光照方案，以促进肉仔鸡生长及提高饲料转化率，这也需要兽医技术人员检查执行。此外，还要注意光照的强弱。

8. 查鸡发出的声音 正常情况下，鸡不会发出异常声音，但在患一些疾病如传染性支气管炎、慢性呼吸道病及鸡新城疫时，病鸡会发出咳嗽、喷嚏和"呼噜"声，尤其在夜间声音更为清晰。发现这些异常声音即预示鸡群已有传染病发生，必须尽快确诊。

9. 查鸡饮水与吃料的情况 如出现耗料下降或仅饮水不吃料，可能预示鸡已感染了某些疾病，要尽早查明原因，及早治疗。

10. 查免疫后的反应 预防免疫后，兽医技术人员要随时观察鸡群免疫后的反应。如鸡新城疫疫苗免疫后仍不断出现新城疫病鸡，传染性支气管炎免疫后呼吸道症状反而加重了，这些都说明免疫失败了，应尽快从多方面查找原因，采取补救措施。

对养殖户来说，同一栋鸡舍，一般第一次相对来说容易饲养，第二次药费上升，第三次以后病便多起来了，病也很难治疗，再往后甚至无法饲养，这是什么原因造成的？可以从以下几点找找看：

（1）没有遵循正确的防疫程序。

（2）盲目使用药物，不对症下药，耽误鸡病的最佳治疗时机。

（3）大量地、不间断地使用复方药。现在好多药厂生产的兽药大多数是复方药，一种药里面含多种抗生素类药，有的甚至多达六七种。养殖户不知道里面的具体成分，只是一味地使用，这样的后果是虽然只用几个厂家的药，但基本上所有的抗生素都用了，并且大多是重复应用，使细菌几乎对所有的抗生素都产生耐药性。结果是鸡患病后无有效药物治疗。

（4）随着养鸡次数增多，大量使用复方药，对鸡舍的正常的微生态环境造成极大破坏，益生菌群作用降低，有害菌群（如大肠杆菌）滋生。

（5）连续进鸡也是鸡病难治疗的因素之一，大鸡影响小鸡，小鸡反馈大鸡，结果大鸡患病，小鸡不长，大鸡出售，小鸡死亡。

五、肉鸡的饲喂营养

（一）肉鸡的分段饲喂技术

一般肉鸡的饲养都是群养，让鸡自由采食，其中可以将肉鸡分段饲养，可以取得很好的饲养效果，而且还可以减少饲养成本，提高饲料转化率。刚出壳的雏鸡绒毛短而稀，且体温比成年鸡低3℃左右，4日龄后体温逐渐升高，10日龄达到成年鸡的体温。雏鸡胃肠容积小，对食物的消化能力差，但生长发育快。因此，生产中依据这些生理特点及生长规律，可将肉鸡的饲养管理分为以下三个阶段：第一阶段0～14日龄；第二阶段15～25日龄；第三阶段36日龄至出栏。

（二）各阶段的饲养技术要点

第一阶段：此阶段由于雏鸡刚从孵化室转到育雏室，有的鸡还会经过贮存或长途运输，经受了饥渴和颠簸等应激，处于新的生活环境，因此此阶段的饲养管理要点是尽快让雏鸡适应新的生活环境，减少应激，降低疾病的发生，提高生长速度。因为肉鸡7日龄的体重与出栏体重有较大的正相关。

第二阶段：此阶段雏鸡已基本适应了新的生活环境，逐渐进入快速生长期。因此，此阶段的主要任务是提高鸡雏体质，促进鸡体骨骼的形成，促进肉鸡内脏器官发育和腿部的健壮有力，为下一阶段的生长发育打下坚实的基础，促进后期快速生长发育，少患疾病。试验表明，对14日龄后的肉鸡限饲3周可明显地提高饲料的有效利用率和肉鸡的成活率。这一阶段肉鸡生长受到的抑制可在第三阶段得到充分有效的补偿。

第三阶段：此阶段肉鸡的骨骼已经形成，且体质健壮，代谢旺盛。此时的主要技术要点是采取一切有效措施促进肉鸡采食和消化吸收，降低机体消耗，使饲料的转化率达到最大值。

（三）各阶段的具体饲养管理措施

第一阶段：给雏鸡提供高质量的充足的饮水（最好是18～22℃的温开水），并供给体积小、易于消化吸收的全价配合饲料。饲料添加量以占食槽容积的1/3～1/2为好。第一天采用24h光照，每平方米4W，以后逐渐减少光照时间直至过渡到自然光照。试验表明，渐减尔后渐增的光照方式可在一定程度上促进肉鸡内脏器官的发育和骨骼的钙化，使肉鸡保持良好的健康状况，同时还可以带来肉鸡后期的补偿生长，有效地降低疾病的发生率。

第二阶段：根据肉鸡的生长情况，适当加大饲料粒度，降低饲料中能量和蛋白质的含量，一般可降低 10％左右，但饲料中的各种维生素、微量元素和矿物质要按标准要求供给。饲喂方法：每天定时喂 3 次。管理方法：主要是注意运动，如晚上用竹竿轻轻驱赶仔鸡，以提高肉鸡的运动量，达到锻炼内脏器官的目的，又可以减少胸部压力的刺激。适当增加光照度和时长，有利于运动，减少疾病的发生。

第三阶段：要供给优质的育肥饲料，营养全价，能量高，蛋能比合适。配合饲料时要注意以下三点：一是原料要多样化和低纤维化；二是添加 3％～5％的动植物油；三是要尽量采用颗粒饲料。饲喂次数应由原来的 3 次增加到 5 次，或者采用自由采食的方式，保持槽内不断料，满足鸡自由采食的要求。管理方面：在不影响鸡群健康的情况下，要减少运动量，并配合低光照度。密度过大则限制采食影响肉鸡休息，致使鸡群生长不均匀，同时又会造成室内空气混浊，诱发疾病。因此，饲养密度一定要合适，一般情况下适宜的饲养密度冬季 12～15 只/m²，保持室内空气清新，使温度保持在 18℃左右、相对湿度保持在 55％左右为宜。

（四）肉鸡饲料配方

1. 肉雏鸡的饲料配方

（1）玉米 55.3％，豆粕 38％，磷酸氢钙 1.4％，石粉 1％，食盐 0.3％，油 3％，添加剂 1％。

（2）玉米 54.2％，豆粕 34％，菜籽粕 5％，磷酸氢钙 1.5％，石粉 1％，食盐 0.3％，油 3％，添加剂 1％。

（3）玉米 55.2％，豆粕 32％，鱼粉 2％，菜籽粕 4％，磷酸氢钙 1.5％，石粉 1％，食盐 0.3％，油 3％，添加剂 1％。

2. 肉中鸡的饲料配方

（1）玉米 58.2％，豆粕 35％，磷酸氢钙 1.4％，石粉 1.1％，食盐 0.3％，油 3％，添加剂 1％。

（2）玉米 57.2％，豆粕 31.5％，菜籽粕 5％，磷酸氢钙 1.3％，石粉 1.2％，食盐 0.3％，油 2.5％，添加剂 1％。

（3）玉米 57.7％，豆粕 27％，鱼粉 2％，菜籽粕 4％，棉籽粕 3％，磷酸氢钙 1.3％，石粉 1.2％，食盐 0.3％，油 2.5％，添加剂 1％。

3. 肉大鸡的饲料配方

（1）玉米 60.2％，麦麸 3％，豆粕 30％，磷酸氢钙 1.3％，石粉 1.2％，食盐 0.3％，油 3％，添加剂 1％。

（2）玉米 59.2%，麦麸 2%，豆粕 22.5%，菜籽粕 9.5%，磷酸氢钙 1.3%，石粉 1.2%，食盐 0.3%，油 3%，添加剂 1%。

（3）玉米 60.7%，豆粕 21%，鱼粉 2%，菜籽粕 4.5%，棉籽粕 5%，磷酸氢钙 1.3%，石粉 1.2%，食盐 0.3%，油 3%，添加剂 1%。

注意事项：肉鸡饲料必须含有较高水平的能量和蛋白质，适量添加维生素、矿物质及微量元素，最好在肉鸡的不同生长阶段采用不同的全价配合饲料，不限制饲喂量，任其自由采食，每天定时加料，添料不要超过饲槽高度的 1/3，以免肉鸡将饲料啄出造成浪费。不喂霉烂变质的饲料，并保证供应新鲜、清洁、充足的饮水。在开食前的饮水中加入 5%～10% 的葡萄糖或蔗糖有利于雏鸡体力恢复和生长。通过以上关于肉鸡各阶段饲料配方的介绍，可以明白肉鸡饲料的种类，肉鸡从雏鸡到出栏在不同的生长发育阶段对营养素的需求不同，根据各个生长阶段的特点和营养需求科学地配制饲料是肉鸡健康、快速地生长的基础。

（五）三供五控饲养法

"三供"指水、料、氧气。一般养殖过程中肉鸡不缺水和料，而出现最多的情况是氧气的供应不足，因为氧气是否充足无法直接衡量，所以在养殖过程中，因为新鲜空气供应不足而导致肉鸡缺氧窒息的事情时有发生，给肉鸡养殖带来了很大的损失。虽然氧气含量无法衡量，但是可以计算通风量，通过通风量来计算肉鸡所需的氧气，从而供给肉鸡足够氧气。

"五控"指温度、湿度、光照、风速、密度。"五控"应该顺应自然，满足肉鸡的生理感受。

温度：数据温度可以作为一个参考，应以肉鸡的体感温度作为温度的标准。

湿度：保持适合肉鸡的湿度。

风速：风速、温度、室内温度相互作用改变肉鸡体感温度，应注意育雏和育成期风速的变化，1～24 日龄舍内风速控制在 0.2m/s 内，25～42d 龄提高风速以提高舍内空气质量，采取纵向通风，风速控制在 2～2.5m/s。

光照：控光不控料，利用光照可以控制肉鸡的生长速度。脾脏营养首先供应活跃的器官，根据活跃度的强弱分别是脑、心脏、骨骼（横纹肌）、免疫系统、内脏（平滑肌）。其中最不活跃的就属内脏系统，为了使内脏系统得到更多的营养，缩小内脏和骨骼发育的差距，就要减少光照时间，在黑暗中，脾脏首先将营养供给内脏系统。

密度：肉鸡饲养密度取决于硬件条件、环境控制能力、外界气候和鸡的饲养日龄等综合因素，总的原则是在有条件的情况下（平均煤耗每只鸡不超过

0.8 元），前 4 周的饲养密度越小，鸡就越健康，环境压力就越小，用药量就越少。

肉鸡健康养殖的饲养管理原则是"首保生命所需，次保生理感受"。水、料、氧气都是生命必不可少的，其中任意一项缺少肉鸡就将不能存活，所以当生理感受和生命所需冲突时，"首保生命所需，次保生理感受"。

第四节　水禽的生长管理要点

水禽包括鸭、鹅、鸿雁、灰雁等以水面为生活环境的禽类动物（其中迁徙水鸟包括天鹅、雁鸭类和三种鹤，分别为丹顶鹤、白枕鹤、蓑羽鹤）。水禽的尾脂腺特别发达，此类候鸟大都在有水的地方如湿地、岸边等活动，另外，鸭群善于在池塘中戏水。水禽冬季的绒羽十分丰厚。它们主要在水中寻食，部分种类有迁徙的习性。

我国已成为世界上最大的水禽生产国和消费国，水禽生产和消费的发展空间广阔。我国水禽的大宗品种鸭、鹅年饲养总量达到 43 亿只，鸭、鹅肉每年产量达到 550 万 t，饲养量和肉产量均占世界总量的 75% 以上，其中鸭的年末存笼量和屠宰量分别占到世界总量的 67.3% 和 74.7%。水禽饲养已经成为我国许多地区特别是南方一些省份畜牧业生产的重要组成部分。

目前我国已培育出许多生产性能优良的地方良种，如绍兴鸭、金定鸭、北京鸭、天府肉鸭、江南Ⅰ号、江南Ⅱ号、仙湖鸭、天府肉鹅等。

一、肉鸭生长管理要点

（一）商品肉鸭生产特点

1. 生长迅速，饲料转化率高　大型肉鸭的上市体重一般在 3kg 以上，比麻鸭上市体重高出 1/3～1/2，尤其是胸肌特别丰厚。因此，出肉率高。

据测定 8 周龄上市的大型肉用仔鸭的胸腿肉可达 600g 以上，占全净膛屠体重的 25% 以上，胸肌可达 350g 以上。这种肉鸭肌间脂肪含量多，所以特别细嫩可口。

2. 生产周期短，可全年批量生产　肉用仔鸭由于早期生长特别快，饲养期为 6～8 周，因此，资金周转很快，对集约化的经营十分有利。由于大型肉用仔鸭是舍饲饲养，加以配套系的母系的产蛋量甚高，无季节性的限制。

（二）雏鸭的饲养管理技术

1. 开水　初生雏鸭第一次饮水称为开水。

一般雏鸭出壳后 24～26h，在开食前先开水。由于雏鸭在出雏器内的温度较高，体内的水散发较多，因此必须适时补充水分。雏鸭一边饮水，一边嬉戏，雏鸭受到水的刺激后生理上处于兴奋状态，开水可促进新陈代谢，促使胎粪的排泄，有利于开食和生长发育。

开水常用的方法有：

①用鸭篮开水。通常每只鸭篮放 40～50 只雏鸭，将鸭篮慢慢浸入水中，使水浸没脚面为止，这时雏鸭可以自由地饮水，洗毛 2～3min 后，就将鸭篮连同雏鸭端起来，让其理毛，放在垫草上休息片刻就可开食。

②雏鸭绒毛上洒水。

③用水盘开水。用一张白铁皮做成两个边高 4cm 的水盘，盘中盛 1cm 深的水，将雏鸭放在盘内饮水、理毛 2～3min 后，抓出放在垫草上理毛、休息后开食。以后随着日龄的增大，盘中的水可以逐渐加深，并将盘放在有排水装置的地面上，任其饮水、洗浴。

④用饮水器开水。即用雏鸭饮水器注满干净水，放在保温器四周，让其自由饮水，起初先要调教，可以用手敲打饮水器的边缘，引导雏鸭饮水；也可将个别雏鸭的喙浸入水中，让其饮到少量的水，只要有个别雏鸭到饮水器边来饮水，其他雏鸭就会跟着它们一起饮水。以后随着日龄的增大，饮水器逐步撤到另一边有利排水的地方。

以上四种方法，前两种适用于小群的自温育雏，后两种适用于大群的保温育雏。开水后，必须保证不间断供水。

2. 开食　雏鸭的第一次喂食称为开食。应提倡用配合饲料制成颗粒料直接开食，最好用破碎的颗粒料，这样更有利于雏鸭的生长发育和提高成活率。

雏鸭开食不能过早，也不能过迟。开食过早，一些体弱的雏鸭活动能力差，本身无吃食要求，往往被吃食好的雏鸭挤压从而受伤，影响今后开食；而开食过迟，因不能及时补充雏鸭所需的营养，因养分消耗过多、疲劳过度，雏鸭的消化吸收能力降低，造成雏鸭难养，成活率也低。雏鸭一般训练开食 2～3 次后就会吃食，吃上食后一般掌握雏鸭吃至七八成饱就可以了，不能让雏鸭吃得太饱。

3. 喂料　第一周龄的雏鸭也应让其自由采食，经常保持料盘内有饲料，一边吃一边添加。一次投料不宜过多，否则饲料堆积在料槽内不仅造成浪费，而且容易被污染。1 周龄以后继续让雏鸭自由采食，不同的是为了减少人力投入，可采用定时喂料。次数安排按 2 周龄时昼夜 6 次，一次安排在晚上，3 周龄时昼夜 4 次。每次投料若发现上次喂料到下次喂料时还有剩余，则应酌量减少，反之则应增加一些。最初第一天投料量以每天每只鸭 30g 计算。第一周平均每天每只鸭 35g，第二周 105g，第三周 165g，在 21 和 22 日龄时喂料内加入 25％和 50％的生长育肥期饲粮。

二、肉鹅生长管理要点

一般当年的秋末开始直到翌年的春末为母鹅的产蛋期，即冬春季节为鹅的繁殖季节。鹅有部分（母 40％、公 22％）固定配偶交配的习性。第二年或第三年产蛋量达到高峰。种母鹅利用年限为 4～5 年。种鹅群中 2～3 年的母鹅占 65％～70％。

（一）鹅的营养需要

根据鹅的不同生长发育阶段，供给不同营养水平的配合饲料，一般 1～20 日龄，代谢能 11.7MJ/kg，粗蛋白质 20％；20～60 日龄，代谢能 11.7 MJ/kg，粗蛋白质 18％；60 日龄以后，代谢能 11.7MJ/kg，粗蛋白质 14％；育肥期代谢能要相应提高到 12.0～12.5MJ/kg。

1. 保温　刚出壳鹅苗体温调节机能差，既怕冷又怕热，必须实行人工保温。一般需用红外线保温灯保温 2～3 周。适宜育雏温度为 1～5 日龄时 27～28℃，6～10 日龄时 25～26℃，11～15 日龄时 22～24℃，16～20 日龄时 20～22℃，20 日龄以后 18℃。一般 4 周后方可安全脱温，但第 1、2 周是关键。养雏鹅必须有相应的加温保暖设备才能保证雏鹅安全渡过育雏关。气温适宜时 5～7 日龄便可开始放牧，气温低时则在 10～20 日龄开始放牧。

2. 防湿　前 10d 应保证相对湿度在 60％～65％，10 日龄后，雏鹅体重增加，呼吸量和排粪量也增加，垫草含水量增加，室内易潮湿，此时相对湿度应保持在 55％～60％。栏舍内必须及时清扫干净，勤换垫料、垫草，垫料每 2d 应更换 1 次，并及时清除粪便，保持室内干燥和环境清洁卫生。

3. 通风换气　鹅舍换气时应注意防贼风，避免风直接吹在雏鹅身上，以免受凉。鹅舍 2m 高处要留有换气孔。在保温的情况下每天中午温度较高时必须要通风换气，以排出育雏舍内的水分和氨气。透气窗在冬季及阴雨天时白天打开，夜间要关闭。

4. 饲养密度　一般雏鹅平面饲养时，1～2 周龄为 15～20 只/m²，3 周龄时为 10 只/m²，4 周龄时为 5～8 只/m²，5 周龄以上为 3～4 只/m²，每群最好不超过 200 只。

5. 光照　光照对雏鹅的采食、饮水、运动、发育都很重要。1 周龄内的雏鹅昼夜光照 23h，50m² 的鹅舍需 40W 灯泡 1 个，悬挂于离地面 40cm 高处；2 周龄需 18h/d 的光照；随着日龄的增加，以后每天减少 1h，直至自然光照。

6. 饮水和喂料　设置饲料槽和饮水器，自由采食和自由饮水。雏鹅出壳 24h，先开饮后开食，开饮用 0.05％高锰酸钾温热水，自饮 5～10min 以消毒胃肠道，随后饮水中加 5％葡萄糖和少量维生素，有利于清理胃肠、刺激食欲、排出胎粪，吸收营养，以 25℃的清洁水为宜，饮水后即开食。

开食时，先喂湿精饲料后喂青绿饲料，这是为了防止多吃青绿饲料少吃精饲料而腹泻。1～5 日龄雏鹅吃料较少，每天喂 4～5 次，其中晚间 1 次，给予40％配合料＋60％青绿饲料；6～10 日龄每天喂 6～8 次，其中夜间 2～3 次，给予 30％～40％配合料＋60％～70％青绿饲料；10～20 日龄每天喂 6 次，其中夜间 2 次，供给 20％～30％配合料＋70％～80％青绿饲料；3 周龄后每天可喂 5 次，其中夜间 1 次，供给 8％～10％配合料＋90％～92％的青绿饲料。

7. 适时脱温 一般雏鹅在 4～5 日龄体温调节机能逐渐加强，因此如果天气好、气温高，在 5～7 日龄时即可逐步脱温，每天中午可放牧，但早晚还需适当加温，一般到 20 日龄后可以完全脱温。但早春和冬天气温低，保温期需延长，一般 15～20 日龄才开始逐步脱温，25～30 日龄才完全脱温。脱温时要注意气温，根据气温变化灵活掌握，切忌忽冷忽热，否则易引起疾病和死亡。

(二) 适时免疫接种

鹅免疫程序：1～3 日龄，抗雏鹅新型病毒性肠炎病毒-小鹅瘟二联高免血清 0.5mL（或抗体 1～1.5mL）皮下注射；7 日龄，副黏病毒灭活苗皮下注射0.25mL（无此病流行区可免）；4 周龄，鹅巴氏杆菌蜂胶复合佐剂灭活苗皮下注射 1mL。

(三) 驱虫

（1）鹅绦虫病。在预防上建立正常的驱虫制度，一般雏鹅在 15～20 日龄开始首次驱虫，每千克体重用阿苯达唑 40mg 灌服 1 次即可，以后每隔 20～25d 再驱虫 1 次，可保证鹅免遭寄生虫的危害。

（2）鹅球虫病。18～70 日龄，在饲料中交替使用抗球虫药，以防鹅球虫病的发生。用 2％百毒杀，每周定期对养殖场、鹅舍、用具和带鹅消毒 1 次。

（3）药物防治疾病。为杜绝沙门氏菌、大肠杆菌、巴氏杆菌等感染，在育雏期饲料中应加入 0.1％土霉素，拌料饲喂，其中 0～5 日龄饮水中加入 3 000～5 000U/只庆大霉素，以防大肠杆菌病等疾病。

(四) 活拔羽绒的适宜时期

应根据羽绒生长规律来决定。鹅的新羽长齐需 40～45d。种鹅的育成期可拔羽 2 次；休产期可拔 2～3 次；成年公鹅常年拔羽 7～8 次。

活拔羽绒对鹅来说是一个较大的外界刺激，为确保鹅群健康，使其尽快恢复羽毛生长，必须加强饲养管理。拔羽后鹅体裸露，3d 内不要在强烈的阳光下放养，7d 内不要让鹅下水或淋雨，铺以柔软干净的垫草。饲料中应增加蛋白质的含量，补充微量元素，适当补充精饲料。7d 以后，皮肤毛孔已经闭合，就可以让鹅下水游泳，多放牧，多食青草。种鹅拔毛后应分开饲养，停止交配。

第五节　特禽的生长管理要点

特禽养殖也称珍禽养殖。珍是珍稀之意，珍禽是指区别于一般普通的家禽，较珍贵稀有，是属于国家明令禁止捕杀、予以保护的品种，珍禽养殖就是经过合法手续渠道，以国家允许的珍禽品种进行人工合法驯养及科研和经营加工利用。自古以来人们对珍禽野味就比较青睐，但在古代，珍禽野味也只是身份显贵的人才能吃到的美味，主要也是由于当时珍禽品种比较稀少，大都靠打猎得到，不是普通人能吃得到的野味。由于中国人的传统饮食观念的改变和人们的生活水平提高，对生活质量的要求也高，这也就更加速了珍禽野味市场的发展和加大了人们对珍禽野味的需求，而珍禽的养殖也就渐渐热门起来。

我国特禽年出栏总量达 10 亿只以上，目前养殖量比较多的主要有 12 种，如肉鸽、鹌鹑、家养雉鸡、珍珠鸡、美国鹧鸪、绿头鸭、火鸡 7 种养殖量较大、可食用的特禽，还有鸵鸟、鸸鹋、大雁、蓝孔雀、黑天鹅 5 种养殖量有限、非食用的特禽。近些年这些特禽大类养殖技术比较成熟，已经形成规模化产业，需要相关部门予以保护，列入《国家畜禽遗传资源目录》。其中肉鸽因养殖量最大（7.6 亿只），比其他特禽总和还要多，行业专家建议将其划归到家养动物家禽类别。其实早在一些地方法规中，如《广东省家禽经营管理办法》，肉鸽已经按家禽对待。

尽管目前鹧鸪（石鸡）、绿头鸭等被列入《国家畜禽遗传资源目录》且合法养殖的特禽均有较长的驯化和养殖历史，是可安全生产的，然而目前一些地方在划定家畜家禽和野生动物范围上出现了"一刀切"的问题，将特禽养殖划归为野生动物，禁止买卖和经营，对行业影响较大。据了解，一些地方文件对野生动物定义的范围比较模糊，家畜家禽和经济动物的定义比较狭窄。希望政府予以关注，明确特禽是经济动物而不属于野生动物，开放特禽流通的市场。因为我国的特种经济动物肉用仅仅是其中的一个功能，有很多经济动物有其他用途，如毛皮用的水貂、狐狸等，蛋用的鹌鹑、鸵鸟，药用的梅花鹿，观赏用的鸸鹋等。如果用可食用作为标准，将对我国其他用途的特种经济动物产业带来不利影响，如毛皮、中药、动物观赏等相关产业的发展。

目前列入《国家畜禽遗传资源目录》的合法养殖的特禽都是可以合法养殖的经济动物，不是野生动物。这些经济动物的养殖是规模化的养殖，与家畜家禽一样有生产安全保障。经济动物养殖不仅带动了大量的农民脱贫致富，还能够减少人们对野外种群的获取需求，从而起到保护野生动物的目的。如果不允许养殖经济动物，不仅使育种努力付诸东流、产业发展停顿，更是给广大从业人群的脱贫工作带来不利影响。

一、鸽子的生长管理

随着人们生活水平普遍提高，人们对食材提出了更高的要求。饲料鸡之类的农产品已不能满足人们的需求。鸽子的营养价值高于鸡肉，正因为如此养鸽子事业兴旺了起来。不仅如此，我国养鸽历史悠久，已有 2 500 多年。全国肉鸽（乳鸽）生产规模和市场消费量已达到 7.6 亿只，总产值破 100 亿元大关，居全世界首位，鸽子是我国仅次于鸡、鸭、鹅的第四大养殖禽类。

（一）鸽子生长过程

养肉鸽的成本大大低于养肉鸡。从母鸽产蛋算起，经过 17～18d 的孵化，育雏 24d 即可出售，饲养期特短。乳鸽从出壳到 30 日龄出售时共耗粮 1 000～1 500g，饲料用量非常经济。此外，目前蛋白质饲料价格高，肉鸡饲料中的蛋白质比例高达 20% 左右，而肉鸽饲料中的蛋白质比例只有 13%。如果大规模集约化饲养肉鸽，则其饲料成本明显低于肉仔鸡。

鸽的孵化期为 17～18d，雏鸽最初由父母鸽嗉囊内的鸽乳饲喂，然后由半乳半粮再逐步过渡到用浸润过的粮食饲喂。肉用乳鸽生长速度极快，25～30 日龄体重可达到 500～700g。以每对种鸽年产 6 对乳鸽为例，价格按目前外贸部门收购价，扣除饲料成本、药费和管理费等，饲养一对种鸽每年可获利 100～150 元。若对乳鸽加以选择培育，2～5 月龄当作后备种鸽出售，则利润更大。因此肉鸽养殖前景非常可观。

（二）乳鸽的饲养管理

乳鸽是指从出壳到断乳离巢这一阶段的幼鸽。乳鸽因生长速度快、饲养周期短、食量少、饲料转化率高、投资少、效益大，是肉鸽养殖的主要产品。出壳后的乳鸽由公、母鸽轮流哺育，一般需 30～35d，有的可哺育 40d。乳鸽有惊人的生长速度，一般 23～28 日龄体重可达 0.55～0.75kg。此外，雏鸽生命力脆弱，容易冻死、踩死和遭受鼠害。

从出壳到 8 日龄左右的雏鸽均由亲鸽喂养鸽乳，8～10 日龄的雏鸽由亲鸽喂养鸽乳和饲料混合物，10 日龄以后的雏鸽由亲鸽喂养经过嗉囊稍做浸泡的食料。待雏鸽 8 日龄后，在亲鸽的喂料中适当地增加小颗粒饲料的比例，如高粱、大米等。此外，应在亲鸽的饲料中增加蛋白质饲料，满足其哺育乳鸽的营养需要；同时，要经常检查，一旦发现雏鸽消化不良，可人工添喂半片酵母。但在实际生产中，为了减轻亲鸽哺育的生理负担，让亲鸽提早产下一窝蛋，乳鸽通常在亲鸽喂养到8～12日龄时就进行人工哺育，使亲鸽产蛋期提前10～20d。人工乳的配料为玉米45％、小麦15％、糙米10％、豌豆20％、奶粉5％、酵母粉5％，再加入适量的维生素、赖氨酸、蛋氨酸、食盐和矿物质，用开水以1：（2～3）的料水比调成糊状，可煮熟喂。配好的料可用注射器接胶管经食管注入乳鸽嗉囊内，每天喂2～3次。到18～20日龄的乳鸽便可进入育肥期，此时可对乳鸽补饲一些颗粒料，经8～10d育肥，体重达到500g左右即可上市。

（三）生长鸽的饲养管理

1. 童鸽（1～2月龄） 乳鸽在脱离亲鸽后，要按种用要求进行一次初选。刚离开亲鸽的幼鸽还不会采食和饮水，需要进行训练，有时可能还要进行人工填喂。在填喂时，要定时、定量，填喂过多会出现积食，可喂一些B族维生素或酵母片以促进消化。为提高雏鸽的体质，可加喂适量的鱼肝油和钙片。在刚离窝的前15d内，最好饲喂颗粒较小的谷物、豆类等籽食饲料，例如小麦、糙米、绿豆、碎玉米，用水浸泡晾干后再喂，有利于乳鸽的消化吸收。同时，要加强防寒保暖和疫病防治工作。

2. 青年鸽（3～6月龄） 3～4月龄的青年鸽每群的数量可增加到100对，这个时期应限制饲养，防止采食过多而导致过肥。有条件的应将公、母分开饲养，以防止早熟、早配和早产现象的发生。每天喂2次，每只每天喂35g。此外，还应进行一次驱虫和选优去劣工作。5～6月龄的青年鸽生长发育已趋成熟，鸽子的主翼羽大部分更换到最后一根，应做好配对前的准备工作。日粮调整为豆类饲料，能量饲料占70％～75％，每天喂2次，每天每只喂40g；同时，进行驱虫、选优和配对上笼三项工作，以减少对鸽的应激刺激。

（四）日常管理

1. 饲喂方式及饲喂量 成年鸽一天喂三餐比喂两餐要好，一般多采取早餐7：30、中餐12：00、晚餐18：00，并要做到定时、定量，不要早一餐、晚一餐和饱一餐、饥一餐，这样不但会影响鸽的食欲、对生长发育不利，同时还容易造成消化道疾病。其饲喂量应根据鸽的大小、运动和哺育情况灵活掌握：非哺育期种鸽每对鸽每餐40g左右，后备种鸽和童鸽每对鸽每餐30g左右。

在饲喂乳鸽和童鸽前，应先将饲料用40℃左右的水浸泡30min，然后稍晾干再饲喂，有利于饲料的消化和减少嗉囊积食的发生。必须全天提供清洁的饮水，尤其在哺育期，如果供水不足，亲鸽就会拒绝哺育仔鸽，仔鸽也会因缺水而容易出现嗉囊积食。

2. 保健砂的投放 保健砂不但可以提供鸽体必需的矿物质元素，而且还能促进胃肠蠕动，有助于营养物质的消化吸收，以及吸附肠道有害气体和杀灭肠道病原微生物。鸽喜欢吃新鲜、干燥的保健砂，故保健砂的投放最好每天1次，并做到按量投放。鸽在不同的生长阶段对保健砂的需要量亦不同。鸽在孵化期，保健砂的需要量为每天每对 5.2～7.0g；哺育出壳 3d 内仔鸽的种鸽需要量为每天每对 6.2～8.0g；哺育出壳 1 周内仔鸽的种鸽需要量为每天每对 9.2～11.0g；2 周龄为每天每对 11.5～13.0g；3 周龄为每天每对 15.2～17.0g；4 周龄为每天每对 17.5～19.0g。

二、鹌鹑的生长管理

鹌鹑蛋是一种很好的滋补品，在营养上有独特之处，故有"卵中佳品"之称。鹌鹑蛋富含优质的卵磷脂、多种激素和胆碱等成分，对人的神经衰弱、胃病、肺病均有一定的辅助治疗作用。鹌鹑蛋中含苯丙氨酸、酪氨酸及精氨酸，对合成甲状腺激素及肾上腺素、组织蛋白、胰腺的活动有重要影响。从中医学角度出发，性味甘、平、无毒，入肺及脾，有消肿利水、补中益气的功效。在医学治疗上，常用于治疗糖尿病、贫血、肝炎、营养不良等病。

每 100g 鹌鹑肉含蛋白质 22g，脂肪 5g，胆固醇 70mg，能提供 561kJ 的热量。可见鹌鹑肉的蛋白质含量很高，脂肪和胆固醇含量相对较低，有健脑滋补的作用。

（一）育雏（1～20 日龄）

1. 育雏前准备 主要包括食槽、水槽及育雏室的清洗与消毒，饲料，保温设施及试温。

2. 雏鹑饲养管理

（1）保温。是育雏成功与否的关键，雏鹑体温调节功能不完善，对外界环境适应能力差，保温要求高于成年鹌鹑。育雏时前 3d 中心温度不能低于 39℃，之后在第一周内可逐步降至 35～33℃，第二周降至 32～29℃，第三周降至 28～25℃，看鹑施温。另外，还要注意结合天气变化，冬季稍高，夏季略低，阴雨天稍高，晴天稍低。

（2）饮水。雏鹑应及时供给温水，否则会使雏鹑绒毛发脆，影响健康；长时间不供水会使雏鹑遇水暴饮，甚至湿羽受凉，出壳当天宜饮用 5% 葡萄糖水，第二天饮 0.05% 高锰酸钾水，以后每周饮高锰酸钾水一次即可。

（3）喂料。鹌鹑生长发育迅速，对饲料要求高，一般要求出壳 24～30h 开食，自由采食，不断水、不停料，原则上一天 4 次。

（4）饲养密度。饲养密度过大会造成成活率降低，小雏生长缓慢，长势不一；密度过小会加大育雏难度。因此，应合理安排饲养密度，每平方米 100～160 只，冬季密度大，夏季则相应减少，同时，应结合鹌鹑的大小，进行分群，适当调整密度。

（5）光照。育雏期间的合理光照有促进生长发育的作用，光线不足会推迟开产时间，光照时间不能低于 20h。

（6）辅料。育雏器内的辅料最理想的是麻袋片，也可用粗布片，由于刚孵出的雏鹑腿脚软弱无力，行走时易造成"一"字腿，时间一长就不会站立而残疾，因此辅料禁用报纸或塑料。

（7）日常管理。育雏的日常工作要细致、耐心、加强卫生管理，经常观察雏鹑精神状态，按时投料，及时清理粪便，保持清洁。

（8）观察雏鹑粪便情况。正常粪便比较干燥，呈螺旋状，如发现粪便呈红色、白色则须检查。

（二）青年鹑的饲养管理（20～40 日龄）

在这一阶段鹌鹑生长强度大，尤其以骨骼、肌肉消化和生殖系统发育为快，此期的主要任务是控制其标准体重和正常的性成熟。

1. 饲养 可选用市售的鹌鹑专用料，鹌鹑专用料结合鹌鹑生理特点研制，更能提高饲料利用率，使其生长平稳，体重达标，不会过肥或过早成熟。

2. 管理 青年鹑需要适当减少光照时间，或者只需保持自然光照即可。在自然光照时间长的季节，甚至需要把窗户遮上，使光照保持 15～17h。

3. 转群 鹌鹑由雏鹑舍转到青年舍或产蛋鹑舍称为转群。转群时应做好下列工作：

（1）转群前后 1 周应在饲料或饮水中加入维生素等抗应激药品，同时也可适当应用抗菌药物和驱虫药，防止因转群应激引起鹑群发病。

（2）转入鹑舍应整夜照明，以防止因应激造成挤堆。

（3）转群前 3h 断料、2h 断水，转入鹑舍应备好水、料。

（4）转群后应及时清理和消毒原鹑舍，空置 1～2 周，隔断病原传播，以备下次使用。

（三）成鹑的饲养管理（40 日龄至淘汰）

1. 饲喂 产蛋鹑每天采料 20～24g，饮水 45mL 左右；增加饲喂次数对产蛋率有一定影响，即便是槽内有水有料，也应经常匀料或添加一些新料。

2. 舍温 舍内的适宜温度是促使高产、稳产的关键，一般要控制在 25℃

左右，低于10℃时则停止产蛋，温度过低则造成死亡，一般增加饲养密度即可达到需求；夏季温度超过35℃时，则采食量减少，张嘴呼吸，产蛋量下降，应降低饲养密度、增加舍内通风等。

3. 光照 光照有两个作用，一是为鹌鹑采食照明，二是通过眼睛刺激鹌鹑脑垂体，增加激素分泌。合理的光照可使母鹑早开产，提高产蛋量，鹌鹑产蛋初期和高峰期光照应达到15~16h，后期可延长，每天应定时开关灯，以保持光照连续性，切勿任意变动。

4. 通风 产蛋鹑新陈代谢旺盛，加上密集式多层笼养，数量多、鹑粪多，因而必须通风，夏季的通风量每小时为3~4m³，冬季为1m³。

5. 密度 笼养产蛋鹑的密度不能过大，过于拥挤会影响正常的休息、采食、通风换气，在笼养条件下，每平方米面积可饲养产蛋鹑60只左右。

6. 安静的环境 鹌鹑喜静，对周围环境非常敏感，饲养人员在下午或傍晚鹌鹑产蛋期间最好不要打扰它们。

7. 饮水 产蛋鹑不能断水，一旦断水，产蛋率会在一定时间内难以恢复。

Chapter 第四章
畜禽生态指标体系

第一节 畜禽生态健康养殖的概述

一、生态养殖概念

生态养殖简称 ECO，ECO 是 Eco‐breeding 的缩写，指根据不同养殖生物间的共生互补原理，利用自然界物质循环系统，在一定的养殖空间和区域内，通过相应的技术和管理措施，使不同生物在同一环境中共同生长，实现保持生态平衡、提高养殖效益的目标的一种养殖方式。

这一定义强调了生态养殖的基础是根据不同养殖生物间的共生互补原理；条件是利用自然界物质循环系统；结果是通过相应的技术和管理措施，使不同生物在一定的养殖空间和区域内共同生长，实现保持生态平衡、提高养殖效益的目标。其中共生互补原理、自然界物质循环系统、保持生态平衡等几个关键词明确了生态养殖的几个限制性因子，区分了生态养殖与人工养殖之间的根本不同点。

二、生态养殖方法

现代生态养殖是有别于农村一家一户散养和集约化、工厂化养殖的一种养殖方式，是介于散养和集约化养殖之间的一种规模养殖方式，它既有散养的特点（畜禽产品品质高、口感好），也有集约化养殖的特点（饲养量大、生长速度相对较快、经济效益高）。但现代生态养殖没有一个统一的标准与固定的模式。要想做好生态养殖，必须注意以下几点：

（一）选择合适的自然生态环境

合适的自然生态环境是进行现代生态养殖的基础，没有合适的自然生态环境，生态养殖也就无从谈起。发展生态养殖必须根据所饲养畜禽的天性选择适合畜禽生长的无污染的自然生态环境，有比较大的天然的活动场所，让畜禽自由活动、自由采食、自由饮水，让畜禽自然生长。如一些地方采取林地养殖等就是很好的生态养殖模式。

（二）使用配合饲料

使用配合饲料是进行现代生态养殖与农村一家一户散养的根本区别。如仅是在合适的自然生态环境中散养而不使用配合饲料，则畜禽的生长速度必然很慢，其经济效益也就很低，这不仅影响饲养者的积极性，而且也不能满足消费者的消费需求，因此，进行现代生态养殖仍然要使用配合饲料。但所使用的配合饲料中不能添加促生长剂与动物性饲料，因为添加促生长剂虽然可加快畜禽的生长速度，但其在畜禽产品中的残留降低了畜禽产品的品质，也降低了畜禽产品的口感，满足不了消费者的消费需求；配合饲料中添加动物性饲料同样影响畜禽产品的品质和口感。因此，进行现代生态养殖所用的配合饲料中不能添加促生长剂与动物性饲料。

（三）注意收集畜禽粪便

生态养殖的畜禽大部分时间是处在散养自由活动状态，随时随地都有可能排出粪便，这些粪便如不能及时清理，则不可避免地会造成环境污染，也容易造成疫病传播，进而影响饲养者的经济效益和人们的身体健康。因此，应及时清理畜禽粪便，减少环境污染，保证环境卫生。

（四）多喂青绿饲料

给畜禽多喂一些青绿饲料不仅可以给畜禽提供必需的营养，而且可提高畜禽机体免疫力，促进畜禽机体健康。饲养者可在畜禽活动场地种植一些耐践踏的青绿饲料供畜禽活动时自由采食，但仅靠活动场地种植的青绿饲料还不能满足生态养殖畜禽的需要，必须另外供给。另外供给的青绿饲料最好现采现喂，不可长时间堆放，以防堆积过久产生亚硝酸盐，导致畜禽亚硝酸盐中毒。青绿饲料采回后要用清水洗净泥沙，切短饲喂。如果畜禽长期吃含泥沙的青绿饲料，可能引发胃肠炎。不要去刚喷过农药的菜地、草地采食青菜或牧草，以防畜禽农药中毒。一般喷过农药后须经 15d 后方可采集。饲喂青绿饲料要多样化，这样不但可增加适口性，提高畜禽的采食量，而且能提供丰富的植物蛋白和多种维生素。在冬季没有青绿饲料时，要多喂一些青干草粉以提高畜禽产品的品质和口感。

（五）做好防疫工作

生态养殖的畜禽大部分时间是在舍外活动场地自由活动，相对于工厂化养殖方式更容易感染外界细菌、病毒等而发生疫病，因此，做好防疫工作就显得尤为重要。防疫应根据当地疫情情况制定正确的免疫程序，防止免疫失败。为避免因药物残留而降低畜禽产品品质，饲养者要尽量少用或不用抗生素预防疾病，可选用中草药预防，有些中草药在农村随处可见，如用马齿苋可防治腹泻，五点草可增强机体免疫力。这样不仅可提高畜禽产品质量，而且可降低饲养成本。

（六）做好生态养殖宣传工作

做好生态养殖宣传工作，建立生态养殖品牌是一项非常重要的工作。把宣传工作做好，让广大消费者了解饲养者的畜禽或畜禽产品是按生态养殖方式生产出来的，是高品质的，这样才能使消费者接受相对较高的价格，从而提高饲养者的经济效益，促进生态养殖健康稳定快速发展。

三、生态养殖途径

（一）立体养殖模式

立体养殖能够促进农业的生态化发展，实现挖潜降耗、降低污染的目的，有利于保护生态环境。如鸡—猪—蝇蛆—鸡、猪模式，即是以鸡粪喂猪，猪粪养蝇蛆后肥田，蝇蛆制粉，蛋白质含量高达63%，用来喂鸡或猪，饲养效果与豆饼相同，更重要的是，蝇蛆含有甲壳素和抗菌肽，可以大幅度提高猪、鸡的抗病力。这种模式既节省了饲料粮和日常药物投入，又使鸡粪做了无害化处理，经济效益和环境效益均十分明显。与此相似的还有鸡—鱼、藕模式（架上养鸡，架下是鱼池，池中养鱼、植藕），水禽—水产—水生饲料模式（坝内水上养鹅鸭，水下养鱼虾，水中养浮萍，同时，坝上还可养猪鸡），猪—沼—果（林、草、菜、渔）等模式，它们都是非常好的立体养殖模式。

（二）充分利用自然资源

畜禽过了人工给温期，就可以逐步将其放养到果园、山林、草地或高秆作物地里，让牛、羊、驴、鸡等牲畜自由采食青草、野菜、草籽、昆虫。这种放归自然的饲养方式优点有很多：一是减少了饲喂量，可以节省大量粮食；二是能有效清除大田害虫和杂草，达到生物除害的功效，减少人们的劳动强度和大田的药物性投入；三是能增强畜禽机体的抵抗力、激活免疫调节机制，家禽少患病，节约预防性用药的资金投入；四是能大幅度提高畜禽肉、禽蛋的品质，生产出特别受人欢迎的绿色产品。有条件的地方都可以利用滩涂、荒山等自然资源建设生态养殖场所，以便生产出无污染、纯天然或接近天然的绿色产品，同时还能从本质上提高动物的抗病能力，减少预防性药物的投入。

（三）积极使用活菌制剂

活菌制剂也称微生态制剂，其中的有益菌在动物肠道内大量繁殖，使病原菌受到抑制而难以生存，产生一些多肽类抗菌物质和多种营养物质，如 B 族维生素、维生素 K、类胡萝卜素、氨基酸、促生长因子等，抑制或杀死病原菌，促进动物的生长发育。更有积极意义的是，有益菌在肠道内还可产生多种消化酶，从而可以降低粪便中硫化氢等有害气体的浓度，使氨浓度至少降低 70%，起到生物除臭的作用，对于改善养殖环境十分有利。使用活菌制剂有"三好"优点，即安全性好，稳定性好，经济性好，可以彻底消除使用抗菌药物带来的副作用，是发展生态养殖的重要途径。研究制成的动物微生态制剂主要包括益生菌原液、益生元、合生元三类，可供选用的制剂主要有 EM、益生素、促菌生、制菌灵、抗痢灵、乳酶生等，可广泛用于畜禽养殖。

四、生态养殖案例

（一）鱼鸭结合的优点

鱼塘养鸭、鱼鸭结合（即水下养鱼、水面养鸭）是推广的一种生态养殖模式，它主要有以下优点：

1. 鱼塘养鸭可为鱼增氧　鱼类生长需要足够的氧气。鸭子好动，在水面不断地浮游、梳洗、嬉戏，一方面能将空气直接压入水中，另一方面也可将上层饱和溶氧水搅入中下层，有利于改善鱼塘中下层水中溶氧状况。这样即可省去用活水或安装增氧机的投入。

2. 有利于改善鱼塘内生态系统营养环境　鱼塘由于长期施肥、投饵和池鱼的不断排泄容易形成塘底沉积物。这些沉积物大都是有机物质，鸭子不断地搅动塘水可促进这些有机物质的分解，加速泥塘中有机碎屑和细菌聚凝物的扩散，为鱼类提供更多的饵料。

3. 鸭可以为鱼类提供上等饵料　鸭粪中不仅有大量未被吸收的有机物，而且含有 30% 以上的粗蛋白质，这些都是鱼类的上等饵料。即使不能为池鱼直接食用的鸭粪也可被细菌分解，释放出无机盐，成为浮游生物的营养源，促进浮游生物的繁殖，为鲢、鳙提供饵料。

4. 有利于塑造健康的水体环境　鸭是杂食性家禽，能及时摄食漂浮在鱼塘中的病死鱼和鱼体病灶的脱落物，从而减少病原扩散蔓延；鸭能吞食很多鱼类敌害，如水蜈蚣等；鸭还能清除因清塘不够彻底而生长的青苔、藻类；鱼塘中有鸭群活动，有害水鸟也不敢随意在水面上降落；鸭子游泳洗羽毛，使鸭体寄生虫和皮屑脱落于水中，为鱼食用，又减少了鸭本身寄生虫的传染。

（二）鱼鸭结合的方式

鱼塘养鸭要以鱼为主。鱼鸭结合的方式主要有以下三种：

1. 直接混养 用网片在鱼塘坝内侧或鱼塘一角围绕一个半圆形鸭棚，作为鸭群的活动场或活动池。鸭棚朝鱼塘的一面要留有宽敞的棚门，便于鸭子下水活动，也便于清扫鸭棚内和活动场上的粪便入水，一些水面大、鸭子数量多的鱼塘也可以不加围栏。

2. 塘外养鸭 离开塘池，在鱼塘附近建较大的鸭棚，并设活动场和活动池。活动场、池均为水泥面，便于冲刷。活动场的鸭粪和饲料残渣每天清扫入鱼塘，每天将更换活动池的肥水灌入鱼塘，再灌入新水。

3. 架上养鸭 在鱼塘上搭架，设棚养鸭，这种方法多用于小规模生产，效益比较明显。具体方法是：在鱼塘上打桩、搭架、设棚，棚高于水面 1m 左右；棚周围用网片围起，棚底铺竹片或网目 3cm×3cm 左右的网片，其间隔以能漏鸭粪而鸭蹼不踩空为宜。采用这种方法，每天要赶鸭群到附近河中放牧一段时间。

第二节　国内外养殖管理相关标准体系

一、《农业部畜禽养殖标准化示范场管理办法（试行）》

第一章　总　　则

第一条　根据《农业部关于加快推进畜禽标准化规模养殖的意见》（农牧发〔2010〕6 号）要求，为做好畜禽养殖标准化示范创建工作，加强农业部畜禽标准化示范场（以下简称示范场）管理，提升畜牧业标准化规模生产水平，制定本办法。

第二条　示范场指以规模养殖为基础，以标准化生产为核心，在场址布局、畜禽舍建设、生产设施配备、良种选择、投入品使用、卫生防疫、粪污处理等方面严格执行法律法规和相关标准，具有示范带动作用，经省级畜牧兽医主管部门验收通过并由农业部正式公布的养殖场。

第三条　示范场创建以转变发展方式、提高综合生产能力、发展现代畜牧业为核心，按照高产、优质、高效、生态、安全的发展要求，通过政策扶持、宣传培训、技术引导、示范带动，实现畜禽标准化规模生产和产业化经营，提升畜产品质量安全水平，增强产业竞争力，保障畜产品有效供给，促进畜牧业协调可持续发展。

第四条　各级畜牧兽医行政主管部门应当在当地政府的领导下，积极争取发改、财政、环保、工商和质检等部门的支持，切实抓好示范场建设工作。

第五条　中央与地方的相关扶持政策向示范场倾斜。鼓励畜牧业龙头企业、行业协会和农民专业合作经济组织积极参与示范场创建，带动广大养殖场户发展标准化生产。

第二章　示范场条件及建设要求

第六条　示范场应当具备下列条件：

（一）场址不得位于《中华人民共和国畜牧法》明令禁止区域，并符合相关法律法规及区域内土地使用规划；

（二）达到农业部畜禽养殖标准化示范场验收评分标准所规定的饲养规模；

（三）按照畜牧法规定进行备案；养殖档案符合《农业部关于加强畜禽养殖管理的通知》（农牧发〔2007〕1号）要求；

（四）按照相关规定使用饲料添加剂和兽药；禁止在饲料和动物饮用水中使用违禁药物及非法添加物，以及停用、禁用或者淘汰的饲料和饲料添加剂；

（五）具备县级以上畜牧兽医部门颁发的《动物防疫条件合格证》，两年内无重大疫病和质量安全事件发生；

（六）从事奶牛养殖的，生鲜乳生产、收购、贮存、运输和销售符合《乳品质量安全监督管理条例》《生鲜乳生产收购管理办法》的有关规定，执行《奶牛场卫生规范》（GB 16568—2006）。设有生鲜乳收购站的，有《生鲜乳收购许可证》，生鲜乳运输车有《生鲜乳准运证明》；

（七）饲养的商品代畜禽来源于具有种畜禽生产经营许可证的养殖企业，饲养、销售种畜禽符合种畜禽场管理有关规定。

第七条　示范场建设其他条件按照农业部和各省畜禽养殖标准化示范场验收评分标准执行。

第八条　示范场建设内容：

（一）畜禽良种化。因地制宜选用畜禽良种，品种来源清楚、检疫合格。

（二）养殖设施化。养殖场选址布局科学合理，畜禽圈舍、饲养和环境控制等生产设施设备满足标准化生产需要和动物防疫要求。

（三）生产规范化。建立规范完整的养殖档案，制定并实施科学规范的畜禽饲养管理规程，配备与饲养规模相适应的畜牧兽医技术人员，严格遵守饲料、饲料添加剂和兽药使用规定，生产过程实行信息化动态管理。

（四）防疫制度化。防疫设施完善，防疫制度健全，按照国家规定开展免疫监测等防疫工作，科学实施畜禽疫病综合防控措施，对病死畜禽实行无害化处理。

（五）粪污无害化。畜禽粪污处理方法得当，设施齐全且运转正常，实现粪污资源化利用或达到相关排放标准。

第三章　示范场确立

第九条　示范场标准

农业部制定示范创建验收评分标准，省级畜牧兽医主管部门可以根据本省区情况对评分标准进行细化，制定不低于农业部发布标准的实施细则。

第十条　创建方案制定与下达

农业部根据各地畜牧业发展现状，下达当年示范场创建方案，明确各省区标准化示范场的创建数量，并向社会公布。

省级畜牧兽医主管部门负责细化本区域内的示范场创建方案，组织开展示范创建工作。

第十一条　申报程序

符合示范场创建验收标准的养殖场户根据自愿原则向县级畜牧兽医主管部门提出申请，经所在县、市畜牧兽医主管部门初审后报省级畜牧兽医主管部门。

第十二条　评审验收

省级畜牧兽医主管部门组织三人以上的专家组，对申请参与示范创建的养殖场进行现场评审验收，确定每个养殖场在示范期限内的具体示范任务和目标，并将验收合格的养殖场名单在省级媒体公示，无异议后报农业部畜牧业司。

第十三条　批复确认

农业部对各地上报材料进行审查并组织实地抽查复核，审核通过后正式发布，并授予"农业部畜禽标准化示范场"称号，有效期三年。

第四章　指导监督与管理

第十四条　农业部和省级畜牧兽医主管部门分别成立技术专家组。

全国畜牧总站负责对省级畜牧兽医主管部门和技术专家组成员进行培训。省级畜牧兽医主管部门负责对本省区参与示范创建的养殖场进行集中培训与技术指导，养殖场根据相关指导意见开展示范创建活动。

第十五条　示范场应当遵守相关法律法规的规定，严格按照农业部畜禽标准化示范场的有关要求组织生产，以培训和技术指导等多种方式带动周边养殖场户开展标准化生产。

示范场应当按照农业部及省级畜牧兽医主管部门要求定期提供示范场有关基础数据信息，并于每年12月20日前将本年度生产经营、具体示范任务和目标完成等情况报省级畜牧兽医主管部门。

第十六条　省级畜牧兽医主管部门应当加强示范场的监督管理，建立健全示范场奖惩考核机制，定期或不定期组织检查，并建立示范场监督检查档案记录，每年抽查覆盖率不少于30%。

县级畜牧兽医主管部门应当掌握示范场建设情况，发现问题及时向上级畜牧兽医主管部门报告。

农业部不定期开展对示范场的监督抽查，并将示范场作为农业部饲料及畜产品质量安全监测的重点。

第十七条 有下列情形之一的，取消示范场资格：

（一）弄虚作假取得示范场资格的；

（二）发生重大动物疫病的；

（三）发生畜产品质量安全事故的；

（四）使用违禁药物、非法添加物或不按规定使用饲料添加剂的；

（五）其他必备条件发生变化，已不符合标准要求的；

（六）因粪污处理与利用不当而造成严重污染的；

（七）停止生产经营1年以上的；

（八）日常抽查不合格，情节严重的，或整改仍不到位的。

（九）未按规定完成示范任务和目标的。

第十八条 省级畜牧兽医主管部门应当设立监督举报电话，接受社会监督。

第十九条 地方畜牧兽医主管部门在示范场申报过程中，弄虚作假的，由农业部予以通报批评。涉及违法违纪问题的，按有关规定处理。

第五章 附 则

第二十条 各省、自治区、直辖市畜牧兽医主管部门可参照本办法，组织开展省级示范场创建工作。

第二十一条 本办法自发布之日起施行。

二、《畜牧生态健康养殖技术规范》

（一）前言

发展畜牧生态健康养殖，可显著提高经济效益和社会效益，解决畜禽产品生产与消费需求、养殖用地与耕地保护、畜禽粪便污染与维护生态环境之间的矛盾；可在推进畜牧业规模养殖的同时，提高产品质量安全水平，转变畜牧业生产方式，以安全、优质、高效为内涵，实现数量、质量和生态效益并重的可持续发展。培植建设一批符合标准化生产要求、具有较强影响力和示范作用的现代畜牧生产企业，可稳定畜禽养殖总量，增加畜产品的有效供给，促进畜禽良种和生产实用技术推广，提高畜牧业生产水平；畜禽粪便污染得到综合治理，改善农村生态环境；提高动物疫病的防控能力，降低公共卫生安全风险。

（二）场址选择适宜，场区布局科学

（1）场址须符合当地总体规划。禁止在水源保护区、风景名胜区、自然保护区、城镇居民区和文化教育、科学研究区等人口集中区域以及其他法律法规规定的禁养区域建场。

（2）距铁路、交通要道、城镇、居民区、学校、医院及其他畜禽场 1 000m 以上；距屠宰场、畜产品加工厂、畜禽交易市场、垃圾及污水处理场所、污染严重的厂矿 1 500m 以上。

（3）地势平坦高燥、背风向阳、空气流通良好、排废排水方便，未被污染、无疫病流行的区域。

（4）圈舍建筑一般采用朝南偏东或偏西 $15°\sim30°$，圈舍间应保持一定的间距，相邻两栋纵墙距离 7m 以上，端墙之间不少于 9m，距围墙不少于 3m。

（5）合理布置办公与生活区、生产区和附属配套区。

（6）清洁道和污染道严格分开，互不交叉，可利用绿化带隔离。

（三）饲养品种优良，饲养规模适度

（1）饲养畜禽品种为地方优良品种、通过审核的新品种（配套系）、批准引进的品种（配套系）或杂种优势明显的杂交组合。

（2）畜禽品种质量必须符合国家或地方及企业标准，国外引进的品种参照供方提供的标准。

（3）畜禽养殖场（小区）饲养种类应单一，不应饲养犬、猫等其他动物。

（4）从事种畜禽生产经营的养殖场必须持有《种畜禽生产经营许可证》。

（5）引种渠道清楚，应从具有《种畜禽生产经营许可证》的种畜禽场购买，商品畜禽应从正规渠道引进。

（6）畜禽养殖场（小区）饲养规模适度：生猪年出栏 500 头以上，肉禽年出栏 1 万只以上，蛋禽存栏 2 000 只以上，奶牛存栏 100 头以上，山羊年出栏 500 只以上。

（7）饲养密度合理（m^2/只）：种公猪限位栏≥1，大栏≥5.5，母猪≥1.8，育肥猪≥0.7；肉鸡 20 日龄≥0.037，40 日龄≥0.071，60 日龄≥0.1；蛋鸡地面平养≥0.16，网上平养≥0.1，笼养≥0.04；奶牛≥9；山羊≥2。

（8）种畜禽场具有品种选育计划、选育方法、配种制度及性能测定方案等；商品场饲养的畜禽具有良好的均匀度和一致性。

（四）生产流程合理，设施设备先进

（1）场区应有能够满足生产需要的土地面积、水源和电源。

（2）有为其服务的与饲养规模相配套的畜牧兽医技术人员。

（3）场区内人员、畜禽和物品等应采取单一流向。

（4）全场（小区）或单栋圈舍应实行全进全出制度。

（5）依据畜禽生产目标和生理阶段科学配制日粮，更换饲料要有适当的过渡适应期。

（6）猪场实行自繁自养，提倡人工授精，一般采用小单元饲养或多点饲养技术，仔猪早期断奶，商品猪全程配合料饲喂，适时出栏。

蛋鸡采用笼养或网上平养，蛋鸭采用网上或地面平养，肉禽采用网上平养和放牧补饲结合，蛋禽适时淘汰更新，肉禽适时上市。

奶牛、肉鹅采用舍饲与牧饲结合。

山羊圈养，地面垫料平养鸡或高床饲养。

（7）畜禽圈舍配有必需的养殖基础设施设备，操作方便、整洁、实用。

圈舍配备合适的调温、调湿、通风等设备，配备自动喂料、饮水、清污以及除尘、光照等装置。

圈舍内应配有防鼠、防虫、防蝇等设施。

（五）档案记录齐全

（1）畜禽养殖场应有岗位责任、防疫消毒、档案管理等生产管理制度，制度应上墙。

（2）畜禽养殖场应建立规范的档案制度并由专人负责。

（3）养殖档案应载明畜禽的品种、数量、繁殖记录、标志情况、来源和进出场日期；饲料、饲料添加剂、兽药等投入品的来源、名称、使用对象、时间和用量；检疫、免疫、消毒情况；畜禽发病、死亡和无害化处理情况等。

（4）除特别规定外，所有原始记录应保存 2 年以上。

（六）投入品使用规范

（1）使用的饲料和饲料原料应色泽一致，颗粒均匀，无发霉、变质、结块、杂质、异味、霉变、发酵、虫蛀及鼠咬。

（2）规范使用兽药，禁止使用法律法规、国家技术规范禁止使用的饲料、饲料添加剂、兽药等。

（3）不得使用未经高温处理的餐馆、食堂的泔水饲喂，不得在垃圾场或使用垃圾场中的物质饲喂。

（4）兽药使用应在动物防疫部门或执业兽医指导下进行，凭兽医处方用药，不擅自改变用法、用量。

（5）取得无公害畜禽产地认定证书，提供本年度畜禽产品或饲料合格检验报告。

（6）饲养场技术人员、兽药采购人员应熟知《动物防疫法》《兽药管理条例》《禁用兽药规定》和休药期规定等法律法规知识。

（七）防疫措施严格

（1）具有完善的动物防疫制度并严格执行，包括免疫工作制度、休药期制度、卫生消毒制度、投入品的采购使用和管理制度、无害化处理制度等。

（2）根据不同畜禽种类、生长阶段、当地疫病发生情况制定相应的免疫程序，畜禽免疫档案规范齐全，并保存3年以上。

（3）生产区四周应建有围墙或防疫沟，大门出入口设有值班室、消毒池等；生产区门口应设有更衣换鞋或消毒设施；圈舍入口处应设置消毒池或消毒盆。

（4）具备有效的《动物防疫合格证》，奶牛场还应具备有效的布病、结核病监测合格证明。

（5）有贮藏防疫物资的冷链设施设备（如冰箱、冷藏包等）。

（6）牲畜口蹄疫、猪瘟、猪链球菌病、高致病性猪蓝耳病、高致病性禽流感、鸡新城疫等要求实施强制免疫病种的应免密度达100%，免疫耳标佩戴率达到100%。

（7）饲养场工作人员应无人畜共患病；奶牛场工作人员每年应进行健康检查，取得健康合格证后方可上岗，并建立职工健康档案。

（8）畜禽标志的使用和管理规范，在指定部位加施畜禽标志，标志不得重复使用。

（9）具有病死畜禽隔离和无害化处理设施，保持场区内、外环境清洁卫生。

（八）粪污治理有效

（1）畜禽舍内配备畜禽粪污收集、运输设施设备，有与养殖规模相适应的堆粪场，不得露天堆放。

（2）场区内粪污通道改为暗沟，实行干湿分离、雨污分离。

（3）建有对畜禽粪便、废水和其他固体废弃物进行综合利用的沼气池等设施或其他无害化处理设施。

（4）畜禽粪污实行农牧结合，就近就地利用，不直接排放到水体，经综合治理后实行达标排放。

三、《国际动物卫生法典》简介

（一）概述

《国际动物卫生法典》（下称法典）是世界动物卫生组织（OIE）的出版

物。它的宗旨是通过详细规定进出口国家兽医当局采取的卫生措施，防止传播动物或人的病原体，确保动物（包括哺乳动物、禽和蜜蜂，及其产品）在国际贸易中的卫生安全，并促进国际贸易。法典第 1 版于 1968 年发行，第 2～8 版于 1971 年、1976 年、1982 年、1986 年、1992 年和 1998 年发行，1999 年后改为每年发行新版，本文所依据的是 2002 年的第 11 版的内容，法典以 3 种 OIE 工作语言（英语、法语和西班牙语）和俄语发表。法典文本可从 OIE 网站（网址：www.oie.int）上获取。法典既是 OIE 多年工作的成果，也是各成员最高兽医卫生行政当局一致意见的体现。它不仅是在动物和动物产品国际贸易中世界各国应当遵循的动物卫生标准，也是整个动物疫病防治的国际标准。加之 WTO 将 OIE 的标准、准则和建议列为《卫生与植物卫生措施实施协议》（SPS）的标准、准则和建议，因此，法典在全世界范围内具有权威性。OIE 的国际动物卫生法典委员会（陆生动物卫生标准委员会）负责制订这些标准、准则和建议。法典委员会由从 OIE 各区域吸收的 6 位兽医法学方面的专家组成，每年多次开会，报告其工作计划，法典委员会与国际知名专家协同工作，起草法典新章节文稿，或根据兽医科学进展修正现行章节。另外有问题需要协调时，法典委员会还与鱼病委员会（水生动物疾病委员会）、标准委员会（生物制品标准委员会）和口蹄疫和其他动物疫病委员会（动物疫病科学委员会）密切协作，确保法典委员会在其工作中充分利用新的科技信息。

SPS 根据国际法授权和与 OIE 新的职责，规定"世界动物卫生组织制定的标准、准则和建议"是动物卫生和人畜共患病的国际标准。SPS 的目的是建立多边规则框架，以指导制定通过和实施卫生措施，最大限度地降低对国际贸易的负面影响。成员科学论证一项卫生措施基本上有两种选择：第一种也是 WTO 倡导的，是兽医当局应当以 OIE 的国际标准、准则和建议作为其卫生措施的依据，在没有这些国际准则、标准和建议，或政府选择实施更加严格的措施时，进口方必须能证明其所采取的措施是基于对潜在的健康风险进行了科学评估的。因此法典是 WTO 法规标准体系的有机组成部分。

（二）主要内容

2002 版的法典根据 OIE 在 2002 年 5 月第 70 届全会上通过的法典修改意见，将其内容调为：通用定义、出证程序、兽医机构评估、地区区划和区域区划、口蹄疫、蓝舌病、古典猪瘟、牛海绵状脑病和牛精液，同时本版法典还增加了"兽医机构评估指南"和"痒病"新章节及一个新的附录"确定国家或地区无某种病/感染"的一般原则。

法典包括四个部分。第一部分规定了动物疫情通报制度、国际贸易中的兽医道德和认证、进口风险分析、进出口程序和兽用生物制品的风险分析共五方面的内容，是 OIE 各成员尤其是各成员兽医机构应该普遍遵守的规则。第二部分主要推荐了各成员进口动物时为降低疫病引入风险而应采取的对策。该部分主要规定了进口方进口动物时，针对 15 种 A 类病和 59 种 B 类疫病应采取的动物卫生措施，属于 OIE 的建议性规则。第三部分属于 OIE 推荐的方法性标准，主要规定了国际贸易中应该适用的动物疫病诊断方法、采集和加工动物精液和胚胎卵时应遵循的动物卫生标准、畜禽饲养场的动物卫生条件、病虫害扑灭方法、动物运输条件及流行病学监测系统等。第四部分推荐了动物及动物产品进行国际贸易时应该使用的卫生证书。

（三）学习的意义

OIE 在全球动物卫生事务中发挥日益重要的作用，伴随着这一趋势，法典理所当然地成为成员内部、政府间及国际组织间处理兽医卫生事务的必备刊物。SPS 重申不阻止任何成员采取或实施保护人类、动物或植物生命或健康所必需的措施。但规定，各成员应确保制定的卫生与植物卫生措施应该根据现有的国际标准、准则和检疫制定，并在附件 A 中明确规定，对于动物卫生是指由 OIE 主体制定的国际标准、准则和建议。这就明确地确定了 OIE 及其制定的国际标准、准则和建议（包括法典中标准、准则和建议）在全球动物卫生事务中的核心地位。

学习法典对于加快我国兽医体制改革、提高我国的动物卫生工作能力具有重要的时代意义和深远的历史意义。如在法典"1.1.0.1"中明确规定：官方兽医（official veterinarian）是指由国家兽医行政管理部门（指在全国范围内有绝对权威，执行、监督或审查动物卫生措施和出证过程的国家兽医机关）授权的兽医。官方兽医行使商品（指动物、动物产品、精液、胚胎/卵、生物制品和病料）的动物健康或公共卫生监督，并在适当条件下，对符合条件的商品签发卫生证书。可以将官方兽医制度理解为，官方兽医制度是指由国家兽医行政管理部门授权的官方兽医对动物及动物产品生产全过程行使监督、控制的一种管理制度。其主要特征是由国家兽医行政管理部门授权的官方兽医为动物卫生执法主体，对动物及动物产品生产实施动物卫生措施进行全过程的、独立的、公正的、权威的卫生监控，保证动物及动物产品符合卫生要求，并在此基础上签发动物卫生证书，切实降低疫病传播风险，确保食品安全，维护人类及动物健康。法典为我国的兽医体制改革提供了一种全新的思路。

OIE 成员中 76% 的国家实行这种兽医管理制度，即世界各国普遍实行这种通过官方兽医直接监控动物饲养—屠宰加工—市场销售和出入境检疫全过程的动物卫生工作的兽医管理制度。

另外，对 SPS 措施进行风险评估也是 SPS 的一大要求。SPS 要求在进行动物及动物产品国际贸易中，要结合人类、动物、植物的生命或健康实情，运用有关国际组织的风险评估技术进行风险评估。畜牧业发达国家都非常重视风险分析工作，欧盟对进口的动物及动物产品的风险评估工作更加严格。OIE为成员提供了一种进行动物及动物产品风险分析的通用方法。按照法典的规定，动物疫病风险评估工作主要涉及生物学因素、国家因素和商品因素三个方面。在国家层次上，主要评价该国家控制和监控疫病的能力，以及该类动物疫病在出口国的流行率/发病率；在企业层次上，主要对第三国生产企业进行严格的考察工作，以确定该企业是否存在污染动物产品的风险；在商品层次上，他们要检验该商品即动物和动物产品是否感染相关疫病因子。如果上述三个层次中任何一个层次存在风险，即拒绝从该国家进口动物及动物产品。欧盟组织曾于1998年拒绝从中国进口禽肉就是基于这种风险评估之上的。法典对无疫区做了明确的规定。建立无规定疫病区是消灭动物疫病的一项重要措施，由于OIE和WTO都承认无疫病区的概念，所以在有疫病国家建立经过OIE认可的无疫病区也是促进有疫病国家动物和动物产品国际贸易重要途径。OIE将无规定疫病区分为非免疫接种的无疫病区、监测区，免疫接种的无疫病区、缓冲区、感染区（疫区）几种，并阐述了建立无规定疫病区的一般原则及无疫区的建立、认可、维持和扩大，对于各成员建立无疫区是一个很好的指导。

另外，法典规定，两个成员在进行动物、动物产品、动物遗传材料、生物制品和动物源性饲料贸易时，各个成员必须承认对方要求对其兽医机构评价的权力，且任何评价都必遵守OIE的准则。评价兽医机构的标准应与有关国家的情况相适应，而且选择标准应该考虑所涉及的贸易类型、各成员动物生产体系、成员间动物卫生状况及兽医公共卫生标准差别及其他与总体风险评估有关的因素；另外，在进行上述贸易时，有关成员应按照OIE准则并提供其兽医机构的当前信息等。

总之，法典明确了对贸易伙伴所要求的最低卫生保证，既是OIE多年工作的成果，也是各成员最高兽医卫生当局一致意见的体现。其目的是为了促进动物和动物产品的国际贸易，避免因国际交流而传播动物疫病的危险。它不仅是在动物和动物产品的国际贸易中世界各国应遵循的动物卫生标准，也是动物疫病防治的国际标准，因此具有公认的权威性。

中国已经加入WTO，作为其成员，在动物卫生工作中必须尽快与国际接轨，其间，离不开对法典的学习和研究。实践证明，法典中的标准、准则和建议是科学的、可行的。比如2001年，农业部根据OIE有关动物卫生标准，在全国31个省份实施疯牛病监测计划，开展对疯牛病的主动监测工作。根据全国疯牛病监测工作要求，各省份开展了疯牛病风险因子调查，重点对1990年以来所有进口牛包括胚胎及其后代进行全面追踪调查，并将这类牛群作为重点牛群长期追踪监控，并出具了科学真实的结论。另外，通过对法典官方兽医制度的研究，我国在山东和辽宁已经开展了官方兽医制度的示范。同时，还要从我国的实际情况出发，认真研究探讨法典中的理论，并将其付诸实践，在我国建立国际认证的无规定疫病区，预防、控制和扑灭对畜牧业和人体健康危害严重的动物疫病；提高我国的畜牧业生产水平；为消费者提供符合市场需求的安全的动物及动物产品；为无疫病区的动物和动物产品在国际上打开新的更宽阔的市场；改善我国动物与动物产品在国际市场被动的受限制的贸易格局。

第三节　动物福利

一、动物福利的概述及内涵

动物福利萌生于 20 世纪 60 年代初，正是集约化生产模式在世界各地刚刚开始流行的时代。可以说，动物福利就是针对集约化生产中存在的诸多问题而提出的，如疾病增多、身体损伤加剧、死淘率增加、异常行为增多等。这些生产性问题在粗放式管理条件下并不突出，但却常见于集约化生产方式。如果对这些问题进行综合分析、判断，可以断定：不是品种问题，也不是营养问题，更不是繁殖问题，而是集约化的生产方式问题，是畜禽根本无法适应这一新生产方式的结果。因此，科学家们对现行的动物生产提出了"动物福利"一词，旨在通过生产工艺的改进，使其更趋合理，减少诸多问题的出现，提高整体生产力水平。

（一）动物福利的概念

动物福利是指动物如何适应其所处的环境，满足其基本的自然需求。换句话说，动物福利就是谋求饲育动物免遭不必要的痛苦并保证其良好的生活条件。

依照布兰贝尔委员会呈给英国政府的报告（1965 年）内容，关注动物福利应从家畜家禽的肉体和精神两方面考虑，特别是要侧重动物心理方面的评估，这是家畜福利与行为学的交叉点。从理论上讲，避免痛苦是适应反应的原动力，伴随进化发展而来，所以消除痛苦就能保障良好的生活条件。提倡将动物福利作为其良好生活的指标之一，应在排除不必要痛苦的基础上，根据畜禽品种的生物适应性的基本要求来实施动物生产，以求生产更加合理。

科学证明，如果动物健康、感觉舒适、营养充足、安全、能够自由表达天性并且不受痛苦、恐惧和压力威胁，则满足动物福利的要求。而高水平动物福利则更需要疾病免疫和兽医治疗，适宜的居所、管理、营养、人道对待和人道屠宰。

（二）动物福利的内涵及其发展

从根本上说，动物福利保护的提出是基于人的道德伦理要求，道德伦理要求人们应该关心动物的生命。动物和人一样，也是有感觉和感情的，它们能够感受到疼痛、悲伤和恐惧，基于此，人们应该对动物进行保护。人类很早就开始关心动物福利的保护问题，但对于动物福利保护内容的确定却经历和很长时间的争论。直到 20 世纪后期，人们从农场饲养的动物福利保护的角度出发，对动物福利的内容做了较全面科学的定义，即动物福利指动物的精神状况和生理状况处于完全健康的一种状态，其中重要的一点就是动物的生存环境与其习性必须保持协调一致。除此之外，我国台湾学者将动物福利简单定义为：善待活着的动物，减少死亡的痛苦。

对动物福利进行保护过程中，人们最关心的是动物福利的具体内容，这是进行动物福利保护的前提条件，也是动物福利保护最关键的内容，这直接关系到动物的生命需要和健康状态。而与动物的生命和健康有最直接关系的就是动物的基本需要。因此要对动物福利具体内容进行规定，就必须依据其基本生活需要。动物福利专家首先根据动物的基本生活需要，同时根据动物与人类的密切关系，在对动物福利进行了更细致的分类的基础上提出了动物福利的内容，首先将动物福利分为家畜动物福利、伴侣动物（包括宠物、动物园动物）福利、野生动物福利、工作、娱乐的动物福利、实验动物福利；其次，根据动物基本生活需要确定动物的福利，英国的农场动物福利委员会提出的农场动物福利"五大自由"原则被广泛地接受，包括不受饥渴的自由，生活舒适的自由，不受痛苦、伤害和疾病折磨的自由，表达天性的自由，无恐惧和悲伤的自由。这"五大自由"已经为动物福利专家和广大动物福利团体普遍接受。

随着世界各国立法及实践的不断发展，动物福利理论不断发展完善，1959年英国动物学家 W. M. S. Russell 和微生物学家 R. L. Burch 在传统动物福利保护内容的基础上，提出了实验动物福利保护的 3R 理论，即 reduction（减少）、replacement（替代）和 refinement（优化）。他们主张为了保护实验动物的福利，在科学实验研究中尽量减少动物的使用量，并尽量使用其他可替代动物的方法，同时必须尽量减少非人道的方式、方法以保证动物的健康和安乐。3R理论彼此之间是独立的而又相互联系的，它使人们能够更好、更科学地利用动物，在一定程度上改善了实验动物的福利，但是 3R 理论是以不影响实验要求和实验结果为基础的，因而体现了其本身的局限性，那就是它并不反对使用动物进行实验，因而不能从根本上杜绝危害动物福利的行为的发生。

随着动物福利理论的产生和发展，以及动物福利立法在世界范围内的广泛开展，动物福利保护理论一方面开始向更激进的方面发展。考林·斯伯丁在吸收传统动物福利保护思想的基础上，提出动物是享有权利的主体，但考林承认动物权利是相对权利而不是绝对权利，人们对动物是负有保护义务的，人们的义务就是通过社会来帮助它们实现权利。1975 年，彼得·辛格出版了《动物解放》一书，他倡导人们应该将平等考虑原则应用于一切有感觉能力的动物。他认为人们必须要承认动物的道德身份，将动物排除在道德考虑之外的行为是错误的。他以道德理论的前提为基础，从基本的道德准则出发进行论证，认为所有的利益（包括动物的利益）都应当给予平等的考虑，任何能够感受痛苦和快乐的生物（包括动物）都和人一样有着平等的道德身份，应该纳入道德保护范围之内。

之后，汤姆·睿根更进一步地从生命体的角度、从人权的角度对动物权利进行了分析论证。他认为动物应该享有权利，并不在于动物有没有感觉、能不能感觉到痛苦，而在于它们是有生命的，是活着的生命主体。后来加里·L. 弗兰西恩又继承和发展了汤姆·睿根的动物权理论，弗兰西恩主张用平等原则考虑动物的权利，作为平等的主体，动物不是人们的财产和资源。同时，他还主张享有权利的动物不应该限于汤姆·睿根所说的"生命主体"的范围，应该从感觉这一特性考虑，只要是有感觉的动物都应该包括进来。动物权利及动物解放的思想虽然有些过激，但这些思想与动物福利思想的发展是分不开的，它们在很大程度上促进了动物福利理论和立法的发展。

二、动物福利的学科体系

动物福利从提出到现在已有很长的历史，目前已初步形成了一门新的学科体系。这一体系是由伦理学、动物生理学、兽医学、动物生产学及应用动物行为学等多学科渗透、交叉形成的，故其学科框架是由这些相关学科的有关科学内容所构成，它虽已被称为一个独立的、完整的学科体系，但脱离了这些相关学科动物福利也就失去了存在的基础。这门学科的发展经历了一个螺旋式上升的过程，引起争议、辩论的地方也比较多。这门学科的主要特点是既包含自然科学的内容，又包含道德伦理的内容。

（一）动物福利学科的特点

动物福利学是一门复合学科，虽然它属于自然科学，但也涉及社会科学的内容。它的自然属性的一面表现在需用科学的方法来研究动物康乐与其环境之间的关系，但对这种关系的研究具有局限性。因为这种关系是单方面地建立在动物与某一环境因子之间，也就是说在某一方面证实不存在动物福利问题，但不等于排除其他方面存在着福利状况的恶化。另外，目前的科学手段还不可能完全检测出动物的心理状态，如焦躁、压抑、痛苦等，只能根据动物的行为表现、通过人的主观判断来描述。因此，这只能给出定性的结论，不能对动物所处的状态进行量化描述。所以，动物福利包含的内容比较广泛。也有人把动物福利学科看成理想化的学科，但许多学者都明白动物福利不可能完全改变现行的生产方式，舍去经济利益来满足动物的需要，而是应该在实用主义（实际的动物生产）和理想化（福利）之间寻找一个平衡点，即建立一个新的既能满足动物福利的要求，又能被动物生产者所接受的生产方式。

（二）动物福利中的道德观

动物福利的社会性不仅仅来自人类的良知，虽然它与人类的社会文明、道德的提升有关。在 20 世纪中期，动物生产方式发生了根本变化，集约化生产模式取代了传统的粗放式生产，那时人们刚刚开始注意动物的福利问题，但这不是基于动物利益的考虑，而是以生产为目的。动物福利的好坏与动物的生产力有直接的关系，如环境控制、全价饲料、疾病防治体系及配套的管理程序都是以降低成本、提高生产率为目的，而这些并未使动物的生活环境得到改善，生活质量也未得到提高，仅仅是靠维系多数动物的健康来维持生产。其实，规模化生产下的生产力是追求人与产出之间的比例关系，即单位面积或单位劳动力的产品生产量，而不是单位个体的生产力。随着动物生产规模化的提高，动物福利恶化现象越来越严重，譬如畜禽的猝死症、流行性疾病、环境疾病、过度拥挤、栓系或限位饲养、行为异常、行为恶癖、自残、嗜血症、高淘汰率等，这些可以说是工厂化生产的特征。

在西方国家，一些关注动物福利的人士及动物福利倡导者们开始从"人道"的角度来看待现代的动物生产方式，并质问："动物生存权利值不值得关注？""动物（与我们人类一样）是有感觉和感情的，因为它们是动物，我们就剥夺其自由，视其痛苦而不见？""虽然我们无法改变动物的最终命运，但我们可以改善动物的生活条件！"显然，动物福利已由自然属性上升到社会属性，成为人类生活面临的一大课题。Brantas 指出："福利"是一个相对的概念，利益与福利有关，确定福利与利益的关系是科学的事情。但是，在福利与利益之间价值观念也随之改变。Hurnik（1988 年）认为，畜牧生产的成本除经济成本之外，还应考虑道德成本。道德成本包括人类的痛苦、动物的痛苦、遗传灭绝及生态系统失调等，这些都是由人类的活动所导致的，道德成本的提出不是让人们核算成本时将其算入，而是考虑它对生产产生的影响。在西方国家，一些动物福利组织声称现行动物生产中的许多方面的道德成本是极其巨大的，他们呼吁社会公众减少对动物产品的消费，抵制这种非人道的生产方式，向工厂化生产发起挑战。这种挑战是道德成本所支付的代价。目前，动物福利组织已经采取了行动。在发达国家动物福利已是不得不考虑的问题，而且生产者们正试图改变现行的生产方式来满足动物福利上的要求。

（三）动物福利的"五大自由"原则

1965 年，英国政府为回应社会诉求，委任了 Roger Brambell 教授对农场动物的福利事宜进行研究。根据研究结果，农场动物福利咨询委员会（1979年改组为农场动物福利委员会）于 1967 年成立。该委员会提出动物都会有渴求"转身、弄干身体、起立、躺下和伸展四肢"的自由，其后更确立了动物福利的"五大自由"。

按照现在国际上通认的说法，动物福利被普遍理解为"五大自由"：

一是享受不受饥渴的自由，保证为动物提供保持良好健康和精力所需要的食物和饮水；二是享有生活舒适的自由，提供适当的房舍或栖息场所，让动物能够得到舒适的睡眠和休息；三是享有不受痛苦、伤害和疾病的自由，保证动物不受额外的疼痛，预防疾病并对患病动物进行及时的治疗；四是享有生活无恐惧和无悲伤的自由，保证避免动物遭受精神痛苦的各种条件和处置；五是享有表达天性的自由，动物被提供足够的空间、适当的设施及与同类伙伴在一起。

为了更好地理解动物福利的"五大自由"，英国家畜福利组织对动物福利基本的必备条件做了进一步说明，要素中有的容易理解和做到，有的则非常困难，主要针对动物生理或行为上的种种需要，具体归纳有如下十点：一是生活舒适，有适当的遮掩保护设施；二是充足而洁净的饮水和维持动物健康与精力充足的日粮；三是能够充分自由地活动；四是有其他动物（尤其是种属相近者）陪伴；五是能够根据动物的自然习性来运动；六是确保动物在白天得到光照，为了能随时对动物进行检查，照明设备要良好运转；七是地板的构造与材料既不能对动物造成损伤，也不能导致不应有的过度疲劳和紧张；八是能够预防、快速诊断与治疗动物的种种恶习、损伤、寄生性传染病及其他疾病；九是尽可能避免对动物身体造成不应有的残毁（如断喙、断趾、去势和去角等）；十是对火灾、机械设备故障及饲料饮水供给中断等紧急突发事件有所防范和准备。

基于"五大自由"原则，人们可以看到现行集约化生产中的许多生产工艺无法满足"五大自由"原则，因此，动物福利问题在集约化生产各环节中是很突出的。

三、动物生产与动物福利

（一）畜舍工艺与动物福利

在现代集约化畜牧业中，对大规模聚集的畜禽的管理是一柄双刃剑，管理得好就能成功，否则就会失败。应当强调的是，给动物饲喂大量的药物和生长促进剂不仅关系到动物福利的问题，而且这些动物产品的安全性也引起了人们关注。已经有不少学者断言这类物质在肉、蛋或者奶中的残留对人体有害，长期使用还会使微生物产生抗药性。一直以来都有人坚持认为没有药物的持续辅助，畜牧业生产管理体系就不能良好地运作，这正说明了现行集约化生产中存在的问题越来越严重，负面的作用越来越凸显。

1. 饲养密度与规模　饲养密度又称载畜率。高饲养密度不仅有利于降低生产成本，又是现代动物生产体系工艺的主要特征的体现，也是现代动物生产方式的代表。但高密度饲养无疑会给动物的健康和福利带来很大的负面影响。过度拥挤使动物易感染各种疾病，并使舍内有害气体的浓度大大提高，在育肥猪的生产中这些问题十分突出。

设计饲养规模的首要准则是应该适度，既能够为动物提供尽量多的活动空间，又能对圈舍进行彻底清扫和消毒时不会影响动物。另外，适宜的动物饲养规模对顺利实施全进全出制也具有重大意义。

Bakx（1979 年）对不同饲养密度下猪的生长性能测量结果做了总结，数据表明饲养单位大小对其生产性能有很大影响，即小规模饲养的猪生长率比大规模饲养的猪高，这还没有考虑大规模饲养不可避免的更高的发病率。

2. 畜舍地面与动物福利　在集约化生产体系中，畜舍地面的影响也是动物福利研究领域的重要课题之一。许多动物福利科学家认为只有那些铺着秸秆或垫草的地面对家畜而言才是最自然的，是家畜最喜接受的地面。在集约化养猪或奶牛生产中最常见的地面有水泥地板、漏缝地板和多孔地板，其中以漏缝地板居多，其中有采用塑料或金属的材料的，如仔猪保育床的漏缝地面和母猪产仔限位栏地面。

使用漏缝地板主要是为了减轻管理人员的劳动强度，避免动物通过粪便感染病菌或寄生虫，并且便于管理。但水泥漏缝地板给动物带来的危害主要表现为身体损伤，特别是肢蹄病，如蹄部溃疡、腐腿症等。金属漏缝地板能导致母猪的乳头、肘和蹄部损伤。漏缝地板的问题与设计无关，特别是缝隙的宽度，如果宽度过窄，粪便下漏的效果不好；而过宽易导致蹄部损伤。研究表明，因漏缝地板设计不合理、材料选择不当导致屠宰时有 60% 的个体有不同程度的蹄损伤。另一调查结果证实，几户饲养者的 100% 的母猪存在蹄损伤现象，有 35% 的哺乳仔猪、41% 的断奶猪和 66% 的育成猪的蹄受到不同程度的影响。西方国家的奶牛舍也多采用漏缝地板，生产中奶牛腐腿病的发病率为 5%～14%。由此可见，畜舍地板的选择不当将会对动物健康构成极大威胁。相反，为舍内地面散养的蛋鸡提供厚垫料、栖架和产蛋箱，能够较好地满足鸡的行为需要。

3. 生产工艺与动物福利　在高密度集约饲养的工厂化养猪体系中，妊娠与哺乳母猪栏位的设计显然存在突出的矛盾。母猪在单体栏里的"禁锢"式饲养明显减少了维持需要行为的表达，其运动大大受到限制，母猪在枯燥乏味的环境中渐渐产生慢性应激，从而导致分娩时间延长、难产、消化不良和断奶后发情效果差。

在育成猪栏舍的设计上，为考虑生产效益往往侧重于保温，而忽视了其他有关动物福利的条件。其实，仔猪爱嬉闹，有用吻突摆弄物体和掘地的行为要求，由于猪舍内环境贫瘠，仔猪的嬉闹及玩耍行为特征无法满足，使仔猪在该环境中产生枯燥感觉，因而引起仔猪的咬耳、咬尾等异常行为，影响仔猪的日增重。生产中为克服上述问题，往往采用断尾措施，以避免咬尾的发生。咬尾问题不是仔猪的习性，而是仔猪生长过程中由环境刺激严重匮乏所致，而断尾只是从某种程度上减弱了咬尾，并不能完全杜绝，因为仔猪的咬尾动机并未因失去尾巴而消失。可见，断尾既不符合福利要求，也不能从根本上解决问题。

（二）健康与动物福利

在所有因素当中，动物是否拥有良好的健康是最重要的。在多数人看来，集约化饲养存在大量问题，自由散养相比要好得多。这种观念让人既感到欣喜又觉得天真，人们应该再认真审视一番。在生产实践中，真正需要考虑的因素可能是迥然不同的。处在自由放养环境下的动物也能遭遇相当多的损伤，如外界气温过高或过低都会导致动物体产生不适反应。无论是集约化还是其他方式的生产体系，都要求良好的卫生与健康环境，对于饲养各种动物的管理者来说是一种必须履行的义务。如果患病动物得不到及时救助，那就是管理者没有对它们尽到职责，使家畜遭受不必要的痛苦。因此，与影响动物福利的其他因素相比较，良好的卫生环境可以说是动物生产至关重要的条件。

现代集约化生产中动物饲养体系也是决定动物健康的关键因素。但正如前面所提到的，大量疫苗和抗生素的使用在畜牧生产中十分常见。用药物控制疫病和维持有利的生存环境是可以保证动物健康的，但是从本质上来说，要使动物获得真正的健康，就意味着饲养体系要为动物提供全价日粮及满足其生理和生产需要。

涉及健康问题比较多的畜牧生产体系中的主要因素有以下12个方面：过于拥挤、各种年龄段的动物混养、动物在畜舍或圈栏间的调动过多、通风和环境控制不良、家畜的排泄物及废弃垫草处理不当、饲料供应和饮水设备不足或不够卫生、缺乏好的日常消毒措施、营养方面存在维生素或矿物元素不足等缺陷、饲料易受到各种霉菌和毒素的污染、建筑物保温隔热性能差、不能对外来人员实行有效的严格控制导致易传入疫病、对任何可能出现的问题反应能力不足。

（三）管理人员素质的影响

管理人员的素质无疑也是一个关键因素。这里所提到的素质不仅是指管理人员的专业素质，更主要强调管理人员对待家畜的责任心和爱心。如果管理人员不具备胜任管理岗位的资格，难以做到既勤奋又敬业，管理水平就跟不上动物生产的需求，也难以满足动物福利的需求。作为优秀的畜牧管理者，每个人都有自己的观点或标准，是否优秀取决于技能加责任的综合素质，而不是用科学理论知识来衡量。因而对他们进行系统而深入的专业培训和要求他们具有严格的责任心是非常有必要的。在英国，除了农业院校的畜牧专业课程所讲授的有关畜牧业生产和管理的基本知识之外，全国的农业培训组织和当地教育机构也开设一些相关的课程进行广泛培训。现代集约化畜牧生产体系集中了各种各样的生产技术和管理方法，需要对畜牧工作者开展经常性的培训，使他们能及时准确地把握新工艺的原理和新设备的使用要求，不断矫正和提高生产管理水平。大量的事例表明，对于畜禽的有效管理，精心往往比技能更为重要，因为一个不懂技术而有责任心的管理者会使用正确的技术人员及时上岗处理问题；而一个只懂技术而责任心差的管理者即使知道生产中出现了什么问题，也很难保证做到及时解决好问题。因此，动物福利要求生产管理者必须既具备技术知识，又要有较强的责任心。

（四）运输的影响

随着城镇居民数量增加，城市市场规模日趋扩大，必然要求将动物从农场运送到城市附近集中屠宰，然后上市销售。尽管人们使用各种各样的运输工具，如汽车、火车、轮船或空运方式来运输家畜，无论使用哪一种对家畜都会造成不利的影响。而且，近些年由于跨地区和国际贸易不断加大，经济利益驱使养殖者不惜长途跋涉将家畜从养殖场运往各地市场。运输无论距离长短，对家畜而言都会产生急性应激。运输过程给家畜带来的危害相当严重，甚至导致家畜在运输过程中死亡。应激使运输中的家畜产生不良的生理和生化反应，表现为心律过速、脱水、呼吸困难，严重者会出现应激综合征。以猪为例，有一种与运输有关的最常见的猪应激综合征，它是由交感神经系统产生的急性应激反应，表现出一些明显的应激体征，如呼吸困难、皮肤苍白、高热和肌肉僵硬，易造成动物严重损伤，甚至死亡。屠宰后，屠宰后肉食品的安全和卫生质量大幅度下降，容易产生 PSE（pale，soft and exudative）肉（苍白、柔软、渗水的猪肉）和 DFD（dark，firm and dry）肉（深色硬干肉）。特别是一旦运输时间过长，给家畜带来的影响更大。例如，猪群经过 1～2d 的运输，每千克活重会减少 40～60g，死亡率为 0.1%～0.4%；当温度高于 35℃时，120kg 的猪死亡率可能上升到 0.27%～0.3%。

可见，运输不仅给家畜带来严重的不良反应，也给畜牧经济带来较大的损失。家畜运输上的问题应当得到高度重视：一方面是基于动物福利的考虑；另一方面是考虑经济效益，以挽回不必要的经济损失。欧洲联盟委员会于 1991 年发布了动物运输期间的保护规程，已经有政府立法批准通过。消费者要求动物在包括运输过程的整个生产链中得到良好的待遇，运输条件和运输对动物福利的影响越来越多地成为人们探讨的主题。

（五）屠宰的影响

屠宰动物是否遭受痛苦主要取决于屠宰的程序，包括屠宰前的管理方式及屠宰过程中的手段。许多国家规定，屠宰动物必须使用 500～600V 的高压电（电压根据动物的大小决定），以便屠宰前能将动物击昏。这样既便于屠宰操作，又可减轻动物的痛苦，也避免了屠宰过程中动物的挣扎，从而减少因皮下局部淤血而造成的胴体品质下降。

一般说来，动物在屠宰前需要进行再分组或混群，等待屠宰的时间不宜超过 20min，屠宰前最好有 2～3h 的休息时间，使动物从运输应激状态中逐渐恢复过来。如果等待时间过长，重组后的个体互不相识，极易发生争斗。争斗不但会使动物产生应激反应，还会导致身体部位的损伤而影响胴体品质。在英国，超过 40%的胴体有争斗过的痕迹，其中 4%的胴体的等级受到影响。屠宰前的数小时对肉质的影响最大，因此在这段时间内对动物管理的要求较高，应减少动物的应激反应，还需满足其行为上的需要，为动物提供良好的福利和充分的保护。

目前，我国在屠宰运输和屠宰方法方面没有明确的规定，因此动物福利问题也比较突出，这将成为制约我国畜产品出口的潜在技术问题。

四、动物福利评价体系

决定动物福利好坏的标准不取决于人的主观判定，而是来自对福利的客观评价，这种评价是建立在科学依据之上的。畜禽福利的好坏直接关系到消费者的健康，畜产品能否获得消费者的青睐。因此有必要对畜禽的饲养、运输、屠宰环节的福利、健康和管理水平进行客观的评价。评价指标的选择要有科学依据，并可用于实践。每个指标的选择都是人为根据评价目标而设定，因此在动物福利的评价体系中，主观评价和客观评价共存，只能通过不断完善，尽量做到客观评价。动物福利评价指标的确定是该领域一直存在的难点问题，近年来，已经开发出多种科学方法来评估动物福利，主要应用行为和生理指标评价畜禽适应饲养环境的能力。

（一）评价标准

评价动物福利水平的高低需要相应的标准来衡量。OIE 强调动物福利应该以科学为基础，提出动物福利的 8 个标准，分别为动物海运、动物陆运、动物空运、动物屠宰、基于疫病控制的扑杀动物、流浪犬数量控制、科研和教育目的动物使用、肉牛生产系统和动物福利。目前，动物福利领域存在多种标准共存的局面，有企业标准、行业组织标准、政府标准、国际组织标准等，不同学科建立的标准也是不一样的。建议在 OIE《陆生动物卫生法典》的基础上，制定出科学的、可操作的、符合我国国情的动物福利标准。

（二）评价方法

科学评估动物福利要考虑多种因素，没有一种方法是完全可行的，需采用不同方法综合评价动物福利。以下分别介绍以生理、行为、疾病、生产和消费者为基础的评价方法。

1. 以生理和行为为基础的评价方法　在畜禽饲养过程中，"应激原"可能会引起疾病、伤痛和死亡。生理和行为指标可以用来评价福利水平的高低，如心率、温度和呼吸频率变化，皮质醇浓度变化，畜禽死亡，疾病行为，疼痛行为等。然而在设计试验时需要考虑应激的类型和持续时间，畜禽的种类、年龄和状态，才能得到各种生产系统下的不同品种的有效评价结果。

2. 以疾病和生产为基础的评价方法　疾病和过度生产会导致畜禽行为和生理发生变化，这些改变产生消极感受（疼痛、不适）和消极情绪（恐惧、沮丧），从而降低福利水平，甚至导致动物死亡。疾病意味着福利低下，良好的福利能防止动物个体患病，使动物对病原体的抵抗力更强。当生产需求过度，如拥挤的圈舍、快速生产、产奶量高等，疾病的出现会降低畜禽的生产水平，提高发病率。高产奶牛的代谢消耗问题、跛足问题严重影响奶牛福利水平。

3. 以消费者为基础的评价方法　畜产品是提供给广大消费者的，对其福利外在的价值进行评估，有助于优化动物生产和消费者对畜产品的需求。贴有动物福利标签的禽蛋和肉类是否能够得到消费者的认可，需要采用调查问卷的方式，询问消费者后即可得出评价结果和建议，然后将数据反馈给生产者，以此改善畜禽福利。由于调查问卷主观意愿强，所以评价结果的准确性有待提高。

（三）评价体系

2004 年欧盟最大的动物福利研究"福利质量"项目开始实施，目的是要研发出能够评估动物福利的科学性工具，将获得的数据反馈给农场管理者和消费者，帮助他们了解动物的福利状况，同时提出改进方法用以改善饲养和屠宰环节的动物福利。"福利质量"首先确定 4 个主要的福利原则，再划分出 12 个独立的福利标准，挑选出了评估这些福利标准的 30 个左右的测量方法。该项目采用以生理和行为为基础的测量方法，通过农场和屠宰场的实地观察并采集数据，将数据统一录入计算机模型中，计算各标准得分，最后划分动物所处的福利等级，分为极好（福利状况达到很高水平）、好（福利状况是好的）、一般（福利状况达到了最低要求）、差（福利状况低）。该研究项目旨在开发欧洲的畜禽动物福利标准，用以保障食品质量与安全。目前，国内科研工作者已经着手翻译和研究该项目内容。值得注意的是，欧洲的动物福利标准能否适用于养殖规模大、集约化饲养和散养并存的发展中国家有待探讨。从根本上加强动物福利分支学科的理论研究，才能有效地收集评价数据，开发适用于本国畜牧业发展的畜禽福利评价体系。

五、动物福利的立法

（一）国外动物福利立法的发展状况

1. 英国　动物福利法起源于英国。1800 年，英国下议院提出一项法案，禁止纵犬咬熊的行为。当时的外交部部长坎宁认为这很荒唐，他以为这个法案是想禁止乱民聚集而导致不道德的行为。这种误解是基于这样的前提：仅仅对动物造成伤害的活动是不值得立法处理的。1809 年，艾斯金爵士在英国国会上提出一项禁止残酷对待家畜的提案，该提案虽然在上议院获得了通过，但在下议院被否决。在当时背景下，这样的提案遭到了很多人的嘲笑。此次提案虽然没有通过，却是人类历史上首次把动物当作生命体而非仅仅是个人财产来对待，具有十分重要的意义。1822 年，人道主义者查理·马丁提出的《禁止虐待动物法令》在英国国会上顺利通过，这部法令也因此被称为"马丁法令"。"马丁法令"是人类历史上第一部反对人类任意虐待动物的法令，是人类与动物关系史上的一个里程碑。不足的是，"马丁法令"的适用范围还十分有限，该法令禁止人类虐待的动物仅限于大家畜，而将犬、猫和鸟类等动物排除在外。为弥补"马丁法令"存在的不足，1835 年、1849 年和 1854 年英国又相继出台三项增补法案，将"马丁法令"保护动物的范围延伸至"所有人类饲养的哺乳动物和部分受囚禁的野生动物"。为保障这部法令得到很好的执行，1824年，英国成立了专门的动物保护协会——防止虐待动物协会（SPCA）。

英国从 1911 年制定的《动物保护法》到 1995 年颁布的《动物福利法》已经形成了一套完整的动物保护及其福利的立法体系，有关动物保护的法律就有十几个，如《宠物法案》《动物麻醉保护法案》《斗鸡法案》《动物遗弃法案》

《兽医法案》《动物寄宿法案》《野生动物保护法》等，立法不仅全面，而且明确细致，可操作性强。时至今日，英国动物福利法对农场动物、实验动物、娱乐动物、伴侣动物和野生动物的基本福利已分门别类地进行了规定。英国不仅是对于动物福利立法最早的国家，也是动物福利标准最高的国家。

2. 美国　美国第一个有关动物福利的立法出现在 1641 年由清教徒制定的《马萨诸塞湾自由典则》中。美国的第二个动物福利立法出现在 1828 年的纽约州立法中，纽约州在该法律中禁止恶意杀死属于他人的马、牛和羊或恶意将它们致残，或者不管这些动物是属于他人的还是属于自己的，禁止野蛮或恶意地殴打这些动物。到了 1859 年已经有 16 个州和地区建立了反残酷对待动物的法令。1866 年 4 月 19 日，纽约州立法当局通过了一项禁止残酷对待所有动物的法案，即《防止残酷对待动物法》。1867 年亨利·博格又使得一项新的反残酷法律被通过。这部法律禁止在运输过程中粗暴地对待动物。

第一个反动物虐待的联邦法律是 1873 年的《二十八小时法》。该法要求公司在通过铁路或水路运输牲畜时要给牲畜提供食物、水并让它们获得适当的休息。到了 1906 年，这部法律被废止，而代之以更加严厉的法律。1900 年，美国通过了禁止在各州之间贩运被非法猎杀的野生鸟类的《勒西法案》。

到了 1958 年，在休伯特·汉弗莱参议员的强烈支持下，《联邦人道屠宰法案》通过。该法案清楚地规定了屠宰必须以一种人道的方式进行，必须将痛苦减到最小，在将牲畜进行捆绑、吊起和屠宰之前必须使其处于无意识状态。

1966 年美国通过了《实验室动物福利法案》，该法先后于 1970 年、1976 年、1985 年和 1990 年进行了大规模的修订，并于 1990 年被修改为《宠物保护法案》。虽然这部法律的初衷是规范对实验动物的照顾和使用，然而，它最终还是成为规范在研究、展览、运输、销售中如何对待动物的唯一一部联邦法律。

1973 年美国伊利诺伊州的《人道地照料动物的法律》要求动物的所有者为自己的所有动物提供人道的照料和待遇。同时还规定任何人或者所有人不得打、残酷对待、折磨、超载、过度劳作或用其他方法虐待任何动物。目前美国所有的州都有关于保护动物的法律，有些州的立法甚至将虐待动物的行为上升为犯罪，并通过刑法加以规制。2001 年 2 月 14 日，美国科罗拉多州推出了《威斯蒂法》，把虐待动物由原来的"不良行为"上升到"重罪"。该法把虐待动物定为有罪，可以给那些有意伤害动物的人以重重的警示。

3. 加拿大　加拿大联邦一级的动物福利立法主要有 1990 年的《肉类检验条例》，要求屠宰前给动物致昏和进行屠宰前照料；1990 年的动物健康法案，对运输途中的动物照料和无法站立动物的处理做了规定；还有加拿大《刑法典》中的《虐待法》。《虐待法》是唯一的一部规范如何对待农场动物的国家立法。绝大部分的有关动物保护的法律（非刑事法）都是省一级的。同美国的州立法一样，加拿大 10 个省的绝大部分都有自己的动物保护法。

加拿大早期制定的相关动物保护的法律有 1973 年的《野生动植物法》、1982 年的《迁徙鸟类公约法》、1988 年修订的《国家公园法》、1989 年的《濒临灭绝物种法》等，它们都在不同层面上对不同种类的动物进行保护。1999年的《加拿大环境保护法》以可持续发展为目标对旧法进行了修订，其中也包含了与动物福利有关的内容。

加拿大《刑法典》中规定了伤害或危害家畜生命罪及虐待动物罪，用最严厉的惩罚手段来保证动物福利制度的施行。

国际爱护动物基金会（IFAW）成立于 1969 年，创始人是加拿大籍的 B. 戴维斯。这个组织的宗旨是宣扬热爱动物、公正仁慈地对待动物、反对和终止世界各地虐待动物的行为，努力挽救濒危的动物和灾难中的动物。加拿大动物保护协会（CCAC）成立于 1968 年，其目的是制定一系列政策和伦理方针及有效方案来管理监督实验动物的使用和保护。此外，地方动物保护委员会是加拿大体制的基础，委员会是管理所有机构研究、教学和实验中使用动物的主要力量。

4. 德国 德国于 1974 年公布了首部《动物福利法》，之后经过数次修正，并于 1998 年 6 月 1 日推出了新版本的《动物福利法》。现行的是 2001 年 4 月 11 日对新版本修正后的《动物福利法》。该法对饲养动物、动物的灭杀、动物手术、动物实验、动物繁殖及动物买卖、动物的进口、运输和饲养以及相应的法律责任作出了详细的规定。德国《动物福利法》在第 1 条言明了其立法目的是"旨在保护动物之生命，维护其福利"。更值得人注意的是，德国的动物保护问题在 2002 年 6 月已被写入了德国宪法。

（二）国内动物福利立法的发展状况

虽然动物福利问题的提出已有 100 多年的历史，但我国许多人的动物福利意识还相当淡薄，动物福利的保护还比较滞后，虐待动物的行为时有发生。我国涉及动物保护的法律仅有《中华人民共和国野生动物保护法》。但这部法律主要针对反走私、反盗杀等违法行为，并没有考虑"动物福利"问题，且被列入保护范围的动物种类有限。北京市曾公布了《北京市动物卫生条例（征求意见稿）》，因种种原因未能实施。近年来发生的疯牛病、非典型肺炎和禽流感已经使越来越多的人意识到生态、环境、健康之间的关系，也认识到只有立法规定了动物的法律地位，才能对虐待动物行为的制止有法可依，从而有效地遏制虐待动物现象的蔓延。

由于特殊的历史背景，我国香港地区的动物福利立法起步较早。早在 20

世纪 30 年代，我国香港地区就颁布了防止虐待动物的法规条例。我国台湾地区也于 1998 年制定了《动物保护法》。

（三）动物福利立法的意义

1. 环境角度　从环境的可持续发展的角度来看，动物福利立法已是刻不容缓。人类和自然界的动植物及其他各种资源构成了人类生活的环境。自然创造了一个物种如此丰富多彩的世界，但是在近 40 年里，地球上物种灭绝的速度已是自然灭绝速度的 100～1 000 倍。而人类的活动是这一现象的根本原因。物种的不断灭绝是环境恶化的表现。

人类对待动物的态度体现了人类对于自然环境的态度。不难想象，当人们身边的各种动物变得越来越稀有、最后不断走向灭绝的时候，人们赖以发展经济的基础是不是如同空中楼阁一样变得毫无意义？环境对于人类，如同水之于鱼、阳光之于绿草、翅膀之于飞鸟，恶化了的环境势必显示出它强大的破坏力量，而人类已经体验到了破坏环境的惨痛。

2. 文明角度　印度的圣雄甘地曾经说过这样一句话："从对待动物的态度可以判断这个民族是否伟大，道德是否高尚。"美国学者伯格也曾说过："残酷地对待活着的动物，会使人的道德堕落。一个民族若不能阻止其成员残酷地对待动物，也将面临危及自身和文明衰落的危险。"当人类以极不文明的方式对待与人类一样具有悲喜感受的动物时，文明仅仅是一个遥远的目标。

调查表明，儿童对于保护动物理解的程度高于成人，儿童更容易接受人性化的教育方式。一旦随意虐待动物的不良观念在他们幼小的心灵中扎根，要重新唤起他们的爱心，改变暴力对他们的影响是很困难的。美国犯罪学家的研究也表明，儿童时期虐待动物与成人后犯罪这两者之间有极大的相关性。此外，在衡量一个国家的文明程度时，动物福利也是一个十分重要的指标。

3. 经济角度　美国于 2002 年启动了"人道养殖认证"标签。该标签的作用是向消费者保证，提供这些肉、禽、蛋及奶类产品的机构在对待家畜方面符合文雅、公正、人道的标准。欧盟于 2003 年提出欧盟成员在进口动物产品之前应将动物福利考虑在内。2004 年，欧盟又提出了市场上出售的鸡蛋必须在标签上标明是"自由放养的母鸡所生"还是"笼养的母鸡所生"。欧盟还制定了《欧盟食品及饲料安全管理法规》，该法规要求进口食品必须符合该法的标准，否则欧盟委员会有权取消其进口资格。由此可见，随着人类生态意识的增强，越来越多的国家和地区尤其是经济发达的国家已开始将动物福利与国际贸易紧密挂钩，动物福利壁垒作为一种新的贸易壁垒在畜牧业国际贸易领域逐渐产生了。

我国是畜禽肉品生产大国，产量居世界前列。然而，在动物福利方面，我国几乎处于空白，未建立相关的法律法规。这就导致我国肉食品出口受阻，其中，主要原因之一就是欧洲、美国、日本针对我国肉品出口的技术壁垒中涉及动物福利这一项。因此，按照国际规则、重视动物福利问题是我国畜产品走向国际市场的必然选择。

4. 科研角度　动物若长期处于惊恐的环境中，不仅它们的生理会出问题，心理也会出问题。把这样的动物用于动物实验得到的数据的准确性也会令人质疑，至少会影响到科学研究所得出的数据的有效性和准确性。同时，这也意味着疾病模型的设计、药物和药剂研究，以及化学毒性检测的结果都会受到影响。给予动物相应的福利待遇对提高科研工作的准确性而言有着重要的意义。

六、动物福利的应用

（一）新养殖替代方式的尝试

目前，一些西欧、北欧及加拿大等都在试图改进生产方式来提高动物的福利，主要集中在养猪及养鸡生产方面。例如，在荷兰和挪威等国家，母猪的群养及育肥猪的散养都十分普及，产蛋鸡的散养及厚垫料舍饲也相当普遍。在荷兰，计算机控制的母猪管理系统正在普及，但遇到的问题也比较多。这些改进的目的都是为动物提供更多的自由活动空间及自由表达其行为的机会，以提高动物福利状况，但这些改进并未根本性地解决动物福利问题。调查结果表明，在荷兰，50％由计算机控制的母猪群养体系发生猪在采食时阴部被咬伤现象，这种现象多为猪舍设计及饲养工艺不合理所致。目前，蛋鸡业发展趋势主要有两种方式：一种是自由散养式；另一种是大型舍饲系统。前者是一种带房舍及运动场的散养形式。在这一生产条件下，每只鸡每天耗料大约120g，整个产蛋期能产蛋270枚左右（相当于笼养的70％）。这种生产规模主要满足当地需求，并且不会给环境带来污染。后者是舍内的管理形式，它可以提供给鸡上下活动及表现各种行为的空间，有厚垫料地面、栖架及自由选择的产蛋箱，这也就是在英国、荷兰和瑞典等国家已广泛研究和试制的"配置型"鸡笼。同笼养方式相比，散养的生产率要略低一些，而生产成本则高。总之，新生产方式的目标既要能够满足动物福利的要求，又要能保证动物生产的利益，虽然当前国际上还没有一个成型的、符合某一动物品种的福利性生产模式，但各国在试图寻找一个符合本国标准的模式。

（二）我国动物福利现状和前景

近年来，动物福利在我国已经引起了一些学者的兴趣。兴趣主要来自学术研究方面，以了解国外学术动态为目的，我国还没有成立相应的动物福利组织或机构，更没有提出立法保障。动物福利在我国尚未开展实质性的研究，这主要与我国的动物生产力水平及生产经营方式有关。同时也取决于我国的传统文化及风俗习惯，也与我国人民的观念有关。就目前来看，动物福利在我国还不可能成为人们日常讨论的热点，有以下三方面的原因：

一是我国的社会福利远没有达到人们要求的标准，因此人们也就不会把注意力放在动物福利上。只有当国家的社会福利达到一定的标准以后，人们才会对动物的处境产生同情，对动物福利才能提出基本要求。

二是在我国过早地让动物生产者和消费者们考虑动物福利问题会适得其反，会挫伤畜牧生产者和经营者的信心。因为在现阶段我国的动物生产者和消费者是不会接受动物福利理念的，因为它会增加畜产品的成本，提高人们的消费负担，接受它就等于降低人们的生活水平。目前，如果大力提倡动物福利，会引起一些人的反对，一些学者对此也持有同见。

三是集约化畜牧生产在我国才刚刚起步不久，传统的饲养方式仍占较大比例，动物福利主要是集约化生产方式的产物。因此，动物福利不是我国目前生产中的主要问题，主要问题仍然是如何提高生产力水平。

那么，动物福利在我国的前途如何呢？上面提到的三个原因是动物福利在我国发展的制约因素，它的制约作用也只是暂时性的。因此，在我国开展动物福利工作仍十分必要，原因有如下三点：

一是动物福利的研究具有学术方面的价值，有利于国际间的学术交往，扩大了解国际社会在这一领域的研究现状及学科发展动态。

二是通过动物福利问题的研讨，有助于汲取国外的经验，少走弯路，合理设计我国的畜牧业生产之路。因为家畜福利的现状表明，西方国家现行的集约化生产管理方式存在不合理、不科学的一面。

三是向动物生产者介绍动物福利知识，强化他们的道德意识，有利于提高我国动物产品在国际市场上的竞争力。

总而言之，动物福利是近年来发展起来的一门新学科，它是动物生产高度集约化及西方国家社会文明的必然结果。动物福利问题不仅是学术问题，也包含社会道德的内容。在西方国家，由于人们对动物福利十分关注，动物福利运动已经开始冲击现行的生产方式。因此，研究动物福利的目的是为集约化生产寻找一条新出路，既满足人们对动物福利的要求，又满足动物生产者的利益。目前，虽然在我国开展动物福利研究及宣传动物福利思想都还存在一些限制因素，但不会阻碍它的发展。动物福利在我国的研究会使人们少走弯路，其研究结果能指导畜牧业生产，使我国的动物福利也将随着社会文明的进步而发展。

第四节　生态养殖环境管理与无害化处理

现代化畜牧业发展的趋势是采用集约化、工厂化和规模化的生产工艺。规模化、集约化、工厂化畜牧场的显著特点是畜禽饲养高度集中，群体规模和饲养密度大。一方面，畜禽产生大量废弃物，对环境的影响更为明显；另一方面，畜牧场环境管理更为复杂。畜牧场环境状况与畜牧生产关系极为密切，若畜牧场环境恶化，则导致畜禽生产力降低，发病率增高，甚至致使畜禽疾病流行。对畜牧场环境进行监测和管理，及时掌握畜牧场环境状况是采取有效措施控制和改善环境，提高畜禽生产力，切断疾病传播途径的前提。

一、绿化环境

（一）绿化环境的卫生意义

1. 改善场区小气候状况

（1）绿化可以明显改善畜牧场内温度状况。绿色植物对太阳辐射热的吸收能力较强，如单片树叶对太阳辐射热的吸收率可达 50％以上。植物吸收的太阳辐射热大部分用于蒸腾和光合作用。绿色植物枝叶茂盛，吸热面积大，通常树林的叶片面积是地面积的 75 倍，草地叶片面积是地面积的 25～35 倍。绿色植物在蒸腾过程中除直接吸收太阳辐射热外，还从周围空气中吸收大量热能。所以，在炎热的夏季，绿色植物能够减少地面对太阳辐射的吸收量，降低空气温度。在夏季，植被上方的气温通常比裸地上方的气温低 3～5℃。在冬季，绿地上方的最高气温及平均气温低于裸露地面，但最低气温高于裸露地面，从而缩小了气温日较差，缓解了寒冷的程度。

（2）绿化可以明显增加畜牧场的湿度。植物根系具有吸收和保持土壤水分、固定土壤、防止水土流失的作用。植物枝叶的蒸腾作用能够增加空气湿度。绿色植物繁茂的枝叶能够阻挡气流，降低风速，使蒸发到空气中的水分不易扩散。所以，绿化区域空气的湿度包括绝对湿度和相对湿度均普遍高于非绿化区。绿化区相对湿度通常比非绿化区高出 10％～20％，甚至可以达到 30％。

（3）绿化可以明显减小畜牧场场区气流速度。由于树木的阻挡及气流与树木的摩擦等作用，气流通过绿化带时被分成许多小涡流，这些涡流的方向不一致，彼此摩擦而消耗气流的能量，从而使气流的速度下降。在冬季，森林可使气流速度下降 20％，在其他季节，森林可使气流速度下降 50％～80％。因此，在冬季的主风向方向种植高大的乔木，组成绿化带，对于减少冷风对畜牧场的侵袭，形成较为温暖、稳定的小气候环境具有重要意义。

2. 净化空气环境

（1）吸收空气有害气体。有害气体经绿化地区后至少有25％被阻留净化，煤烟中的二氧化硫可被阻留60％。畜牧场内家畜数量多、密度大，在呼吸代谢过程中消耗的氧气量和排出的二氧化碳量都很大。粪尿、垫料和污水等废弃物在分解过程中可产生大量的具有刺激性和恶臭性的有害气体如氨气、硫化氢等。绿色植物在光合作用中能够大量吸收二氧化碳，释放氧气。因此，如果绿化畜牧场环境，就可减少空气二氧化碳含量，增加氧气含量。研究表明，绿色植物每生产1kg干物质需要吸收1.47kg二氧化碳，释放1.07kg氧气。在生长季节，1hm²阔叶林每天能吸收1 000kg二氧化碳，释放730kg氧气。畜牧场附近的一些植物如大豆、玉米、向日葵、棉花等在生长过程中能够从空气中吸收氨气以满足自身对氮素的需要，从空气中吸收的氨气量可以占到总需氮量的10％～20％。所以，在畜牧场内及周围地区种植这些植物既可以降低场区氨气浓度，减少空气污染，又能够为植物自身提供氮素养分，减少施肥量并促进植物生长。

一些植物还具有吸收二氧化硫、氟化氢等有害气体的作用。树木对二氧化硫的吸收能力和抵抗力因品种不同而有差异，即一些树木吸收二氧化硫的能力较强，但耐受力却较差，另一些树木吸收二氧化硫的能力和耐受力都较强，在选择绿化树种时应注意。女贞、柿、柳杉、云杉、龙柏、臭椿、紫穗槐、桑树、泡桐等树木既对二氧化硫具有较强的吸收能力，又对二氧化硫具有较强的抗性，适合在二氧化硫污染地区栽种。树木对大气中氟化物的吸收净化能力很强，城市中每公顷森林吸氟量可达到3～20kg/d。在通过宽约20m的杂木林后，大气中氟化氢浓度的降低量比通过空旷地带多40％以上。在正常情况下，植物体内含氟量很低，一般为0.5～25mg/kg，但在环境污染区内树叶中的含氟量可增加数百倍甚至数千倍。在磷肥厂烟囱附近的树林中，银桦树叶中含氟量为4 750mg/kg，滇杨树叶中达4 100mg/kg，垂柳叶中为1 575mg/kg，桑树树叶中为1 750mg/kg。研究发现树木对氟的吸收能力和抵抗能力是一致的。因此，在氟污染区可以种植树木花草以降低空气氟含量。

（2）吸附空气灰尘。饲料加工运输、干草及垫料的翻动运输、家畜活动、清扫地面等许多生产过程都会产生大量的灰尘，所以畜舍和场内空气中的灰尘微粒含量往往较高，这不利于家畜健康。绿色植物具有吸附和滞留空气灰尘微粒的作用。对畜牧场场区进行绿化能明显地减少空气微粒、净化空气环境。花草树木吸附空气灰尘和微生物的作用表现在：①树木枝叶茂密，一些植物叶片表面粗糙不平、密布绒毛，对空气微粒具有吸附作用；②一些植物的枝叶分泌油脂和黏液，增强了植物对空气微粒和微生物的吸附作用；③绿色植物对地面具有覆盖和固着作用，可减少灰尘微粒的产生，绿化地带空气中的微粒含量一般比混凝土地面上方少 1/3～1/2。当空气通过由数行乔木组成的林带后，含尘量明显降低。其中，树林对降尘的阻滞率为 23%～52%，对飘尘的阻滞率为 37%～60%。在夏季，空气穿过乔木林带时，微粒量下降 35.2%～66.5%；乔灌木结合式林带的降尘效果则明显好于乔木林带。

（3）减少空气微生物含量。空气中的微生物往往附着在灰尘等空气微粒上并随之漂浮、传播。花草树木吸附空气尘粒，细菌因失去了附着物而在空气中的数量减少。植物在生长过程中不断地从腺体中分泌出具有香味的挥发性物质，如香精油（萜烯）、乙醇、有机酸、醛、酮、醚等，这些芳香性物质具有杀菌作用，人们将其称为植物杀菌素。植物杀菌素对结核、霍乱、红痢、伤寒等疾病的病原体杀灭作用尤为明显。植物杀菌素的作用可使流经绿化带的空气和水中细菌数量显著减少。植物杀菌素在高等植物组织中普遍存在，一般树木含量为 0.5% 左右，松科、桃金娘科（桉树类）、樟科、芸香科、唇形科树木植物杀菌素含量最高，有的可超过 1%。此外，油松、白皮松、云杉、核桃等树木的杀菌能力也较强。花草树木的杀菌效果极为明显，气流通过绿化带后可使空气微生物含量减少 21.7%～79.3%。对我国城市空气中细菌含量的测定发现，随着绿化程度的提高，空气细菌含量逐渐减少。未绿化的公共场所空气中的细菌含量为 4 万～5 万个/m³，而绿化较好的公园则为 1 000～6 000 个/m³，植物园为 1 000 个/m³。另据测定，受污染的水流经宽度为 30～40m 的松林后，大肠杆菌数减少了 1/18。

3. 防疫防火、降低噪声　在畜牧场周围及场内各区之间种植林带，能有效地防止人员、车辆随意穿行，使之相互隔离；植物净化空气环境、杀灭细菌及昆虫等作用均可减少病原体的传染机会，对于防止疫病发生和传播具有重要意义。由于树木枝叶含水量大，加之绿色植物所具有的固水增湿、降低风速等作用，因此畜牧场环境绿化对于防止火灾发生和蔓延具有重要作用。

树林可以降低畜牧场噪声，其原因是树木枝叶稠密、轻盈柔软，声波遇到柔软的表面后，能量大部分被吸收，因而森林对声波反射作用减弱。树木轻软的枝叶在随风摆动的过程中对声波具有扰乱和消散作用。树干表面粗糙，也能吸收声波，树干圆柱体的外形则将声波向各个方向反射，因而也具有降低噪声的作用。据美国林业部门研究证明，宽 30m 的林带可减少噪声 7dB，乔木、灌木和草地相结合的绿地可降低噪声 8～12dB。林带的消音功能与其宽度、枝叶的茂密程度有关。最佳的消声林带是乔木与灌木结合，带间有一定距离和一定数量的常绿树种。

（二）畜牧场绿化带的设置

1. 畜牧场绿化带的种类及特点

（1）场界绿化带。在畜牧场场界周边以高大的乔木或乔、灌木混合组成林带。该林带一般由 2～4 行乔木组成。在我国北方地区，为了减轻寒风侵袭、降低冻害，在冬季主风向一侧应加宽林带的宽度，一般需种植树木行数应在 5 行以上，宽度应达到 10m 以上。场界绿化带的树种以高大挺拔、枝叶茂密的杨、柳、榆树或常绿针叶树木等为宜。

（2）场内隔离林带。在畜牧场各功能区之间或不同单元之间，可以乔木和灌木混合组成隔离林带，防止人员、车辆及动物随意穿行，以防止病原体的传播。这种林带一般中间种植 1～2 行乔木，两侧种植灌木，宽度以 3～5m 为宜。

（3）道路两旁林带。位于场内外道路两旁，一般由 1～2 行树木组成。树种应选择树冠整齐美观、枝叶开阔的乔木或亚乔木，例如槐树、松树、杏树等。

（4）运动场遮阳林带。位于运动场四周，一般由 1～2 行树木组成。树种应选择树冠高大、枝叶茂盛开阔的乔木。

（5）草地绿化。畜牧场不应有裸露地面，除植树绿化外，还应种草、种花。

2. 绿化植物的选择　我国地域辽阔，自然环境条件差异很大，花草树木种类多种多样，可供环境绿化的树种除要求适应当地的水土光热环境以外，还需要具有抗污染、吸收有害气体等功能。现列举一些常见的绿化及绿篱树种供参考。

（1）树种。洋槐、法国梧桐、小叶白杨、毛白杨、加拿大白杨、钻天杨、旱柳、垂柳、榆树、榉树、朴树、泡桐、红杏、臭椿、合欢、刺槐、油松、桧柏、侧柏、雪松、樟树、大叶黄杨、榕树、桉树、银杏、樱花树、桃树、柿等。

（2）绿篱植物。常绿绿篱可用桧柏、侧柏、杜松、小叶黄杨等；落叶绿篱可用榆树、鼠李、水蜡树、紫穗槐等；花篱可用连翘、太平花、榆叶梅、珍珠梅、丁香、锦带花、忍冬等；刺篱可用黄刺梅、红玫瑰、野蔷薇、花椒、山楂等；蔓篱则可选用地锦、金银花、蔓生蔷薇和葡萄等。绿篱植物生长速度快，要经常整形，一般高度以 100～120cm、宽度以 50～100cm 为宜。无论何种形式都要保证基部通风和足够的光照。

（3）牧草。紫花苜蓿、红三叶、白三叶、黑麦草、无芒雀麦、狗尾草、羊茅、苏丹草、百脉根、草地早熟禾、燕麦草、垂穗披碱草、串叶松香草、苏丹草等。

（4）饲料作物。玉米、大豆、大麦、青稞、燕麦、豌豆、番薯、马铃薯等。

我国地域辽阔，自然环境差异很大，因此在绿化植物的选择上，不但应充分考虑植物的适应性，因地制宜地选择适合当地自然条件的树种，而且应尽量选择抗污染、吸收有害气体或具有杀菌能力且无毒无害的植物。

二、畜禽粪便的污染、危害及其资源化处理

（一）禽粪便的化学特性

1. 矿物质元素　包括钙、镁、钾、氯、碘、硫、磷、铜、铁、镁、钠、硒、锌、钴、钼、铅、镉、砷、铬、锶、矾等。

2. 含氮有机物　包括尿素、尿酸、氨胺、含氮脂类、核酸及其降解产物、吲哚和甲基吲哚。

3. 粗纤维　包括纤维素、半纤维素和木质素。

4. 无氮浸出物　包括多糖（淀粉和果胶）、二糖（蔗糖、麦芽糖、异麦芽糖和乳糖）和单糖。粪中的无氮浸出物主要来自消化道食物残渣。

（二）畜禽粪便的生物学特性

1. 微生物　粪尿中微生物主要有正常微生物和病原微生物两类，正常微生物包括大肠杆菌、葡萄球菌、芽孢杆菌和酵母菌等；粪便中含有的病原微生物包括青霉菌、黄曲霉菌、黑曲霉菌和病毒等。

2. 寄生虫　粪便中含有蛔虫、球虫、血吸虫、钩虫等。

3. 毒物　粪便中的毒物主要来自两个方面，一是粪中病原微生物和病毒的代谢产物，二是在饲料中添加的药物的残留物，包括重金属、抗生素、激素、镇静剂及其他违禁药品等。

（三）粪便的营养价值与肥效

1. 粪便的营养价值　粪便中的有机质经过微生物的分解和重新合成最后形成腐殖质。腐殖质肥料对土壤改良、培养地力的作用是任何化肥都无法比拟的。腐殖质具有调节土壤水分、温度、含氧量、促进植物迅速吸收水分、促进植物发芽和根系发育等作用。腐殖质中的胡敏酸具有典型的亲水胶体性质，有助于土壤团粒结构的形成。各种畜禽粪便肥分含量见表 4-1。

各种畜禽的粪尿平均含有约 23.48% 的有机质，其中全氮（N）平均 0.90%，全磷（P_2O_5）0.96%，全钾（K_2O）0.56% 左右。总的来说，禽类粪比哺乳动物粪含有较多的氮、磷、钾。各种家畜的粪便由于管理方式、饲料

成分、家畜类型、品种与年龄的不同，所含的氮、磷、钾量也有很大差异（表 4 - 1）。禽粪中氮和磷含量几乎相等，钾含量稍偏低。腐熟对禽粪尤为重要，因为禽粪中的氮素以尿酸形态存在，尿酸盐不能直接被作物吸收利用，因此禽粪只有经腐熟后才能施用。禽粪中的尿酸盐态氮易分解，如保管不当，经 2 个月，氮素几乎损失 50%。畜禽粪在堆腐过程中能产生高温，为避免腐熟产生的高温对农作物根系的危害，畜禽粪只有腐熟后才可用作追肥。猪与牛的粪便中 2/3 的氮与 1/2 的磷或家禽粪便中 1/5 的氮与 1/2 的磷能够直接为作物所利用，其余的氮和磷为复杂的有机物，只有被土壤中的微生物分解后才能逐渐为作物所利用。因而，畜禽粪肥效长、营养丰富。农田施入 7 500～9 000 kg/hm^2 畜禽粪肥一般不会过量，作物也能很好地生长，如按作物所需氮肥量计算，种植谷物一般施入氮 150kg/hm^2 即可。如果一个畜牧场饲养的家畜头数多，产的粪肥多，计划粪肥全部施用，其中折算出的氮量超过 150kg/hm^2 时，则需要将一部分种植谷物的农田改种禾本科牧草。牧草每年可割 3～4 次，每割 1 次，可施氮素 120～150kg/hm^2，如每年割 3 次，可施氮素 360～450 kg/hm^2，可多容纳氮肥 2 倍。

表 4 - 1　各种畜禽粪的肥分含量（%）

畜禽粪	水分	有机质	氮（N）	磷酸（P$_2$O$_5$）	氧化钾（K$_2$O）
猪粪	81.5	15.0	0.60	0.40	0.44
马粪	75.8	21.0	0.58	0.30	0.24
牛粪	83.3	14.5	0.32	0.25	0.16
羊粪	65.5	31.4	0.65	0.47	0.23
鸡粪	50.5	25.5	1.63	1.54	0.85
鸭粪	56.5	26.2	1.10	1.40	0.62
鹅粪	70.5	23.4	0.55	1.50	0.95
鸽粪	51.0	30.8	1.76	1.78	1.00

资料来源：据张景略等，1990，土壤肥料学。

2. 畜禽粪便的肥效　①增加土壤中有机质含量，提高土壤腐殖质活性，使土壤保持较好的通风透气性。②提高了土壤微生物活性。农田施入畜禽粪便为土壤微生物提供了丰富的养分，促进了土壤微生物的生长增殖，加快了微生物分解土壤和粪肥养分的速度，为植物生长提供了更全面、更充足的养分。③为土壤补充了养分。施入畜禽粪便可向土壤补充有机态氮（蛋白质、氨基酸和氨基糖）、有机磷（如 DNA、RNA 的核酸磷）、钾、锌、锰等，促进土壤微生物和植物生长。

（四）粪便对水体和土壤的污染

1. 粪便对水体的污染　当排入水体中的畜禽粪便总量超过水体自净能力时，就会改变水体的物理、化学和生物学性质及水体的组成，使水质变坏。当人畜饮用水受到污染时，有毒有害物质和病原就会危害人畜健康。粪便污染水体的方式为：

（1）恶化水质。粪便中大量的含氮有机物和碳水化合物经微生物作用分解产生大量的有害物质，这些有害物质进入水体会降低水质感官性状指标，使水产生异味而难以利用。若饮用水受人畜粪便污染，将危害人畜健康。粪便中的含氮和含硫有机物分解产生的恶臭物质主要有胺、吲哚、甲基吲哚、硫醇、硫化氢和氨气等。

（2）富营养化作用。粪便中的氮、磷等植物营养物大量进入水体促使水体中藻类等水生植物大量繁殖，使水体溶解氧迅速下降，水生生物死亡，水中有机质在缺氧条件下厌氧腐解，使水体变黑发臭，水质感官性状恶化，这种现象称为水体富营养化作用。水体富营养化作用的产生主要是由于水体养分的增加促进了水生植物过度生长，这些水生植物在白天进行光合作用，使上层水溶解氧大大增加，达到饱和水平，但在晚上则大量消耗水体中的溶解氧，使水中的溶解氧迅速降低，导致鱼类等水生动物因缺氧而死亡，水中动物和植物的尸体分解使水质发黑和变臭。

（3）导致介水传染病发生。粪便中含有大量的微生物，包括细菌、病毒和寄生虫。例如细菌类有人的痢疾杆菌、霍乱杆菌、伤寒杆菌等；家畜的猪丹毒杆菌、仔猪副伤寒沙门氏菌、致病性大肠杆菌等及人畜共患的布鲁氏菌、结核杆菌、炭疽杆菌等。病毒类有人的传染性肝炎病毒、猪传染性肠胃炎病毒、鸡新城疫病毒、口蹄疫病毒等。寄生虫类有人畜共患的姜片吸虫、肺吸虫、肝片吸虫，猪、鸡的蛔虫等。这些病原会通过水体的流动在更大范围内扩散和传播，导致疫病在更大范围内暴发和流行。

2. 粪便对土壤的污染

（1）病原微生物污染。未经处理的畜禽粪便进入农田，粪便中的病原微生物及芽孢会在农田耕作土壤中长期存活，这些病原微生物一方面会通过饲料和饮水危害动物健康；另一方面会通过蔬菜和水果等农产品危害人类健康。

（2）矿物质元素的污染。在饲料中大量使用矿物质添加剂会使畜禽粪便中的微量元素如铜、锌、砷、铁、锰、硒含量增加。长期大量施用受矿物质元素污染的畜禽粪便会导致这些微量元素在土壤中富集。如果土壤中微量元素富集过多，就会影响植物生长发育，导致农作物减产，例如在饲料中使用高剂量的铜（250mg/kg）、锌（2 000mg/kg）和有机砷制剂（对氨基苯砷酸，

100mg/L），可加剧这些微量元素对土壤的污染。一般认为，当土壤中铜和锌分别达 100～200mg/kg 和 100mg/kg 时，就可造成植株中毒。当铜、锌、砷、镉、铅共存时，它们之间存在协同作用，增加了防治土壤污染的困难。当土壤中砷酸钠加入量为 40mg/kg 时，水稻减产 50％；砷酸钠加入量为 160mg/kg 时，水稻已不能生长；灌溉水中砷浓度为 20mg/kg 时，水稻颗粒无收。如果这些微量元素通过农作物、饲料和食物富集，将会对人类健康构成潜在的威胁。

（五）畜禽粪便的处理

1. 畜禽粪便在自然界的转化　家畜的粪便通过土壤、水和大气的理化及生物学作用，其中的微生物被杀死，各种有机物逐渐分解，变成植物可以吸收利用的营养物质，并通过动物、植物的同化和异化作用，重新转化为构成动物体和植物体的糖类、蛋白质和脂肪等。换言之，在自然界的物质循环和能量流动过程中，粪便经过土壤作物的作用可再度转化为饲料，成为家畜的饲料（图 4-1）。这种农牧结合、互相促进的处理办法不仅是处理家畜粪便的基本途径，也是保护环境、维护农业生态系统平衡的主要手段。

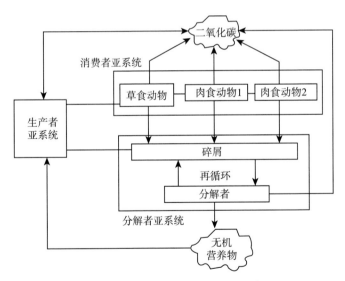

图 4-1　自然生态系统物质循环示意图

2. 科学合理地布局与规划畜牧场　畜牧场废弃物处理与利用的基本要求是排放数量减量化、处理过程无害化和处理目标资源化。合理规划畜牧场，采取先进生产工艺是实现上述目标的先决条件。否则，不仅会影响以后的生产，而且会使畜牧场的环境条件恶化，或者为了保护环境而付出很高的代价。科学规划、设计和布局畜牧场以减少粪便污染包括三方面的内容：一是要采用科学的生产工艺，力争生产过程污染物的产生减量化；二是畜牧场生产规模与农田承载能力相适应（即畜牧场产生的粪便和污水能被当地的农田和池塘所消纳），畜牧场废弃物经处理后可用作肥料、饲料或燃料，不对环境产生新的污染，实现废弃物利用无害化；三是畜牧场要有完善的粪便和污水无害化处理设施与系统，实现粪便和污水利用资源化。因此，应根据畜牧场所产废弃物的数量（主要是粪尿量）及土地面积的大小，确定各个畜牧场的规模，并使畜牧场科学、合理、均匀地在本地区内分布。要把家畜的粪便全部施用，必须计算畜牧场粪量与土地施肥量，即所施用的粪肥的主要养分能为作物所吸收利用而不积累，能使土壤完成基本的自净过程。各种家畜每日所产粪便的数量如表 4-2 所示。

表 4-2　各种家畜的粪尿产量（鲜量）

种类	饲养期 (d)	排泄量 [kg/（头·d）]			排泄量 [t/（头·年）]		
		粪	尿	粪尿	粪	尿	粪尿
泌乳母牛	365	30~50	13~25	45~75	14.6	7.3	21.9
成年肉牛	365	20~35	10~17	30~52	10.6	4.9	15.5
育成牛	365	10~20	5~10	15~30	5.5	2.7	8.2
犊牛	180	3~7	2~5	5~12	1.0	0.45	1.5
成年马	365	10~20	5~10	15~30	5.5	2.7	8.2
种公猪	365	2.0~3.0	4.0~7.0	6.0~10.0	0.9	2.0	2.9
成年母猪	365	2.5~4.2	4.0~7.0	6.5~11.2	1.2	2.0	3.2
后备母猪	180	2.1~2.8	3.0~6.0	5.1~8.8	0.4	0.8	1.2
出栏猪	180	2.17	3.5	5.67	0.4	0.6	1.0
出栏猪	90	1.3	2.0	3.3	0.12	0.18	0.30
山羊	365	2.0	0.66	2.66	0.73	0.24	0.97
绵羊	365	2.0	0.66	2.66	0.73	0.24	0.97
兔	365	0.15	0.55	0.7	0.05	0.20	0.25
产蛋鸡	365	0.15	—	0.15	0.06	—	0.06
肉鸡	50	0.09	—	0.09	0.004 5	—	0.004 5
肉鸭	55	0.10	—	0.10	0.005 5	—	0.005 5
蛋种鸡	365	0.17	—	0.17	0.062	—	0.062
蛋种鸭	365	0.17	—	0.17	0.062	—	0.062

　　为防止土壤污染，应控制单位土地面积家畜饲养量。对于施用畜肥的农田每亩地饲养家畜的密度，我国尚无具体规定，现引用德国的规定，以畜禽粪便消纳量计算，每平方千米土地能承载家畜数量见表 4-3。

表 4-3　每平方千米土地承载畜禽数量

家畜种类	数量	家畜种类	数量
成年牛	741 头/年	育肥鸭	111 204 只/年
青年牛	1 483 头/年	蛋鸡	74 100 只/年
犊牛（3 月龄内）	2 224 头/年	肉鸡	222 400 只/年
繁殖与妊娠母猪	1 483 头/年	羊	4 448 只/年
育肥猪	3 707 头/年	马	741 只/年
火鸡	74 100 只/年		

3. 畜禽舍畜禽粪便的清除　在集约化畜牧场，清除畜禽舍畜禽粪便的工艺与方式不同，产生的畜禽粪便的状态与数量不同。过去曾采用水冲式清粪工艺，这种做法尽管清除畜禽舍畜禽粪便时节省劳动力，但大量的水进入粪便，不仅扩大了废弃物（畜禽粪便和污水）的体积与数量，增加处理与利用畜禽粪便的难度，而且浪费水资源，造成新的污染，在生产中不宜采用。采用粪水分离的工艺清除畜禽舍畜禽粪便，尽管清除畜禽舍畜禽粪便时消耗机械、动力或人力，但一方面可节约水资源，另一方面产生的废弃物数量少、体积小，便于后续的废弃物无害化处理。猪场和鸡场粪水分离工艺分别如图 4-2、图 4-3所示。

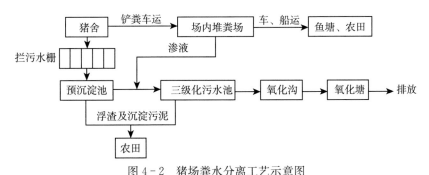

图 4-2　猪场粪水分离工艺示意图

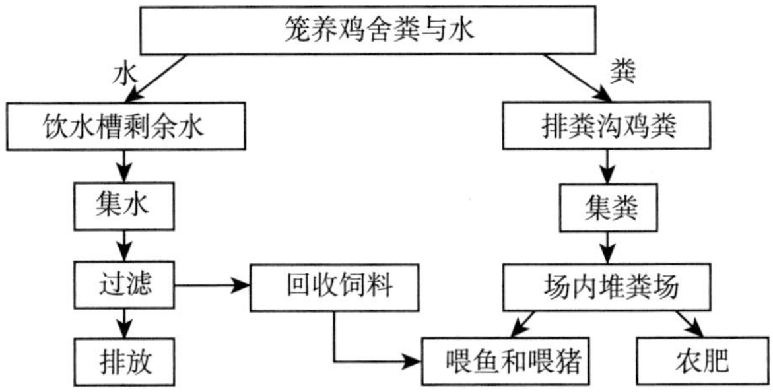

图 4-3　鸡场粪水分离工艺示意图

（六）畜禽粪便的利用

1. 畜禽粪便用作肥料

（1）土地还原法。把家畜粪尿作为肥料直接施入农田的方法称为土地还原法。土壤容纳和净化家畜粪便的潜力巨大。有试验表明，即使每亩施入禽粪41t，然后用犁耕将其翻到地里，也散发恶臭或招引苍蝇等。据日本神奈川县农业试验场的报道，在土地上施新鲜牛粪 $300t/hm^2$（或新鲜猪粪尿 $75t/hm^2$ 或新鲜鸡粪 $30t/hm^2$），采取条施或全面撒施，栽培饲料作物或蔬菜，结果都比标准化肥区增产，而且对土壤无不良影响。采用土地还原法利用粪便时应注意：一是要在粪便施入土地后进行耕翻，使鲜粪尿埋在土壤中分解。这样不会造成污染，不会散发恶臭，也不会招引苍蝇。二是家畜排出的新鲜粪尿应妥善堆放，腐熟后施用。三是土地还原法只适用于用作耕作前底肥，不可用作追肥。

（2）腐熟堆肥法。

①腐熟堆肥法概念。腐熟堆肥法是主要通过控制好氧微生物活动的水分、pH、碳氮比、空气、温度等各种环境条件，使好氧微生物分解家畜粪便及垫草中各种有机物，并使之达到矿质化和腐殖质化的过程。腐熟堆肥法可释放出速效性养分并造成高温环境，能杀菌、杀寄生虫卵等，使粪便最终变为无害的腐殖质类活性有机肥料。

②原理。利用好氧菌在一定条件下对堆肥中的有机物和无机物进行分解而使之转变为腐殖质状物质。同时，产生热能使堆肥温度升高到 $50\sim60℃$，以杀灭病原菌。经过这一腐熟过程，发酵产品既可提供有利于植物生长的营养元素，又可防止粪便中病原菌、寄生虫及病毒的繁衍和扩散。

③腐熟堆肥的过程。

a. 温度上升阶段。在自然堆肥条件下，堆肥开始后 $1\sim15d$，堆肥内的温度逐渐上升。在该阶段内，主要是嗜温性微生物发挥作用，嗜温性微生物繁殖旺盛，分解简单的有机物，释放出热量，使肥堆内部温度逐渐升高。如果条件适宜，则在 $5\sim7d$，肥堆内部温度就可达到 $50℃$ 以上。

b. 持续高温阶段。当温度上升到 $50℃$ 以上后，嗜温性微生物在高温下逐渐消亡，嗜热性微生物（放线菌、真菌、杆菌）开始大量繁殖生长，将堆肥物料中蛋白质和纤维素、半纤维素等复杂有机物分解转化为类似土壤腐殖质的物质。随着堆肥进程的发展，温度继续升高到 $60℃$ 以上，持续一段时间后，堆肥中几乎所有的病原微生物和寄生虫卵都被杀死。

③降温阶段。随着有机物被分解，嗜热微生物所需养分逐渐减少，细菌分解作用减弱，堆肥温度逐渐降低，当温度下降到 $50℃$ 以下时，嗜热菌也开始

逐渐消亡，这时，堆肥转变为腐殖质，物料呈棕褐色，松软，有类似土壤腐殖质的微酸味，这时堆肥腐熟过程完成。

④腐熟堆肥的基本要求。

a. 物料中有机物含量。堆肥物料中有机物可以为微生物提供养料，堆肥物料中的有机物质应含量占28％以上。目前，大中型养猪场所采用水冲式清粪、固液分离工艺，由于粪便中大部分可溶性的有机质都被水溶解，固液分离后的猪粪渣由于缺乏有机质，很难进行好氧发酵，粪便用作肥料肥效很低。

b. 水分含量。堆肥水分含量一定要适当，一般以50％～60％为宜，堆肥水分含量过低则会影响微生物的生长，堆肥水分含量过高则会影响堆肥物料的通气率，进而影响好氧微生物对堆肥有机物的充分分解。

c. 温度。不同种类微生物的生长的适宜温度不同，例如温度保持在50℃以上，嗜热性微生物能存活并充分发挥作用，而嗜温性微生物则无法生存，再如，30～40℃适宜于嗜温性微生物活动，但不适宜嗜热性微生物活动。因此，对堆肥温度进行调控十分必要。一般通过加大供气和减小供气的办法来控制堆肥温度。

d. 通气供氧。腐熟堆肥初期应保持好氧环境，加速粪肥的氨化、硝化作用，后期应保持粪肥堆内部分产生厌氧条件，以利于提高腐殖质化，保存有效养分，减少粪肥有效养分挥发，并使之矿化，完成有机物降解过程。通气的作用在于：供氧，为好氧微生物发酵创造条件；通过供气量的调节来控制肥堆最适温度；在维持最适温度的条件下，加大通气量可以去除水分。目前，研究人员往往通过测定堆层中的氧浓度和耗氧率来了解堆层生化过程和需氧量，从而控制通气量。许多研究结果表明堆肥中合适的氧浓度为18％，最低不能低于8％。目前采用的通风方法主要有翻堆、向堆肥中插入带孔的通风管、借助高压风机强制通风供氧、自然通风供氧。

e. 碳氮比。堆肥中微生物生长需要碳，菌体蛋白质合成需要氮，碳氮比是一个重要因素。碳供给细菌的能源，而氮则被细菌用来合成蛋白质和核酸，促进细胞繁殖，粪肥中碳氮比随着细菌分解而逐步降低。因此，初始碳氮比的高低将决定堆肥腐熟能否顺利进行。平均每利用30份碳需1份氮。适宜的堆肥物料碳氮比为（26～35）∶1。碳氮比大于35∶1，则分解效率低，需时长；低于26∶1，则过剩氮会转变成氨逸散于大气中而损失。各种畜粪的碳氮比大致为猪粪（7.14～13.4）∶1、羊粪12.3∶1、马粪21.5∶1、牛粪13.4∶1。畜禽粪便含碳量不足时，需用含碳量高的调理剂加以调整。

f. pH。适当的pH是细菌赖以生存的环境，对大多数细菌和原生动物来说，适宜pH为6.5～7.5，细菌大多要求生长环境为中性或偏碱性，放线菌在中性和偏碱性环境中生长，以 pH7.5～8.0 为适宜。因此，一般认为 pH 在 7.5～8.5 可获得最大堆肥速率。

　　⑤腐熟堆肥的方法。

　　a. 自然堆肥。自然堆肥是指在堆肥过程中，依靠自然气流为粪便微生物活动提供氧气而使粪便腐熟。即在堆肥过程中将捆好的玉米秸或带小孔的竹竿插入粪堆，为畜禽粪便中的微生物提供充足氧气，以帮助好氧微生物发酵分解有机物。在一般情况下，经好氧微生物发酵 4～5d 就可使堆肥内温度升高至 60～70℃，2 周即可达粪肥均匀分解、充分腐熟的目的。这种方法适合于小规模堆肥。

　　b. 机械堆肥。机械堆肥是在堆肥过程中利用机械为粪便中微生物活动提供氧气而使粪便腐熟。第一种方法是定期用推土机等机械翻堆，起到通气的效果，这种方法适合于大规模堆肥，腐熟期较长，夏季约需 1 个月，冬季约需 3 个月，如图 4-4 所示。第二种方法是预先在肥堆中埋设管道，用风机将空气通过管道强制压入肥堆，该种堆肥不需要翻肥，如图 4-5 所示。第三种机械堆肥是罐式发酵堆肥，该装置分为上下两层的圆形金属罐，圆心为搅拌机轴，每层有多根搅拌棒，搅拌棒和搅拌轴又可以送风，上层是新鲜物料和少量发酵到一定阶段物料的混合物，新鲜物料利用一个输送带自动输入，搅拌机将新旧物料混匀，发酵一定时间（3d）后，物料进入下层。在下层物料经过一定时间（3d）发酵后基本腐熟，然后用输送带将物料运走，在加入一些添加剂，包装后形成产品。如图 4-6 所示，该种方法腐熟期共约需 20d，出罐后为后熟阶段。该堆肥发酵工艺是连续的，便于形成工厂化生产。第四种是自落式多层堆肥塔，共分 6 层，每层底板由多块可反转的栅板构成，加调理剂进行预处

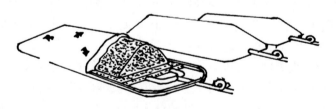

图 4-4　机械翻堆堆肥系统

图 4-5　通气条垛式堆肥系统

理后的堆肥物料送入最上层，发酵 24h，反转底板物料落入第二层，如此每天通过一层而完成前期腐熟，供氧由鼓风机通过管道送入各层。该设备可连续作业，每天一次入料到第一层，第六层则每天出料一次。

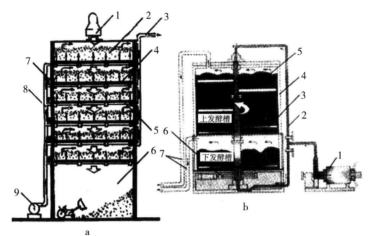

图 4-6　发酵塔和发酵罐堆肥系统

（李震钟，2000，畜牧场生产工艺与畜舍设计）

a. 多层发酵塔：1. 入料搅拌　2. 堆肥物料　3. 排出气进入除臭池　4. 多组可反转槽底　5. 转轴

6. 出料仓　7. 气动槽底反转柄　8. 供风管　9. 鼓风机

b. 搅拌式发酵罐：1. 鼓风机　2. 进风管　3. 搅拌齿兼供风管　4. 带保温层的发酵罐罐体

5. 堆肥物料　6. 驱动及液压传动装置　7. 排风管通入除臭池

⑥堆肥腐熟的标准。堆肥腐熟的标准一是粪肥质量要好，具体表现为外观呈暗褐色，松软无臭。如测定其中总氮、磷、钾的含量，肥效好的速效氮有所增加，总氮和磷、钾不应过多减少。二是卫生状况良好，不会造成新的污染。即粪肥只要达到无害化的指标即可认为堆肥成功。堆肥无害化的标准如表 4-4 所示。

表 4-4　高温堆肥的卫生标准

项　　目	指　　标
堆肥温度	最高堆温达 50℃ 以上，持续 5～7d
蛔虫卵死亡率	95%～100%
粪大肠菌值	0.1～0.01 个/cm^2
苍蝇	堆肥周围没有活蛆、蛹或新羽化的成蝇

⑦腐熟堆肥中主要营养物质的变化。

a. 碳水化合物。在有氧条件下，碳水化合物大部分被分解为二氧化碳和水，并释放大量热能；而在无氧条件下，则大部分分解成甲烷、有机酸和各种醇类，并产生少量二氧化碳。

b. 含氮化合物。在酶的作用下，蛋白质被分解成多肽、酰胺、氨基酸；氨基酸分解形成氨，在有氧条件下，氨进一步经硝化细菌氧化形成亚硝酸或硝酸，此作用都发生在堆肥的外层，于是粪肥达到矿质化。在堆肥内部，由于水分过多或粪被压紧形成局部厌氧条件，几乎没有硝酸盐产生，有机质变成腐殖质（黑色胡敏酸）。所以，此时粪肥既有大量速效氮被释放，能嗅到臭味，又有腐烂黑色的腐殖质。家畜尿中的含氮物质主要为尿素和尿酸等，其中尿素分解速度最快，2d可完全分解，尿酸次之，例如马尿酸全氮经过24d只能被分解23％。

（3）坑式堆肥。坑式堆肥是我国北方传统的积肥方式，这种堆肥的操作要点是：在畜禽进入圈舍前，在地面铺设垫草，在畜禽进入圈舍后，不清扫圈舍粪尿，每日向圈舍粪尿表面铺垫垫料，以吸收粪尿中水分及其分解过程中产生的氨，使垫草和畜禽粪便在畜舍腐熟。当粪肥累积到一定时间后，将粪肥清除出畜舍，一般粪与垫料的比例以1：（3～4）为宜。近年来，研究人员在垫草垫料中加入菌类添加剂或除臭剂效果较好，例如在垫草垫料中添加上海市农业科学院研制的"猪乐菌"，舍内氨气含量可从14.33mg/g降低到7.75mg/g，日增重提高26.7％。

（4）平地堆肥。平地堆腐是将家畜粪便及垫料等清除至畜舍外单独设置的堆肥场地上，平地分层堆积，使粪堆内进行好氧分解。粪肥腐熟过程要经过生粪—半腐熟—腐熟—过熟四个阶段，即粪肥中有机物质在微生物作用下进行矿质化和腐殖质化的过程。矿质化是微生物将有机质变成无机养分的过程，也就是速效养分的释放过程；腐殖质化则是有机物再合成腐殖质的过程，也是粪肥熟化的标志。近年来，有人利用塑料大棚或钢化玻璃大棚处理鸡粪和猪粪效果很好。塑料大棚或钢化玻璃大棚的作用一是保温，二是减少养分流失。这种堆肥操作要点是修建塑料大棚或钢化玻璃大棚，将畜禽粪便与垫料或干燥畜禽粪便混合，使处理的畜禽粪便水分含量为60％，将含水量为60％的粪便送入大棚中，搅拌充氧，经过30～40d发酵腐熟，就可作为粪肥使用。

2. 畜禽粪便用作饲料

（1）历史与现状。早在1922年，Mclullum就提出了以动物粪便做饲料的观点。以后许多学者就粪便饲料化问题进行了深入细致的研究，一致认为畜禽粪便中所含的氮素、矿物质和纤维素等可以作为畜禽饲料养分加以利用。家畜粪便中最有利用价值的是含氮化合物。以美国为例，1972年从家畜粪便中排出的总氮量约为223万t，与该国同年大豆产量的总氮量相等。因此，对家畜粪便进行资源化处理并用作饲料是畜禽粪便利用的一种有效途径。目前，国内外都有利用畜禽粪便做饲料的成功范例。这种从粪便中回收养分再喂给家畜的做法可节省耕作和运输等环节的费用，是经济利用畜禽粪便的一种途径。由于鸟类的消化能力较低，在干燥的鸡粪中残存 $12\%\sim13\%$ 的纯蛋白质及其他各种养分，经干燥等处理后混入饲料中仍可用来喂鸡。干燥鸡粪作为反刍动物（牛、羊）的精料补充料饲喂效果良好。因为反刍动物瘤胃微生物可将鸡粪中的非蛋白态氮分解，并利用其合成菌体蛋白质而为畜体消化、吸收和利用。

（2）畜禽粪便用作饲料的可行性。

①畜禽粪便的营养成分。畜禽粪便营养成分和消化率主要与动物种类、年龄和生长期等因素有关，粪便营养成分主要包括粗蛋白质、脂肪和无氮浸出物，以及钙、磷等矿物质元素，除此之外，粪便中还存有大量的维生素 B_{12}，例如干猪粪中维生素 B_{12} 含量高达 $17.6\mu g/g$。鸡粪中的非蛋白氮含量十分丰富，占总氮的 $47\%\sim64\%$，这种氮不能被单胃动物吸收利用，但可为反刍动物利用。畜禽粪便的营养成分见表 $4-5$。

表 4-5　畜禽粪便的营养成分

项　目	肉鸡粪	蛋鸡粪	肉牛粪	奶牛粪	猪粪
粗蛋白质（%）	31.3	28	20.3	12.7	23.5
真蛋白质（%）	16.7	11.3		12.5	15.6
可消化蛋白质（%）	23.3	14.4	4.7	3.2	
粗纤维（%）	16.8	12.7	31.4	37.5	14.8
粗脂肪（%）	3.3	2.0		2.5	8.0
无氮浸出物（%）	29.5	28.7		29.4	38.3
可消化能（反刍动物）（kJ/g）	10 212.6	7 885.4		123.5	160.3
代谢能（反刍动物）（kJ/g）	9 128.6				
总消化氮（反刍动物）（%）	59.8	28		16.1	15.3
钙（%）	2.4	8.8	0.87		2.72
磷（%）	1.8	2.5	1.60		2.13
铜（mg/kg）	98	150	31		63

干鸡粪可部分代替动物饲料用于动物生产。例如用干鸡粪代替泌乳母牛精饲料的 30%，与对照组相比，在泌乳量、乳脂率与乳的风味等方面均无差异。干鸡粪喂鸡以占鸡日粮的 $5\%\sim10\%$ 为好，在产蛋率、蛋重等方面与对照组比较均无差异。干鸡粪还可用于饲喂小牛、肉牛、羊与猪等家畜。

②畜禽粪便用作饲料的安全问题及对畜产品的影响。尽管畜禽粪便有丰富

的养分，但是有许多潜在的有害物质，一是可能含有随粪便排出的矿物质微量元素（重金属如铜、锌、砷等）、各种药物（抗球虫药、磺胺类药物等）、抗生素和激素等；二是可能含有大量的病原微生物、寄生虫及其卵；三是含有氨、硫化氢、吲哚、粪臭素等有害物质。所以，畜禽粪便只有经过无害化处理后才可用作饲料。一般认为，高温、膨化等处理可杀死带有潜在病原菌的畜禽粪便中全部的病原微生物和寄生虫。因此，以无害化处理的畜禽粪便做饲料饲喂畜禽是安全的；只要控制好畜禽粪便的饲喂量，控制好饲料中药物添加量就可避免中毒现象的发生；禁用畜禽治疗期的粪便做饲料，或在家畜屠宰前不用畜禽粪便做饲料，就可以消除畜禽粪便做饲料对畜产品安全性的威胁。

试验证明，禽粪用作饲料不影响鲜牛肉的等级和风味；鸡粪喂奶牛也不影响牛奶的成分和风味；猪粪喂猪和牛粪喂牛皆不影响肉质，仅硬脂酸有变化。

畜禽粪便经过适当处理之后几乎所有病原菌和微生物都被杀死。将加工后的畜禽粪便作为饲料经包装处理，可以作为商品进行出售，如在德国、美国等国际市场上出现的一种用鸡粪制作的商品名为"托普兰"的饲料，这种鸡粪饲料同玉米粉混合以后营养价值与一般常见饲料几乎相等，而成本却降低30%，对畜产品无不良影响。

（3）畜禽粪便用作饲料的方法。

①干燥法。干燥法就是对粪便进行脱水处理，使粪便快速干燥，以保持粪便养分，除去粪便臭味，杀死病原微生物和寄生虫，主要用于鸡粪处理。干燥法可以分为自然干燥和人工干燥两种。

a. 自然干燥法。这种方法适合小型鸡场，是将鸡粪单独或将鸡粪按照一定比例掺入米糠之中，拌匀堆在干燥的场地上，利用太阳辐射热晒干，过筛，除去杂质粉碎后用作饲料。

b. 人工干燥法。利用机械等设备加热新鲜畜禽粪便，使其干燥，以获得干燥畜禽粪便。常见的方法：一是利用高温快速干燥机干燥畜禽粪便，即在短时间内（约12s）用500～550℃高温加热鲜畜禽粪便，使鲜畜禽粪便含水量降低到13%以下。二是利用烘箱干燥畜禽粪便，即畜禽粪便在70℃经2h、在140℃经1h或在180℃经30min加热处理，以达到干燥、灭菌的目的。三是用微波法干燥鸡粪，即将鲜鸡粪或含水量为30%～40%的鸡粪缓慢通过微波干燥机，使畜禽粪便中的水分蒸发，微生物和寄生虫被杀死。四是修建塑料大棚或钢化玻璃大棚干燥畜禽粪便，即将畜禽粪便置于大棚中，利用太阳能和发酵产热干燥畜禽粪便，杀灭病原微生物和寄生虫。五是利用机械加热法干燥畜禽粪便，即利用机械供热加热湿畜禽粪便，使水分迅速蒸发，不但能保存畜禽粪便养分，而且能减小畜禽粪便体积和便于运输贮存。例如，按照意大利的一项工艺流程规定，在短时间内将热烟气通至湿粪，使畜禽粪便水分含量降至10％～40％。其过程分为三个阶段：第一阶段烟气温度最高，达500～700℃，迅速加热，使粪表面水分蒸发；第二阶段烟气温度降至250～300℃，使粪内水分不断地分层蒸发，防止粪内有机物在加温过程中被破坏；第三阶段温度再降至150～200℃，可杀死全部杂草种子、微生物，破坏除卡那霉素以外的所有抗菌物质。值得注意的是，利用高温烘烤干燥畜禽粪便有两大缺点，一是消耗大量能源，二是加工过程产生臭气，造成二次污染。

②青贮法。将畜禽粪便单独或与其他饲料一起青贮。这种方法是比较成熟的加工处理家畜粪便，实现粪便资源化利用的方法。只要调整好青贮原料与粪的比例并掌握好适宜含水量，注意添加富含可溶性碳水化合物的原料，将青贮原料水分控制在40％～70％，保持青贮容器为厌氧环境，就可保证青贮饲料质量。

畜禽粪青贮法不仅可防止粗蛋白质过多损失，而且可将部分非蛋白氮转化为蛋白质，杀灭几乎所有有害微生物，其产品可以作为反刍动物的优质饲料。例如，用60％鲜鸡粪、25％青草（切短的青玉米秸）和15％麸皮混合青贮，经过35d发酵，即可用作饲料。

采用青贮法处理畜禽粪便的优点是费用低，能源消耗少，产品无毒无臭味，适口性强，蛋白质消化率和代谢率高。青贮后的鸡粪可按2∶1的比例喂牛，22.5％～40％的牛粪经青贮法处理后可重新喂牛。

③发酵法。发酵法处理畜禽粪便可以分为有氧发酵和厌氧发酵两种方法。有氧发酵就是给粪便通气，利用好氧菌对粪便中的有机物进行分解利用，将粪便中的粗蛋白质和非蛋白氮转变为单细胞蛋白质（SCP）、酵母或其他类型的蛋白质产物，好氧菌如放线菌、乳酸菌、醋酸杆菌等还可以分解物料中的纤维素，能产生更多的营养物质，同时，好氧菌活动产生大量热量使物料温度升高（达55～70℃），可以杀死物料中绝大部分病原微生物和寄生虫卵，使产品安全可靠。厌氧发酵就是将畜禽粪便放置于厌氧环境中，在物料含水量适宜（30％～38％）的条件下，进行厌氧发酵，厌氧发酵一般内部温度最高可达到38℃左右，发酵时间冬季需3个月、夏季1个月左右。厌氧发酵由于不能经历高温，所以不能杀死物料中大部分病原微生物。同时，厌氧发酵会产生氨气、硫化氢气体及其他恶臭物质，这些物质又会对环境产生二次污染，用厌氧发酵处理畜禽粪便所获得的产品必须经过消毒杀菌才能使用。

④鸡粪与垫草混合直接饲喂。在美国进行的一项试验表明，可用散养鸡舍内鸡粪混合垫草直接饲喂奶牛与肉牛。在每100kg饲料中混入上述粪草23.2kg饲喂奶牛时，其结果与饲喂含豆饼的饲料效果相同。在每100kg饲料中混入25kg粪草饲喂肉牛，与饲喂棉籽饼的对照组相比，如饲料总量相等

时，效果较差；如比对照组增加 15％粪草时，则两种处理肉牛的增重量大致相等。由于人们担心可能存在农药残留和携带病原体等问题，所以这种处理并利用动物粪便的方法很少被使用。

3. 利用畜禽粪便生产沼气

（1）基本原理。将畜禽粪便用作燃料的主要方法：一是将畜禽粪便干燥后直接燃烧，这种方法主要在经济落后的牧区使用；二是将畜禽粪便和秸秆等混合，进行厌氧发酵产生沼气，用沼气照明或做燃料。从理论上讲，后种方法不仅能提供清洁能源，解决我国广大农村地区缺乏燃料而大量燃烧农作物秸秆导致的资源浪费和污染环境等问题，而且利用畜禽粪便生产沼气也是大型畜禽场处理和利用废弃物的重要方式。

存在于饲料中的能量被微生物分解而释放的热能称"生物能"。研究表明，家畜只能利用饲料中 49％～62％的能量，其余的 38％～51％能量随粪尿排出。将家畜粪便与其他有机废弃物混合，在一定条件下进行厌氧发酵产生沼气，可充分利用粪能和尿能。试验结果表明，饲养 2 头肉牛或 3.2 头奶牛或 16 头肥猪或 330 只鸡一天所产生的粪便所形成的沼气与 1L 汽油的能量相当。

（2）沼气的性质。沼气是有机物在厌氧环境中，在一定温度、湿度、pH和碳氮比条件下，通过微生物发酵产生的含有多种成分的可燃性气体。沼气是一种无色、略带臭味的混合气体，沼气的主要成分是甲烷，占总体积的 60％～75％，其次是二氧化碳，占 25％～40％，还含有少量的氧气、氢气、一氧化碳、硫化氢等气体。一份甲烷与两份氧气混合燃烧可产生大量热，沼气的发热量为 20～27MJ/m³，甲烷燃烧时最高温度可达 1 400℃。当空气中甲烷含量达25％～30％时，对人畜有麻醉作用。

（3）沼气生产过程。沼气发酵是由微生物在厌氧条件下分解有机物产生甲烷等可燃性气体的过程。沼气产生的过程为：

①发酵液化。在这个阶段，各种发酵细菌增殖并分泌胞外酶。胞外酶包括纤维素酶、蛋白酶和脂肪酶等。发酵细菌分泌的胞外酶如纤维素酶、蛋白酶和脂肪酶的作用消耗氧气，将结构复杂的有机物分解为结构较简单的有机物，例如将多糖分解为单糖，将蛋白质转化为肽或氨基酸，将脂肪转化为甘油和脂肪酸。这些简单有机物可进入微生物细胞，并参与微生物细胞的生物化学反应。

②发酵产酸。在这个阶段，产氢和产酸菌在厌氧环境中增殖并分泌胞外酶，胞外酶分解单糖、氨基酸、甘油、脂肪酸产生乙酸、丙酸、丁酸、氢气和二氧化碳。产酸菌既有厌氧菌，又有兼性菌。

③发酵产生甲烷。在这个阶段，产生甲烷菌在厌氧环境中增殖并分泌酶，利用乙酸、氢气和二氧化碳等合成生产甲烷、二氧化碳和硫化氢等气体。

（4）生产沼气的适宜条件。

①适宜的温度。沼气发酵的温度范围较宽，为 4～65℃，随着温度的上升产气速度加快。根据沼气发酵温度的差异，将沼气发酵分为高温、中温和常温三种类型。高温发酵的温度为 50～60℃，每立方米沼气池日产沼气 3～4.5m³，为酿造厂所用；中温发酵的温度为 30～40℃，每立方米沼气池日产沼气 1.5～2.5m³，为畜牧场处理废水所用；常温发酵的温度为 10～28℃，每立方米沼气池日产沼气 0.15～0.25m³，为农户处理废水所用。温度对沼气池产气率的影响见表 4-6。在沼气发酵过程中起关键作用的是沼气池中的微生物的活性，微生物活性与温度密切相关，温度过高或过低都会影响沼气的产生。畜牧场处理粪便进行沼气发酵的适宜温度为 30～40℃，最适温度范围为 35～38℃。

表 4-6　温度对产气速率的影响

沼气发酵温度	10℃	15℃	20℃	25℃	30℃
沼气发酵时间（d）	90	60	45	30	27
有机物产气率（mL/g）	450	530	610	710	760

②厌氧环境。由于沼气产酸和产气是微生物在厌氧环境中分解简单有机物的结果，所以在生产沼气过程中一定要保证厌氧环境。因此，对沼气发酵系统一定要进行密封，防止外界空气进入。判断发酵池厌氧程度的方法是测定氧化还原电位或 pH。在正常进行沼气发酵时，氧化还原电位为 -300mV。

③料液的 pH。沼气正常发酵时的环境通常为中性，过酸或过碱都会影响产气。在一般情况下，发酵液 pH 在 6.5～7.5 时，沼气产量最高。所以，当采用大量产酸原料时，需用石灰或草木灰调节沼液 pH。

④接种物。开始发酵时，一般都要加入一定数量的发酵菌。但畜禽粪便中通常都含有一定量的发酵菌，因此以畜禽粪便做原料生产沼气，不需要另外接入菌种。

⑤料液浓度。沼气发酵需要有充足的有机物，以保证沼气菌等各种微生物正常生长和大量繁殖，一般认为每立方米发酵池容积每天加入 1.6～4.8kg 固形物为宜。沼液中总固形物浓度最大不得超过 40%、最小不得小于 10%。不经过稀释的猪粪含固形物 18%，直接入沼气池可发酵产生沼气。

⑥适当的碳氮比。在发酵原料中，当碳氮比为（25～30）：1 时，沼气产气效果最好。在进料时须注意原料的碳氮比，人畜粪便、大豆叶、野草的碳氮比适宜于发酵产生沼气。当发酵原料为农作物秸秆时，需适当增加氮素含量。

（5）沼气池的结构。沼气池由发酵池、进料口、贮气池、气体通道、池盖等几部分组成，如图4-7所示。沼气池池身建在地下，一般深3m、直径1.5～1.8m为宜。沼气池要求严格密封，因此最好用水泥混凝土修建。

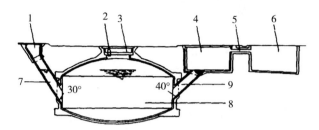

图4-7　沼气池示意图
1. 进料口　2. 导气管　3. 活动盖　4. 水压间　5. 溢流管　6. 贮肥池
7. 进料管　8. 发酵池　9 出料管

（6）沼气生产工艺。

①备料。将农作物秸秆铡成3～5cm长的短节，与畜禽粪便混合。

②检修沼气池。进料前，应对沼气池进行检修，确保沼气池密封不漏气，若有破损，应及时修补。

③配料。原料中的固形物应占10％左右。

④进料。如用农作物秸秆做原料，则应铺设一层秸秆后再铺设一层粪便，并应将秸秆压实；若用畜禽粪便做原料，则将畜禽粪便加入沼气池，按比例加入水或沼液。

⑤密封。加盖密封，保证不漏气。

⑥管理。在寒冷季节，应注意沼气池防寒保暖，确保池内温度满足发酵要求。

⑦搅拌。安装搅拌设施，每日定期搅拌，可使微生物与有机物充分接触，使沼液环境趋于稳定一致，并促进沼气释放，这样可使产气速度增加15％以上。

⑧调节pH。测定出料口沼液pH，当出料口沼液pH过小时，加入适量的石灰或草木灰，以调节沼液的pH。

（7）沼气的利用。对于一般畜牧场，沼气主要用于燃料，为场内生产和职工生活提供清洁能源。目前，大规模利用沼气的时机尚不成熟，其原因是：①大规模利用沼气作能源不但需要产气量高，而且要求产气量持续和稳定。目前的沼气生产工艺与设备达不到这个要求，因此需要进一步完善沼气生产工艺，提高设备生产性能。②大规模利用沼气作能源需要铺设专门的管道及配置气压调剂装置。目前生产沼气量不够大，修建网管需要大量投资，这必然增加了沼气的成本，过高的费用使居民难以使用。③从理论上讲，沼气可以用来发电，但缺乏脱硫处理的装置、缺少专用发电机及发电量不稳定无法并网等因素限制了沼气发电的使用。

（8）沼液和沼渣的利用。

①沼液和沼渣的营养价值和卫生状况。家畜粪便经沼气发酵处理已实现无害化，表现为残渣中约95%的寄生虫卵被杀死，钩端螺旋体、福氏痢疾杆菌、大肠杆菌全部或大部分被杀死。沼气发酵残渣中依然有大量的养分。养分的含量取决于粪便的组成，如粪便中碳水化合物分解成甲烷逸出，蛋白质虽经降解，但又重新合成微生物蛋白，使蛋白质含量增加，其中必需氨基酸含量增加，如鸡粪在沼气发酵前蛋白质（占干物质%）为16.08%，蛋氨酸为0.104%，经发酵后前者为36.89%，后者为0.715%。

②用作肥料。畜粪发酵分解后约60%的碳素转变为沼气，而氮素损失很少，且转化为速效养分。如鸡粪经发酵产气后，固形物剩下50%，这种废液呈黑黏稠状，无臭味，不招苍蝇，施于农田肥效良好。沼渣中尚含有植物生长素类物质，可使农作物和果树增产；沼渣可做花肥；做食用菌培养料，增产效果亦佳。将沼液喷施于农作物、蔬菜、水果、花卉上，可提高农产品品质。例如，山东省农业科学院有关人员在小麦扬花期用沼液根外追肥，小麦产量提高19.8%。

③用作饲料。沼气发酵残渣做反刍家畜饲料效果良好，对猪如长期饲喂还能增强其对粗饲料的消化能力，如在生长育肥猪配合饲料中添加适量的沼液（前期每头每天2L，后期每头每天3L），饲喂120d，猪平均日增重增加14.31%。

④用作饵料。将适量的沼气残渣和沼液施入水体可促进水中浮游生物的繁殖，增加鱼饵的数量，提高水产品数量和质量。研究表明，用沼液施肥，淡水鱼类增产25%～50%，鲢氨基酸含量增加12.8%，其中赖氨酸含量增加11.1%。

值得注意的是，沼液和沼渣体积大，不便于长途运输，如不能就地、及时地消纳，则会造成二次污染。

三、环境消毒

消毒是指以物理的、化学的或生物学的方法清除或杀灭由传染源排放到外界环境中的病原微生物，以切断传播途径，预防或防止传染病发生、传播和蔓延的措施。在畜牧业生产中，场内环境、畜体表面及设施、器具等随时可能受到病原体的污染，从而导致传染病的发生，给生产带来巨大的损失。消毒是预防传染病发生的最重要和最有效的措施之一，消毒也是畜牧场环境管理和卫生防疫的重要内容。

（一）畜牧场常见的消毒

根据其目的和实施的时机不同，畜牧场的消毒通常被分为经常性消毒、定期消毒、突击性消毒、临时消毒和终末消毒。

1. 经常性消毒　经常性消毒是指在未发生传染病的条件下，为了预防传染病的发生，消灭可能存在的病原体，根据畜牧场日常管理的需要，随时或经常对畜牧场环境及家畜经常接触到的人以及一些器物如工作衣、帽、靴进行消毒。消毒的主要对象是接触面广、流动性大、易受病原体污染的器物、设施和出入畜牧场的人员、车辆等。例如，为了防止将病原体带入畜牧场或畜舍内，需要在畜牧场或生产区大门口设置消毒池，在池内放置消毒剂，对于过往车辆人员进行消毒；在场区、生产区及畜舍入口处设置消毒槽，人员出入时从槽内走过，对足底进行消毒；要求人员在进入畜舍前必须更换畜牧场内专用的服装、鞋帽并经过消毒后方可进入畜舍，以杀灭可能存在的病原体，防止疾病的发生和传播。

简单易行的经常性消毒的办法是在场舍入口处设消毒槽和紫外线杀菌灯，人员牲畜出入时，踏过消毒池内之消毒液以杀死病原微生物。消毒槽须由兽医管理，定期清除污物，更换新配制的消毒液。进场时人员需经过淋浴并且换穿场内经紫外线消毒后的衣帽，再进入生产区，这是一种行之有效的预防措施，即使对要求极严格的种畜场，淋浴也是预防传染病发生的有效方法。

2. 定期消毒　定期消毒是指在未发生传染病时，为了预防传染病的发生，定期对有可能存在病原体的场所或设施如圈舍、栏圈、设备用具等进行消毒。当畜群出售畜舍空出后，必须对畜舍及设备、设施进行全面清洗和消毒，以彻底消灭微生物，使环境保持清洁卫生。

3. 突击性消毒　突击性消毒是指在某种传染病暴发和流行过程中，为了切断传播途径，防止其进一步蔓延，对畜牧场环境、畜禽、器具等进行的紧急性消毒。由于病畜（禽）的排泄物中含有大量的病原体，带有很大的危险性，因此必须对病畜进行隔离，并对隔离畜舍进行反复的消毒。要对病畜所接触过的和可能受到污染的器物、设施及其排泄物进行彻底的消毒。对兽医人员在防治和试验工作中使用的器械设备和所接触的物品亦应进行消毒。突击性消毒所采取的措施是：①封锁畜牧场，谢绝外来人员和车辆进场，本场人员和车辆出入也须严格消毒；②与患病畜接触过的所有物件均应用强效消毒剂消毒；③要尽快焚烧或填埋垫草；④用含消毒液的气雾对舍内空间进行消毒；⑤将舍内设备移出，清洗、暴晒，再用消毒溶液消毒；⑥墙裙、混凝土地面用4%碳酸钠或其他清洁剂的热水溶液刷洗，再用1%的新洁尔灭溶液刷洗；⑦地面用1%甲醛溶液浸润，风干后，先铺一层聚乙烯薄膜或沥青纸再铺上垫草。在严重污染地区，最好将表土铲去 10～15cm 厚；⑧将畜舍密闭，将设备用具移入舍内，用甲醛气体熏蒸消毒。

4. 临时消毒　在非安全地区的非安全期内，为消灭病畜携带的病原传播所进行的消毒称为临时消毒。临时消毒应尽早进行，根据传染病的种类和用具选用合适的消毒剂。临时消毒所采取的措施是：①畜舍内的设备装置，能搬的搬走，能拆的拆开，并搬移至舍外，小件的浸泡消毒，大件的喷洒消毒，育雏室的设备在刷洗后需熏蒸消毒；②屋顶、天棚及墙壁、地面均应将尘埃清扫干净，进行喷洒消毒；③垫草最好移走，如再用，需堆成堆，至少堆放 3d，第一次堆中温度要达到 50℃，然后内外对换，第二次堆中温度要达到 40℃，这样可使寄生虫发病率大为减少；④墙壁与混凝土地面用 4% 碳酸钠或其他清洁剂的热水溶液刷洗，再用新洁尔灭溶液刷洗；⑤畜舍及其设备清洗消毒后，再用甲醛气体熏蒸。如旧垫草再用，须在舍内熏蒸消毒。

5. 终末消毒　发病地区消灭了某种传染病，在解除封锁前，为了彻底消灭病原体而进行的最后消毒，称为终末消毒。终末消毒不仅要对病畜周围一切物品及畜舍进行消毒，而且要对痊愈家畜的体表、畜舍和畜牧场其他环境进行消毒。

（二）消毒类型

1. 物理消毒法

（1）机械性清除。

①用清扫、铲刮、洗刷等机械方法清除污染物。用清扫、铲刮、洗刷等机械方法清除降尘、污物及沾染在墙壁、地面及设备上的粪尿、残余饲料、废物、垃圾等，这样可减少大气中的病原微生物。必要时，应将舍内外表层附着物一起清除，以减少感染疫病的机会。在进行消毒前，必须彻底清扫粪便及污物，对清扫不彻底的畜舍进行消毒，即使用高于规定的消毒剂量效果也不显著。因为除了强碱（氢氧化钠溶液）以外，一般消毒剂即使接触少量的有机物（如泥垢、尘土或粪便等）也会迅速丧失杀菌力。因此，消毒以前的场地必须进行清扫、铲刮、洗刷并保持清洁干净。

②通风换气。通风可以减少空气中的微粒与细菌的数量，减少经空气传播疫病的机会。在通风前，首先使用空气喷雾消毒剂可以起到沉降微粒和杀菌作用。然后，再依次进行清扫、铲刮与洗刷。最后，再进行空气喷雾消毒。

③日光照射。日光照射消毒是指将物品置于日光下暴晒，利用太阳光中的紫外线、阳光的灼热和干燥作用使病原微生物灭活的过程。这种方法适用于对畜牧场、运动场场地，垫料和可以移出室外的用具等进行消毒。因此，利用直射阳光消毒牧场、运动场及可移出舍外、已清洗的设备与用具既经济又简便。

畜舍内的散射光也能将微生物杀死，但作用弱得多。阳光的灼热引起的干燥亦有灭菌作用。

在强烈的日光照射下，一般的病毒和非芽孢菌经数分钟到数小时内即可被杀灭。常见的病原被日光照射杀灭的时间，巴氏杆菌为 6~8min，口蹄疫病毒为 1h，结核杆菌为 3~5h。即使是对恶劣环境抵抗能力较强的芽孢，在连续几天强烈阳光反复暴晒后也可以被杀灭或变弱。阳光的杀菌效果受空气温度、湿度、太阳辐射强度及微生物自身抵抗能力等因素的影响。低温、高湿及能见度低的天气消毒效果差，高温、干燥及能见度高的天气杀菌效果好。

（2）辐射消毒。

①紫外线照射消毒。紫外线照射消毒是用紫外线灯照射杀灭空气中或物体表面的病原微生物的过程。紫外线照射消毒常用于种蛋室、兽医室等空间及人员进入畜舍前的消毒。由于紫外线容易被吸收，对物体（包括固体、液体）的穿透能力很弱，所以紫外线只能杀灭物体表面和空气中的微生物。当空气中微粒较多时，紫外线的杀菌效果降低。由于畜舍内空气尘粒多，所以对畜舍内空气采用紫外线消毒效果不理想。另外，紫外线的杀菌效果还受环境温度的影响，消毒效果最好的环境温度为 20~40℃，温度过高或过低均不利于紫外线杀菌。

②电离辐射消毒。用 X 射线、γ 射线、β 射线、阴极射线、中子与质子等电离辐射照射物体，以杀灭物体内细菌和病毒等微生物的过程，称为电离辐射消毒。电离辐射具有强大的穿透力且不产生热效应，尽管已在食品业与制药业领域广泛使用，但产生电离辐射需有专门的设备，投资和管理费用都很大，因此在畜牧业中短期内尚难采用。

（3）高温消毒。高温消毒是利用高温环境破坏细菌、病毒、寄生虫等病原体结构，杀灭病原的过程，主要包括火焰、煮沸和高压蒸气等消毒形式。

①火焰消毒。火焰消毒是利用火焰喷射器喷射火焰灼烧耐火的物体或者直接焚烧被污染的低价值易燃物品，以杀灭黏附在物体上的病原体的过程。这是一种简单可靠的消毒方法，常用于畜舍墙壁、地面、笼具、金属设备等表面的消毒。对于受到污染的易燃且无利用价值的垫草、粪便、器具及病死的畜禽尸体等则应焚烧以达到彻底消毒的目的。

②煮沸消毒。煮沸消毒是将被污染的物品置于水中蒸煮，利用高温杀灭病原的过程。煮沸消毒经济方便，应用广泛，消毒效果好。一般病原微生物在100℃沸水中 5min 即可被杀死，经 1~2h 煮沸可杀死所有的病原体。这种方法常用于体积较小而且耐煮的物品如衣物、金属、玻璃等器具的消毒。

③高压蒸汽消毒。高压蒸汽消毒则是利用蒸汽的高温杀灭病原体。其消毒效果确实可靠，常用于医疗器械等物品的消毒。常用的温度为 115℃、121℃

或 126℃，一般需维持 20～30min。

2. 化学消毒法　化学消毒法是使用化学消毒剂，通过化学消毒剂的作用破坏病原体的结构以直接杀死病原体或使病原体的增殖发生障碍的过程。化学消毒法比其他消毒方法速度快、效率高，化学消毒剂能在数分钟内进入病原体内并将其杀灭。所以，化学消毒法是畜牧场最常用的消毒方法。

（1）化学消毒剂的主要种类。按照杀灭微生物的作用机理，化学消毒剂主要可以分类为：

①凝固蛋白质及溶解脂肪类消毒剂。如酚类（石炭酸、甲酚及其衍生物——来苏儿、克辽林）、醇类和酸类等。

②溶解蛋白质类消毒剂。如氢氧化钠、石灰等。

③氧化蛋白质类消毒剂。如高锰酸钾、过氧乙酸、漂白粉、氯胺、碘酊等。

④阳离子表面活性剂。如氯己定、新洁尔灭等。

⑤具有脱水作用的消毒剂。如福尔马林、乙醇等。还有作用于巯基的、作用于核酸的及其他类型的消毒剂如重金属盐类（红汞、硝酸银等）、碱性染料（龙胆紫等）、环氧乙烷等。

（2）选择消毒剂的原则。

①适用性。不同种类的病原微生物构造不同，对消毒剂反应不同，有些消毒剂为广谱性的，对绝大多数微生物都具有杀灭效果，也有一些消毒剂为专用的，只对有限的几种微生物有效。因此，在购买消毒剂时，须了解消毒剂的药性，消毒的对象如物品、畜舍、汽车、食槽等特性，应根据消毒的目的、对象，根据消毒剂的作用机理和适用范围选择最适宜的消毒剂。

②杀菌力和稳定性。在同类消毒剂中注意选择消毒力强、性能稳定、不易挥发、不易变质或不易失效的消毒剂。

③毒性和刺激性。大部分消毒剂对人、畜具有一定的毒性或刺激性，所以应尽量选择对人、畜无害或危害较小的，不易在畜产品中残留的并且对畜舍、器具无腐蚀性的消毒剂。

④经济性。应优先选择价廉、易得、易配制和易使用的消毒剂。

（3）化学消毒剂的使用方法。

①清洗法。清洗法是用一定浓度的消毒剂对消毒对象进行擦拭或清洗，以达到消毒目的。常用于种蛋、畜舍地面、墙裙、器具的消毒。

②浸泡法。浸泡法是一种将需消毒的物品浸泡于消毒液中进行消毒的方法。常用于对医疗器具、小型用具、衣物进行消毒。

③喷洒法。喷洒法是将一定浓度的消毒液通过喷雾器或洒水壶喷洒于设施或物体表面以进行消毒。常用于畜舍地面、墙壁、笼具及动物产品的消毒。喷

洒法简单易行、效力可靠，是畜牧场最常用的消毒方法。

④熏蒸法。熏蒸法是利用化学消毒剂挥发或在化学反应中产生的气体，以杀死封闭空间中病原体。这是一种作用彻底、效果可靠的消毒方法。常用于孵化室、无畜禽的畜舍等空间的消毒。

⑤气雾法。气雾法是利用气雾发生器将消毒剂溶液雾化为气雾粒子对空气进行消毒。由于气雾发生器喷射出的气雾粒子直径很小（小于 200nm），质量极小，所以其能在空气中较长时间地飘浮并可以进入细小的缝隙中，因而消毒效果较好，是消灭气源性病原微生物的理想方法。如全面消毒畜舍空间，每立方米用 5%过氧乙酸溶液 2.5mL，计算好用量，放在气雾发生器里消毒。

（4）影响消毒剂消毒效果的因素。

①消毒剂的浓度与作用时间。任何一种消毒剂都必须达到一定浓度后才具有消毒作用。在一定范围内杀菌效果随着消毒剂浓度的增加而提高，但超出范围后杀菌效果则不再提高。因此，在使用某种消毒剂时应注意其有效浓度。一般而言，消毒剂与微生物的接触时间越长灭菌效果越好。但由于消毒剂的种类繁多，灭菌所需的时间不同，所以消毒时应根据所用消毒剂的特性，选择最佳的消毒剂作用时间。

②温度与湿度。温度与消毒剂的杀菌效力成正比。一般温度每增加 10℃，消毒效果可增加 1～2 倍。在一定环境中，湿度也影响消毒效果，不同的消毒方式需要不同的湿度环境。通常环境湿度过低，消毒效果差。

③pH 及拮抗作用。许多消毒剂的消毒效果受环境 pH 的影响。例如酸类、碘制剂、阴离子消毒剂（来苏儿等）在酸性溶液中杀菌力增强。而阳离子消毒剂（新洁尔灭等）和碱类消毒剂则在碱性溶液中杀菌力增强。此外消毒剂之间因化学或物理性质不同也往往可能产生拮抗作用。同时或短时间内在同一环境中使用多种消毒剂将导致消毒效果减弱或完全丧失，如阳离子消毒剂和阴离子消毒剂之间、酸性消毒剂和碱性消毒剂之间便存在着这种拮抗作用。

④有机物的存在。所有的消毒剂对任何蛋白质都有亲和力。所以，环境中的有机物可与消毒剂结合而使其失去与病原体结合的机会，从而减弱消毒剂的消毒能力。同时环境中的有机物本身也对微生物具有机械保护作用，使消毒剂难以与微生物接触。因此，在对畜牧场环境进行化学消毒时，应首先通过清扫、洗刷等方式清除环境中的有机物，以提高消毒剂的利用率和消毒效果。

⑤微生物的特点。微生物的种类或所处的状态不同，对于同一种消毒剂的敏感性不同。如处于休眠期的芽孢对消毒剂的抵抗力明显高于繁殖期的同类细菌，消毒时应增加消毒剂浓度，延长消毒时间。再如，病毒对碱性消毒剂敏感，但对酚类消毒剂的抵抗力较强。因此，在消毒时应根据消毒的目的和所要杀灭对象的特点，选择病原敏感的消毒剂。

（5）常用消毒剂。常用消毒剂有氢氧化钠、草木灰、石灰乳（氢氧化钙）、漂白粉、克辽林、石炭酸、高锰酸钾、氨水、碘酊等，这些常用消毒防腐剂因性状和作用的不同，消毒对象和使用方法亦不一致，应根据需要选择合适的消毒剂，否则既造成经济上损失，又达不到消毒的目的（表4-7）。

表4-7　常用环境消毒剂的种类及使用

消毒剂名称	使用浓度（%）	消毒对象	注意事项
氢氧化钠	1~4	畜舍、车间、车船、用具	防止对人畜皮肤腐蚀、消毒完用水冲
生石灰	10~20	畜舍、墙壁、地面	必须现配现用
草木灰	10~20	畜舍、用具、车船	草木灰与水按1:5比例混合，煮沸，过滤
漂白粉	0.5~20	饮水、污水、畜舍、用具	有效氯含量大于25%，新鲜配用
氨水	5	用具、地面	有刺激气味，使用时应戴口罩
来苏儿（煤酚皂溶液）	2~5	畜舍、笼具、洗手、器械	先清除污物，再消毒，效果好
克辽林	2~5	畜舍、笼具、洗手、器械	先清除污物，再消毒，效果好
甲醛溶液	5~10	畜舍、仓库、车间、孵化室	1%可用作畜体消毒，甲醛与高锰酸钾混合可用于空气熏蒸消毒
过氧乙酸	0.2~0.5	畜舍、体表、用具、地面	0.3%溶液可用作带畜喷雾消毒
新洁尔灭	0.1	畜舍、食槽、体表	不可与碱性物质混用

3. 生物消毒法　生物消毒法是利用微生物在分解有机物过程中释放出的生物热杀灭病原微生物和寄生虫卵的过程。在有机物分解过程中，畜禽粪便温度可以达到 $60~70℃$，可以使病原微生物及寄生虫卵在十几分钟至数日内死亡。生物消毒法是一种经济简便的消毒方法，能杀死大多数病原体，主要用于粪便消毒。

（三）畜牧场环境消毒方法

1. 畜舍带畜消毒　在日常管理中，对畜舍应经常进行定期消毒。消毒的步骤通常为清除污物、清扫地面、彻底清洗器具和用品、喷洒消毒液，有时在此基础上还需以喷雾、熏蒸等方法加强消毒效果。可选用2%~4%的氢氧化钠、0.3%~1%的菌毒敌、0.2%~0.5%的过氧乙酸或0.2%的次氯酸钠、0.3%的漂白粉溶液进行喷雾消毒。这种定期消毒一般带畜进行，每隔2周或20d左右进行一次。

2. 畜舍空舍消毒　畜禽出栏后，应对畜舍进行彻底清扫，将可移动的设备、器具等搬出畜舍，在指定地点清洗、暴晒并用消毒液消毒。用水或用4％的碳酸钠溶液或清洁剂等刷洗墙壁、地面、笼具等，干燥后再进行喷洒消毒并闲置2周以上。在新一批畜禽进入畜舍前，可将所有洗净、消毒后的器具、设备及欲使用的垫草等移入舍内，以福尔马林（40％甲醛溶液）熏蒸消毒，方法是取一个容积大于福尔马林用量数倍至十倍且耐高温的容器，先将高锰酸钾置于容器中（为了增加催化效果，可加等量的水使之溶解），然后倒入福尔马林，人员迅速撤离并关闭畜舍门窗。福尔马林的用量一般为25～40mL，与高锰酸钾的比例以（5∶3）～（2∶1）为宜。该消毒法消毒时间一般为12～24h，然后打开门窗通风3～4d。如需要尽快消除福尔马林的刺激性气味，可用氨水加热蒸发使之生成无刺激性气味的乌洛托品。此外，还可以用20％的乳酸溶液加热蒸发对畜舍进行熏蒸消毒。

如果发生了传染病，用具有特异性和消毒力强的消毒剂喷洒畜舍后再清扫畜舍，就可防止病原随尘土飞扬造成疾病在更大范围内传播。然后以大剂量特异性消毒剂反复进行喷洒、喷雾及熏蒸消毒。一般每日一次，直至传染病被彻底扑灭、解除封锁为止。

3. 饲养设备及用具的消毒 应将可移动的设施、器具定期移出畜舍，清洁冲洗，置于太阳下暴晒。将食槽、饮水器等移出舍外暴晒，再用1％～2％的漂白粉、0.1％的高锰酸钾及氯己定等消毒剂浸泡或洗刷。

4. 家畜粪便及垫草的消毒 在一般情况下，家畜粪便和垫草最好采用生物消毒法消毒。采用这种方法可以杀灭大多数病原体如口蹄疫、猪瘟、猪丹毒及各种寄生虫卵。但是对患炭疽、气肿疽等传染病的病畜粪便，应采取焚烧或经有效的消毒剂处理后深埋。

5. 畜舍地面、墙壁的消毒 对地面、墙裙、舍内固定设备等，可采用喷洒法消毒。如对圈舍空间进行消毒，则可用喷雾法。喷洒要全面，药液要喷到物体的各个部位。喷洒地面时，每平方米喷洒药液2L，喷墙壁、顶棚时，每平方米喷洒药液1L。

6. 畜牧场及生产区等出入口的消毒 在畜牧场入口处供车辆通行的道路上应设置消毒池，池的长度一般要求大于车轮周长1.5倍。在供人员通行的通道上设置消毒槽，池（槽）内用草垫等物体做消毒垫。消毒垫以20％新鲜石灰乳、2％～4％的氢氧化钠或3％～5％的来苏儿（煤酚皂液）浸泡，对车辆、人员的足底进行消毒，值得注意的是应定期（如每7d）更换1次消毒液。

7. 工作服消毒 洗净后可用高压消毒或紫外线照射消毒。

8. 运动场消毒 清除地面污物，用10％～20％的漂白粉液喷洒，或用火焰消毒，运动场围栏可用15％～20％的石灰乳涂刷。

四、灭鼠灭虫

鼠、蚊、蝇等是畜牧场生产中常见的虫害，鼠类不但在畜牧场内偷食饲料、破坏建筑物和场内设施，而且能传播疾病。蚊和蝇等的最大危害是传播病原，它们对家畜健康危害甚大。因此，灭鼠灭虫是畜牧场环境管理的重要内容。

（一）防治鼠害

鼠类不但在畜牧场内偷食饲料、破坏建筑物和场内设施，而且是众多病原体的携带者，能够传染多种疾病（如鼠疫、肠道传染病、血吸虫病、结核病、布鲁氏菌病等）。因此，鼠害对家畜健康和畜牧场生产危害极大。由于鼠类的食性与家畜相仿并且行动机敏、繁殖力强，所以彻底消灭畜牧场鼠类难度较大。目前防治鼠害的主要方法有：

1. 建筑防鼠　建筑防鼠是指采取措施，防止鼠类进入建筑物内。鼠类为啮齿动物，啃咬能力强，善于挖洞、攀登。当畜舍的基础不坚实或封闭不严密时，鼠类常常通过挖洞或从门窗、墙基、天棚、屋顶等处咬洞窜入室内。因此，加强建筑物的坚固性和严密性是防止鼠类进入畜舍、减少鼠害的重要措施。要求畜舍的基础坚固，以混凝土砂浆填满缝隙并埋入地下1m深左右；舍内铺设混凝土地面；门窗和通风管道周围不留缝隙，通风管口、排水口设铁栅等防鼠设施；屋顶用混凝土抹缝，烟囱应高出屋顶1m以上，墙基最好用水泥制成，用碎石和砖砌墙基，应用灰浆抹缝。墙面应平直光滑，以防鼠沿粗糙墙面攀登。砌缝不严的空心墙体易使鼠藏匿营巢，要填补抹平。为防止鼠类爬上屋顶，可将墙角处做成圆弧形。墙体上部与天棚衔接处应砌实，不留空隙。瓦顶房屋应缩小瓦缝和瓦、椽间的空隙并填实。用砖、石铺设的地面和畜床应衔接紧密并用水泥灰浆填缝。各种管道周围要用水泥填平。通气孔、地脚窗、排水沟（粪尿沟）出口均应安装孔径小于1cm的铁丝网，以防鼠窜入。

2. 器械捕鼠　人们在长期与鼠害做斗争的过程中发明了许多捕鼠器械，如鼠夹、鼠笼、粘鼠板等，目前还有较为先进的电子捕鼠器。器械捕鼠的共同优点是无毒害、对人畜安全，结构简单，使用方便，费用低而捕鼠效率高。器械捕鼠是畜牧场常用的捕鼠方法，捕鼠器械种类繁多，主要有夹、关、压、卡、翻、扣、掩、粘、电等。

3. 化学药物灭鼠　化学药物灭鼠是使用化学灭鼠剂（毒饵）毒杀鼠类。化学灭鼠效率高、使用方便、成本低、见效快，缺点是能引起人畜中毒，既有初次毒性（如误食毒饵），又有二次毒性（即吃了已中毒的鼠而中毒）；有些鼠对药剂有选择性、拒食性和耐药性。灭鼠剂主要包括：①速效灭鼠剂。如磷化锌、毒鼠磷、氟乙酸钠、甘氟、灭鼠宁等。此类药物毒性强、作用迅速，食用一次即可毒杀鼠类。但鼠类易产生拒食性，对人畜不安全。药物甚至鼠尸体被家畜误食后会造成家畜中毒死亡。②抗凝血类灭鼠剂。如敌鼠钠盐、杀鼠灵等，此类药物为慢性或多剂量灭鼠剂，一般需多次进食毒饵后蓄积中毒致死，对人畜安全。③其他灭鼠剂。使用不育剂，使雌鼠或雄鼠失去繁殖能力。以 10mg/kg 己雌二苯酸酯制成的药饵可使雌鼠和雄鼠不育。

4. 中草药灭鼠 采用中草药灭鼠，可就地取材，成本低，使用方便，不污染环境，对人畜较安全。但有效成分含量少，杂质多，适口性较差。

（1）山菅。取其鲜根 1kg，加大米浸泡一夜，晾干，每盘约 2g，投放于室内。

（2）天南星。取其球茎及果晒干，研磨成细末，掺入 4 倍面粉，制成丸投放。如再加少许糖和食油，效果更好。

（3）狼毒。取其根磨成粉，另取去皮胡萝卜，切成小块，每 30 块拌狼毒粉 2～3g，再加适量食用油后投放。

畜牧场的鼠类活动以孵化室、饲料库、畜舍和加工车间最多，这些部位是防除鼠害的重点。饲料库可用熏蒸剂毒杀。畜舍在投喂饲料时应尽量做到勤添不过量，并定时清扫。投放毒饵时，应对家畜进行适当隔离，待家畜外出放牧或运动时，在圈中投放，归圈前撤除以保家畜安全。机械化养禽场因实行笼养，只要防止毒饵混入饲料中，即可采用一般方法使用毒饵。在采用全进全出制的生产工艺时，可在舍内空舍消毒时灭鼠。为防止有些猪吃死鼠，养猪场灭鼠时可先进行并圈，空出鼠患严重的圈舍投放毒饵，以后轮番逐圈处理。鼠尸应及时清除，以防被畜误食而发生二次中毒。毒饵的配制可根据实际情况，选用鼠长期吃惯了的食物做饵料，并随机投放，以假乱真，以毒代好，可收到良好的效果。

（二）防治害虫

畜牧场粪便和污水等废弃物极适于蚊、蝇等有害昆虫的滋生，如不妥善处理则可成为其繁殖滋生的良好场所。如蚊子中按蚊、库蚊的虫卵需要在水中孵化，伊蚊的幼虫和蛹必须在水中发育成长。蝇的幼虫及蛹则适宜于在温暖、潮湿且富有有机物的粪堆中发育。家畜和饲料也易于招引蚊、蝇及其他害虫。这些昆虫叮咬骚扰家畜、污染饲料及环境，携带病原传播疾病。防治畜牧场害虫可采取以下措施：

1. 环境灭虫 搞好畜牧场环境卫生，保持环境清洁和干燥是环境防除害虫的重要措施。蚊虫需在水中产卵、孵化和发育，蝇蛆也需在潮湿的环境及粪便废弃物中生长。因此，进行环境改造，清除滋生场所是简单易行的方法，抓好这一环节，辅以其他方法，能取得良好的防除效果。填平无用的污水池、土坑、水沟和洼地是永久性消灭蚊蝇的好办法。保持排水系统畅通，对阴沟、沟渠等定期疏通，勿使污水潴积。对贮水池等容器加盖，以防蚊蝇飞入产卵。对不能清除或加盖的防火贮水器，在蚊蝇滋生季节，应定期换水。永久性水体（如鱼塘、池塘等），蚊虫多滋生在水浅而有植被的边缘区域，修整边岸，加大坡度和填充浅湾，能有效地防止蚊虫滋生。经常清扫环境，不留卫生死角，及时清除家畜粪便、污水，避免在场内及周围积水，保持畜牧场环境干燥、清洁。排污管道应采用暗沟，粪水池应尽可能加盖。采用腐熟堆肥和生产沼气等方法对粪便污水进行无害化处理，消除蚊蝇滋生的环境条件。

2. 药物灭虫　化学防除虫害是指使用天然或合成的毒物，以不同的剂型（粉剂、乳剂、油剂、水悬剂、颗粒剂、缓释剂等），通过各种途径（胃毒、触杀、熏杀、内吸等），毒杀或驱逐蚊蝇等害虫的过程。化学杀虫剂在使用上虽存在抗药性、污染环境等问题，但具有使用方便、见效快、可大量生产等优点，因而仍是当前防除蚊蝇的重要手段。定期用杀虫剂杀灭畜舍、畜体及周围环境的害虫，可以有效地抑制害虫繁衍滋生。应优先选用低毒高效的杀虫剂，避免或尽量减少杀虫剂对家畜健康和生态环境的不良影响。常用的杀虫剂有：①菊酯类杀虫剂。菊酯类杀虫剂是一种神经毒药剂，可使蚊蝇等迅速呈现神经麻痹而死亡。菊酯类杀虫剂杀虫力强，特别是对蚊的毒效比敌敌畏、马拉硫磷等高 10 倍以上。对蝇类不产生抗药性，故可长期使用。对人畜毒性小，杀虫效果好。②昆虫激素。近年来出现了采用人工合成的昆虫激素杀虫剂防治有害昆虫的方法。这种方法是将昆虫激素混合于家畜饲料中，此类激素对畜禽无害且不能为畜禽利用，可杀死粪中的蛆虫。③马拉硫磷。马拉硫磷为有机磷杀虫剂。它是世界卫生组织推荐用的室内滞留喷洒杀虫剂，杀虫作用强而快，具有胃毒、触毒作用，也可熏杀。杀虫范围广，可杀灭蚊、蝇、蛆、虱等，对人和畜的毒害小，适于畜舍内使用。④敌敌畏。敌敌畏为有机磷杀虫剂。具有胃毒、触毒和熏杀作用，杀虫范围广，可杀灭蚊、蝇等多种病虫，杀虫效果好，但对人畜毒害大，易被皮肤吸收而中毒，在畜舍内使用时应特别注意安全。

3. 生物防除　利用有害昆虫的天敌灭虫。例如可以结合畜牧场污水处理，利用池塘养鱼，鱼类能吞食水中的孑孓和幼虫，具有防治蚊子滋生的作用。另外蛙类、蝙蝠、蜻蜓等均为蚊、蝇等有害昆虫的天敌。此外，应用细菌制剂——内菌素杀灭血吸虫的幼虫效果良好。

4. 物理防除　可使用电灭蝇灯杀灭蚊蝇等有害昆虫。这种灭蝇灯是利用昆虫的趋光性，发出荧光引诱蚊蝇等昆虫落在围绕在灯管周围的高压电网上，用电击杀灭蚊蝇。

五、尸体处理

家畜环境卫生学所说的家畜尸体主要是指非正常死亡的家畜尸体，即因病死亡或死亡原因不明的家畜的尸体。家畜尸体很可能携带病原，是疾病的传染源。为防止病原传播危害畜群安全，必须对畜牧场家畜尸体进行无害化处理。

（一）处理尸体常用的方法

1. 土埋法　土埋法是将畜禽尸体直接埋入土壤中，微生物在厌氧条件下分解畜禽尸体，杀灭大部分病原。土埋法适用于处理非传染病死亡的畜禽尸体。采用土埋法处理动物尸体，应注意，畜禽填埋场地应远离畜舍、放牧地、居民点和水源；畜禽填埋场地应地势高燥，防止水淹；畜禽尸体掩埋深度应不小于2m；在畜禽填埋场地周围应洒上消毒药剂；在畜禽填埋场地四周应设保护设施，防止野兽进入翻刨尸体。

2. 焚烧法　焚烧法是将动物尸体投入焚尸炉焚毁。用焚烧法处理尸体消毒最为彻底，但需要专门的设备，消耗能源。焚烧法一般适用于处理具有传染性疾病的动物尸体。

3. 生物热坑法　生物热坑应选择在地势高燥和远离居民区、水源、畜舍、工矿区的区域，生物热坑坑底和四周墙壁应有良好的防水性能。坑底和四周墙壁常以砖砌或用涂油木料制成，应设防水层。一般坑深7～10m，宽3m。坑上设两层密封锁盖。凡是一般性死亡的畜禽，随时抛入坑内，当尸体堆积至距坑口1.5m左右时，密闭坑口。坑内尸体在微生物的作用下分解，分解时温度可达65℃以上，通常密闭坑口后4～5个月，尸体可全部分解。用这种方法处理尸体不但可杀灭一般性病原微生物，而且不会对地下水及土壤产生污染，适合对畜牧场一般性尸体进行处理。

4. 蒸煮法　蒸煮法是将动物尸体用锅或锅炉产生的蒸汽进行蒸煮，以杀灭病原。蒸煮法适用于处理非传染性疾病且具有一定利用价值的动物尸体。

（二）常见动物尸体的处理

1. 患传染病的动物尸体　当发生某种传染病时，病畜死亡或被扑杀后，应严格按照国家有关法律法规及技术规章对尸体进行无害化处理，以防止传染病的蔓延。如对因患口蹄疫、猪传染性水疱病、鸡瘟、鼻疽等传染病死亡的畜禽尸体应进行彻底消毒，然后深埋或焚烧。对患炭疽的动物，为防止炭疽杆菌扩散，应避免剖解尸体，将尸体彻底焚毁。

2. 患非传染病的动物尸体　对于因非传染病死亡的动物尸体，有利用价值的尸体可采取蒸煮法处理；无利用价值的尸体可选用生物热坑、土埋法和焚烧法处理。

第五节 生态养殖疾病防控与安全用药

一、疾病的诊断技术

（一）检查病畜的基本方法

1. 问 向饲养员了解病畜有关情况，如发病时间、经过、饲养管理和使役、用药等情况。

2. 看 先远处看，离病畜1～3m观察全貌，如精神、呼吸、营养、姿势等，再近看，仔细检查病畜体表各个部位是否异常，排粪、尿液、鼻液等是否有变化。

3. 触 用于感觉组织器官的温度、硬度、敏感性、弹性、粗糙度及内容物的性质。

4. 叩 即叩打动物体表某部，使之发生声音，通过声音推断被叩组织、器官有无病理性改变，如器官内含气多时呈鼓音，不含气时呈浊音。

5. 听 即听病畜内脏活动的声音来推断发病器官的病理变化，如心音、呼吸音、胃肠蠕动音、咳嗽声等。

6. 嗅 通过嗅闻病畜粪、尿、呼出气等的气味来推断疾病，如胃肠炎时粪便恶臭。

（二）一般检查的内容

1. 体态检查 包括精神、姿势和营养。健康动物对外界各种刺激反应灵敏，姿势正常，营养良好。而患病动物则精神沉郁或呈兴奋状态，烦躁不安。如破伤风病畜姿势异常呈木马样，热性病和腹泻等病畜在短期内消瘦。

2. 被毛和皮肤检查 病畜往往被毛粗乱无光，干燥易断。皮肤可呈多种变化，如消瘦时皮肤弹性降低，局部炎症时皮肤肿胀；患猪瘟时皮肤有小出血点，患仔猪副伤寒时皮肤呈暗红至蓝紫色；患口蹄疫时唇、趾间皮肤产生水疱等。

3. 眼结膜检查 眼结膜苍白表示贫血，潮红表示充血，发绀表示缺氧，黄染则表示黄疸等。

4. 体表淋巴结检查 常检查颌下淋巴结、肩前淋巴结等。

5. 体温测定 用体温计测家畜肛门内直肠的温度。注意测温前须将体温计的水银柱甩至35℃以下，测温时间不少于3min，体温高于正常称发热，临床上常见。

6. 脉搏数和呼吸数的检查　必须使动物在安静状态下检查，检查部位是牛的尾动脉、马的颌外动脉、猪和羊的股动脉。呼吸数检查可以观察动物胸腹部的起伏运动。

（三）系统检查

通过一般检查，基本上可以确定疾病发生的部位和性质，为进一步认识疾病，可有针对性地做系统检查。

（四）做出诊断结论

对所收集到的资料进行归纳、整理、综合后，便可对疾病做出初步诊断结论。

二、掌握禽畜疾病常用治疗技术要点

1. 注射法　注射法是防治畜禽疾病时常用的给药方法，注射的方法有很多，其中皮下注射、肌内注射、静脉注射是最常用的方法。所有注射用具使用必须清洗干净并进行消毒，注射部位在注射前后也要进行消毒处理。

（1）皮下注射法。

①应用。将药液注入皮下。凡刺激性不大的注射液及疫苗、血清等均可皮下注射。

②部位。大动物多在颈部两侧，猪在耳根后或股内侧，羊在颈侧或股内侧，禽类在翼下。

③方法。局部剪毛消毒后，用左手捏起皮肤使其形成三角凹陷，右手持注射器，迅速将针头刺入凹陷中心的皮肤内，深 2cm 左右，放开皮肤，抽动活塞不见出血时注入药液。

（2）肌内注射法。

①应用。将药液注入肌肉内。一般刺激性较强、吸收较难的药剂，多种疫苗的接种，常做肌内注射。

②部位。大动物多在颈侧、臀部，猪在耳后、臀部，禽类在胸肌。

③方法。剪毛消毒后，将针头刺入肌肉内，抽动活塞不见回血后注入药液。

（3）静脉注射法。

①应用。将药液直接注入静脉中，能容纳大量药液，并可耐受刺激性较强的药液（如钙制剂），主要用于大量补液、输血、注入急需奏效的药物等。

②部位。马、牛、羊均在颈静脉上 1/3 与中 1/3 交界处，猪在耳静脉。

③方法。剪毛消毒后，以手指压（或以胶管勒紧）注射部位近心端静脉，

待血管膨隆后，以 15°～45°刺入血管内，见到回血后，将针头顺血管走向推进约 1cm，将药液慢慢地注入，注意排尽注射器或胶管内的空气。

2. 投药法

（1）灌药法。少量的水剂药物或将粉剂和研碎的片剂加适量水制成的溶液、中药煎剂等常用灌药法，马用灌角，牛用橡皮瓶或长颈玻璃瓶，猪用药匙或注射器（不接针头）灌药。

（2）胃管投药法。大量水剂宜用胃管投药法，技术关键是将胃管插入食管内，而不误入气管。

（3）灌肠法。将药灌入肠内，多用于便秘的治疗，灌肠时将动物保定好，助手把尾拉向一侧，将导管一端插入肛门，另一端接高举的吊筒，使药液流入直肠内。

3. 瘤胃穿刺　用于瘤胃臌气和向瘤胃内注入药液，穿刺部位在左肷窝部膨胀最明显处，方法是将牛站立保定，局部剪毛消毒后，先在皮肤上做一小切口，插入套管针，抽出内针，间歇放气或注入药物，操作完后消毒。

三、禽畜疾病用兽药基本知识

（一）概述

用来预防、治疗和诊断疾病的物质称药物，药物有防治畜禽疾病及促进生产效能的作用，但药物超过一定剂量或使用方法不当，对机体将产生毒害作用，所以使用药物一定要慎重。

（二）药物的种类、剂型、有效期

1. 种类　按来源不同，西药可分以下几类：一是植物药。是利用植物的某些部分或全草经过加工、提炼制成的，如阿托品、黄连素。二是动物药。是动物脏器经过加工、提炼制成的，如胃蛋白酶。三是矿物药。是直接利用矿物或经过加工而成的，如硫酸钠、人工盐。四是抗生素。主要是从微生物中提制的产物，如青霉素、链霉素等。五是化学合成药。用化学的方法人工合成的，如磺胺类、敌百虫等。

2. 剂型　为了便于保存和使用，各种药物需要制成一定形式的制品，称为药物的剂型，常用剂型有散剂、片剂、酊剂、注射剂和软膏等。

3. 有效期　有些药物在日光、潮湿与空气接触中可发生物理或化学变化，影响效果，所以一般应保存在凉暗、干燥处，用后盖严。有些药品长期保存会降低效价，甚至失效，应按包装上注明的使用期限保存和使用。药品的生产日期多采用 6 或 8 位数表示，每 2 位数依次表示年月日批号，如 98042110 则表示该药是 1998 年 4 月 21 日生产的第 10 批产品。过期药品不能继续使用。

（三）药物的选择、剂量和配伍禁忌

1. 选择 药物的种类有很多，治疗或预防同一种疾病的药物也不止一种。所以，在使用之前要进行慎重的选择，应选择疗效高、毒性低、价廉易得的药物。避免滥用药物，特别在使用抗生素药物时更应注意，以防因使用不当而产生抗药性，影响疗效，滥用药物有害畜体健康，经济上也是一个浪费。

2. 剂量 剂量的大小与药物的疗效有密切的关系，剂量过小则不能产生治疗作用，剂量过大则可引起中毒和浪费，用药剂量应根据家畜种类、体重、年龄、给药途径等确定。

3. 配伍禁忌 在实际中，常有两种或两种以上的药物合并使用，以提高疗效。但在有些情况下，两种或两种以上药物配合在一起应用时会产生理化性质的改变，影响疗效，甚至对机体产生毒性，称为配伍禁忌。兽医临床上常取多种注射液药联合应用，此时应特别注意注射液的物理、化学配伍禁忌。

四、禽畜疾病常用兽药基本知识

（一）生物药品

生物药品可归类为疫苗、抗毒素、免疫血清、免疫卵黄液及肠道菌群制剂等。

（二）抗菌药物

1. 抗生素

（1）青霉素 G。又称青霉素、苄青霉素，抗菌药物。肌内注射每千克体重 5 万～10 万 U。与四环素等酸性药物及磺胺类药物有配伍禁忌。

氨苄青霉素：又名氨苄西林、氨比西林，抗菌药物。拌料 0.02％～0.05％。肌内注射每千克体重 25～40mg。

（2）链霉素。常用于治疗结核病、畜禽肠炎、白痢、乳腺炎、子宫炎、泌尿道感染、腹膜炎、败血症、巴氏杆菌病、钩端螺旋体病、球虫病等。家畜肌内注射每千克体重 10mg，家禽肌内注射或内服 0.1～0.2g/只。

（3）卡那霉素。主要用于呼吸道、泌尿道、肠道感染及败血症、乳腺炎、禽霍乱、雏白痢、猪喘气病等，肌内注射，一般家畜每千克体重 10～15mg，禽每千克体重 10～30mg，每日 2 次。

（4）庆大霉素。主要用于呼吸道、肠道、泌尿道感染及败血症、乳腺炎、烧伤等，肌内注射，各种家禽每千克体重 1～1.5mg，每日 2 次。

（5）土霉素。主要用于治疗幼畜副伤寒、猪喘气病、牛出血性败血症、猪痢疾、幼畜白痢等，成年草食动物不宜内服。中小家畜每千克体重 30～50mg，分 2～3 次内服，鸡 0.1～0.2g/只。

（6）林可霉素、红霉素。作用与青霉素相似，可用于耐青霉素菌感染。

（7）先锋霉素：主要用于耐青霉素葡萄球菌、溶血性链球菌、肺炎球菌和一些革兰氏阳性菌的严重感染。

2. 抗菌中草药

（1）黄连。主要用于治疗急性胃肠炎、仔猪白痢、仔猪副伤寒和肠结核等。常与黄柏、黄芩等配伍使用以提高疗效，内服，马、牛 15～30g，猪、羊 5～10g；盐酸黄连素片，内服，马、牛 1～5g，猪、羊 0.2～0.5g。

（2）金银花。用于治疗感冒、流感、脑炎、肺炎、肠炎及创伤感染、疮肿等，内服，牛、马 10～60g，猪、羊 10～15g。

（3）其他中草药。板蓝根、穿心莲、白头翁、大蒜、鱼腥草等中草药均有抗菌作用。

3. 抗菌新药　当前兽药市场上的兽药品牌很多，一些多为强力广谱抗菌药物，应参照药品说明书，合理应用。

五、畜禽传染病基本知识

（一）传染病的概念

凡由病原微生物引起，具有一定的临床表现，并具有传染性的疾病均称为传染病。

（二）病原微生物的种类、特性

能引起传染病的病原微生物有细菌、病毒、真菌、放线菌、支原体、螺旋体、立克次氏体、衣原体等，它们的共同特点是个体微小、构造简单、种类繁多、繁殖迅速，代谢旺盛，适应力强，因而分布广泛。

（三）引起传染病流行的条件

传染病在畜群中发生、传播及终止的过程称为传染病的流行过程。传染病的流行必须具备传染源、传播途径、易感动物三个基本环节，三个环节中缺少任何一个，传染病的流行均不可能发生。

1. 传染源　凡是体内有病原微生物生存、繁殖，并能持续向外界排出的动物机体均称为传染源，具体指的是患传染病的病畜及带菌（毒）的动物。

2. 传播途径　病原体由传染源排出后，经一定的方式侵入其他易感动物所经的途径称为传播途径。

3. 易感动物　对病原微生物具有感受性的动物称为易感动物。

（四）传染病的防治措施

1. 传染病的预防措施

（1）严格执行兽医法规，保证兽医防疫工作落实。

（2）加强检疫工作，及时发现以便采取措施制止传染病的散播。

（3）定期预防接种，尽可能做到头头接种、只只免疫。如对常见的传染病如猪瘟、猪丹毒等，应于每年春秋两季定期预防接种，平时应及时给新生仔猪和新从外地购进的猪补种。

（4）加强饲养管理，以提高家畜机体抵抗力，改善环境卫生，定期消毒、驱虫、杀虫和灭鼠，以控制病原微生物，切断传播途径。

2. 传染病的扑灭措施　当家畜发生传染病时，为了控制疫情的流行，必须依靠组织，发动群众，立即行动，从查明和消灭传染来源，切断传播途径和提高畜禽对传染病的抵抗力等三个方面着手，拟订并采取综合性防治措施。

（1）报告疫情，在发生传染病时，特别是口蹄疫、炭疽、狂犬病等，一定要迅速向上级主管部门报告，并应通知有关单位采取措施，做好预防工作。

（2）正确、及时诊断，以便采取相应措施。

（3）隔离病畜，封锁疫区，限制病原扩散。

（4）严格进行消毒、杀虫和灭鼠。

（5）尸体处理。根据病的性质，采取深埋、焚烧或加工利用。

（6）病畜的治疗。为减少损失，对有治疗价值的一般传染病病畜应进行治疗，对人畜危害性大的传染病不宜治疗，应将病畜及时隔离处理。

（7）紧急预防接种以保护健康家畜。

六、畜禽舍及场地清洁消毒技术

畜禽舍及场地的清洁消毒是预防和控制疾病特别是传染病和寄生虫病的重要措施之一。消毒能消灭环境中的病原体，以切断传播途径，阻止疫病蔓延。畜禽舍和用具每年春秋各进行一次大清扫、大消毒。全进全出的畜禽舍在每批畜禽出栏后要彻底消毒，发生传染病后更要进行彻底消毒。消毒时应根据病原体的特点和不同的消毒对象，采取适当的药物和方法。消毒前先对场地进行彻底清扫，消毒的方法有物理消毒法、化学消毒等方法。

1. 畜禽舍及场地的清扫　栏舍中粪尿、垫草、排泄物等污染物要清除干净，铲除表层土壤。根据病原体的性质，对栏舍用具进行洗刷消毒，对污物进行堆沤发酵、掩埋、焚烧或其他药物处理。

2. 物理消毒法 阳光是天然的消毒剂，对牧场、草地、畜栏、用具和物品等的消毒具有很大的现实意义，应该充分利用阳光。人工紫外线对表面光滑的物体有较好的消毒效果，但空气中的尘埃能吸收很大一部分紫外线，所以应用紫外线消毒时，室内必须清洁，消毒时间要在 30min 以上。另外，干燥、高温、煮沸、蒸汽等具有较好的消毒作用。

3. 化学消毒法 化学消毒法是利用化学药物进行消毒处理，在选择化学消毒药剂时，应考虑对该病原体的消毒力强，对人畜毒性小，不损害被消毒的物体，易溶于水，在消毒环境中比较稳定，不易失去消毒作用，廉价、易得、方便等因素。

4. 常用的化学消毒药物及其应用

（1）氢氧化钠。2％热溶液用于细菌、病毒污染的畜禽舍、饲槽及其他用具的消毒；4％～5％热溶液用于细菌芽孢污染的场地消毒。注意氢氧化钠对人和畜禽组织有刺激和腐蚀作用，用时注意保护人和畜禽。消毒后，畜禽舍地面经 6～12h 用清水冲洗干净后再放入畜禽。

（2）生石灰。10％～20％石灰乳涂刷，用于沙门氏菌、猪丹毒杆菌、巴氏杆菌及其他细菌污染的畜禽舍和场地。

（3）农乐（菌毒敌）。以 1∶300 水稀释液消毒细菌、虫卵污染的场所，以 1∶100 水稀释液消毒口蹄疫病毒、水疱病病毒、猪瘟病毒等病毒污染的场所，一般消毒时喷雾施药，禁止与碱性药物、其他消毒物、农药等混合。

（4）漂白粉。根据污染的性质选择其 6％～20％混悬液消毒运动场、畜禽舍、车船等，粪池污水沟、潮湿积水的地面可撒其干粉。

（5）甲醛溶液。4％～8％溶液喷洒污染的场地。

（6）其他。其他还有来苏儿、草木灰液等。

七、人畜共患传染病防治技术

1. 口蹄疫 是偶蹄疫的一种急性、热性、高密度接触性传染病。以在口腔黏膜、蹄部及乳房皮肤上发生水疱和烂斑为特征，俗称"口疮""蹄黄""脱靴症"，容易在寒冷的冬春季节流行，造成巨大经济损失。因此，必须采取有力措施，防治本病的发生和流行。如平时加强检查工作，常发地区每年用口蹄疫弱毒疫苗对牛羊进行预防接种。发现疫情立即上报，对病畜及同栏畜立即捕杀，高温无害化处理。对场地、栏舍、用具等彻底消毒。

2. 狂犬病 动物患病后表现为狂暴不安和意识障碍，最后发生麻痹而死亡。动物多被患狂犬病动物咬伤而发病，潜伏期的变动范围大，平均 20～60d，发病后无有效治疗药物，应引起高度重视。防治主要是捕杀猎犬，对被患病动物咬伤的人畜，应对伤口彻底消毒处理，如用 3% 碘酒、酒精清洗伤口，并迅速注射狂犬病疫苗。

3. 破伤风 又称强直症、锁口风，是由破伤风杆菌经伤口感染而引起的急性中毒人畜共患传染病。其特征是患者全身肌肉呈现持续性痉挛和对外界刺激的反射性增高。本病都有创伤病史，特别是对打伤、挫伤、刺伤、脐带伤、去势伤等。防治本病主要是防止外伤，如有外伤应及时消毒，并肌内注射抗破伤风血清 1 万～3 万 U。发病较多的地区，每年定期注射破伤风类毒素，大家畜皮下注射 1mL，幼畜 0.2～0.5mL。治疗应同时采取三方面的措施：一是加强护理；二是处理创伤；三是药物治疗。一般使用破伤抗毒素血清，其他可对症治疗。

4. 流行性乙型脑炎 是由流行性乙型脑炎病毒引起的一种以中枢神经系统病变为主要特征的人畜共患传染病。家畜中以猪感染最普遍，表现为流产、死胎、睾丸炎，持续高热和神经症状。本病由蚊子叮咬而传染，夏秋两季较流行。本病无特效药，可用抗生素防治并发症及对症治疗。

5. 流行性感冒 简称流感，是由流感病毒引起的急性、高度接触性传染病。以发热、咳嗽、全身衰弱无力和呼吸道炎症为特征，一般呈良性经过。本病治疗尚无特效药，发热时可用氨基比林、安乃近等解热镇痛药，控制继发感染可用抗生素和磺胺类药物。

6. 炭疽 是动物的一种急性败血性传染病，其临床特征为突然发病、高热、黏膜呈蓝紫色，濒死期自天然孔流出少量不易凝固的暗红色血液，病原为炭疽杆菌。该菌在动物体外能形成具有强大抵抗力的芽孢，因此，对因炭疽死亡的家畜严禁解剖，炭疽早期用青、链霉素及磺胺类药治疗具有良好的效果。

7. 其他 人畜共患传染病常见的还有李氏杆菌病、结核病和布鲁氏菌病等。

八、猪常见传染病防治技术

1. 猪瘟 是一种由猪瘟病毒所引起的具有高度传染性的急性传染病，急性以出血性败血症为特征，慢性以纤维素性坏死性肠炎为特征，发病率高，病死率高。

（1）诊断要点。不论年龄大小，病猪体温高达 40.5～42℃，稽留热型，食欲废绝，喜钻草窝，化脓性结膜炎，齿龈有假膜，初期便秘、后期腹泻，粪中有血液，而后颈部、腹部、四肢稀毛处有红点和红斑，指压不褪色；公猪包皮发炎、肿胀，手挤有白色液体流出，有的猪有神经症状。剖检，回盲有纽扣状溃疡。

（2）防治。定期预防注射，注射猪瘟疫苗，免疫期为半年；自繁自养；发生后紧急预防接种 2～3 头份剂量；依据传染病扑灭措施实施。

2. 猪丹毒　由猪丹毒杆菌引起的一种急性、败血性传染病。其特征为高热和皮肤上形成大小不等、形状不一的紫红色疹块，俗称"打火印"。慢性病例主要以心内膜炎和关节炎为主。

（1）诊断要点。以 3～12 月龄猪易感，以夏秋季节多见，病猪体温在 42℃以上，绝食、呕吐，初期便秘，后期腹泻，粪便时有血，发病 1～2d 后皮肤有大小不一的红色斑块，指压褪色，经过比较缓慢的背、胸、臀部出现方形或菱形疹块，突出皮肤表面，呈红紫色，中部苍白，上面有浆液分泌，干涸后成痂，有时皮肤发生坏死，背部大片皮肤脱落。

（2）治疗。抗猪丹毒血清治疗，初期效果好，3 月龄以内仔猪 5～10mL，3～12 月龄猪 30～50mL。青霉素治疗效果显著，若青霉素治疗无效可改用链霉素，效果也好。另外环丙沙星、泰乐菌素都有疗效。

（3）防制。定期预防注射猪瘟疫苗。

3. 仔猪大肠杆菌病　是由大肠杆菌引起的一种急性胃肠道传染病，常见的有仔猪白痢、仔猪黄痢、猪水肿病。

（1）诊断要点。

①仔猪白痢。发生于 6～20 日龄的仔猪，以腹泻为主，排出灰白色糊状稀粪，有特异腥臭味。

②仔猪黄痢。发生于 1 周龄内的仔猪，排出黄色黏液样腥臭的稀粪，严重时全身脱水很快消瘦，眼球下陷等。

③猪水肿病。多发生于 5～15 周龄的仔猪，具有突然发生而又突然终止（一窝仅发生 1～2 头）的特殊的规律性，病猪运动无力，运步不协调，易跌倒。有时出现神经症状，无目的的走动，转圈或盲目冲撞，倒地后四肢呈游泳状划动。常在眼睑和头部出现水肿，甚至发展到全身。皮肤感觉过敏，触之惊叫，并在口、鼻、肢端、四肢内侧皮肤出现红紫斑。

（2）治疗。

①仔猪黄痢。可选用环丙沙星、庆大霉素等注射给药与口服药相结合，每天 2 次，连用 3d。

②仔猪白痢。药物有很多，本着抑菌、收敛止泻、解热镇痛、助消化的组方原则，如环丙沙星、乙酰甲喹、庆大霉素等。

③仔猪水肿病。预防性治疗可补硒、补维生素 E 或用土霉素拌料；发现病例早期治疗药物可以从抑菌、解毒、消水肿、镇静、抗过敏多方面考虑。

（3）防制。分娩前接种母猪，用猪腹泻基因工程双价（K88、K99）灭活疫苗、仔猪大肠杆氏菌三价灭活疫苗。初生仔猪可通过初乳获得抗体。产仔前猪舍彻底消毒，母猪乳头用 0.1% 高锰酸钾水消毒。

4. 猪传染性胃肠炎 是由病毒引起的一种高度接触性消化道传染病，以呕吐、腹泻和脱水为特征。

（1）诊断要点。根据仔猪呕吐，腹泻和病死率高，成年猪极少死亡，病情传播快速等情况可做初步诊断。

（2）防制。坚持自繁自养；用收敛止泻药物对症治疗，用抗生素类药物防止继发感染。

5. 猪肺炎 又名猪巴氏杆菌病、锁喉风，是由巴氏杆菌引起的急性传染病。其特征是：最急性型突然发病死亡；病程稍长的，体温升高到 41℃ 以上，呼吸极为困难，咽喉肿胀，呈犬坐式张口喘气，最后窒息而死。预防本病可用猪肺疫菌苗接种，治疗可用青霉素、磺胺类药物等。

6. 仔猪副伤寒 又名猪沙门氏菌病，是仔猪常见的一种消化道传染病，其特征为肠道发生坏死性肠炎，呈现严重腹泻。

（1）诊断要点。本病主要发生在 2～4 月龄的仔猪，病猪体温 41～42℃，食欲减退或废绝，初期便秘，后期腹泻，粪呈淡黄色，恶臭带血，颈部、胸下腹部、四肢下端等处皮肤呈紫红色，后变蓝色，剖检大肠黏膜发生纤维性坏死。

（2）治疗。抗生素治疗法：首选土霉素。化学治疗法：磺胺药物与呋喃类药物。中药治疗法：郁金 15g，赤芍 15g，诃子 15g，乌梅 15g，黄连 10g，黄芩 10g，栀子 10g，大黄 10g，煎水一次服。

（3）防制。定期预防接种冻干苗，用 20% 氢氧化铝稀释，免疫期为 9 个月；加强饲养管理。

7. 猪败血性链球菌病 是由链球菌引起的一种急性热性败血性传染病，包括猪败血性链球菌病和猪淋巴结脓肿。

（1）诊断要点。败血型：突然发病，体温升高至 42℃ 以上，结膜潮红，流泪，浆液性鼻液增多，并出现多处关节肿胀疼痛，跛行，有的病猪出现转圈、磨牙、昏睡等神经症状，后期出现呼吸困难，很快死亡。淋巴结脓肿型：多见于颌下、咽部、颈部、淋巴结脓肿，一般不引起死亡。

（2）治疗。青霉素和磺胺药物对本病疗效较好，此外恩诺沙星、泰乐菌素也都有效果。

（3）防制。预防注射猪链球菌弱毒菌苗，治疗可用链霉素、红霉素等。

九、牛羊常见传染病防治技术

1. 结核病 是由结核分枝杆菌引起的人畜共患的一种慢性传染病。其特性是被侵害的组织器官上形成结核节和干酪样坏死或钙化的结核病灶，病畜消瘦。本病在奶牛中流行较严重，既影响畜牧业的发展，也危害人类的健康。本病无理想的菌苗。预防主要是加强检疫，防止疫病传入；结核病人不能担任饲养员，病畜无治疗价值。

2. 布鲁氏菌病　是人畜共患的慢性传染病。以生殖系统发炎、流产、不孕、睾丸炎、关节炎为特征。目前本病尚无特效的药物治疗。主要通过加强防疫消毒制度，消除病原菌的侵入和感染。布鲁氏菌地区可进行预防注射。

3. 大肠杆菌病　是由致病性大肠杆菌引起的一种初生幼畜的急性肠道传染病。临床上以严重腹泻、败血症为特征。多发生于 2～3 月龄的犊牛和 2～6 周龄的羔羊。冬春季节舍饲时多发。防治可用抗菌药物如磺胺类药等。

4. 传染性角膜结膜炎　又名红眼病、传染性眼炎。是牛羊的急性或慢性传染病。其特征为眼结膜和角膜发炎，引起流泪、眼睑肿胀、角膜混浊等眼病。多发于 2 岁以下牛。在炎热季节，日光照射、尘土飞扬、蝇类活动有利于本病的发生和传播。多数病牛可自然痊愈，治疗可用 2%～4% 硼酸水洗眼，拭干后再滴入青霉素溶液，每天 2～3 次。

5. 牛流行热　是牛的急性热性传染病，其特征为高热和呼吸道炎症及四肢关节肿痛引起跛行。大部分病牛取良性经过，在 2～3d 可恢复正常，故又称三日热或暂时热。本病以 3～5 岁的黄牛易感性最强；有明显的季节性，主要流行于蚊蝇多的夏季和秋初。本病无特效药治疗，可根据病情对症治疗。如使用复方氨基比林、安乃近、水杨酸钠。肌内注射抗生素防止继发感染。

6. 羔羊痢疾　是初生羔羊的一种以剧烈腹泻为特征的急性传染病。主要危害 7 日龄以内的羔羊，特别是 2～5 日龄的羔羊发病最多，常使羔羊大批死亡。气候突变、寒冷、母羊管理不善，体弱，缺乳，羊舍潮湿，接产消毒不严，初乳吃得过饱的羔羊容易发生。病羔排灰白、淡黄或绿色稀粪，黏在肛门周围，恶臭，后期粪中带血，肛门失禁，终因衰竭而死亡。防治：每年秋季接种羔羊痢疾菌苗或药物预防，治疗以抗菌、消炎、解毒和止泻为原则。如土霉素 0.2～0.3g，或再加胃蛋白酶 0.2～0.3g，加水灌服，每天 2 次。

7. 山羊传染性胸膜肺炎　是山羊的一种呼吸道传染病，又称烂肺病，其临床特征是呈现纤维性肺炎和胸膜炎症状，即高热（可达 41～42℃）、呼吸困难、湿咳、胸壁疼痛。预防可接种山羊传染性胸膜肺炎氢氧化铝菌苗，治疗可用土霉素、四环素等。

十、家禽常见传染病防治技术

1. 鸡新城疫（伪鸡瘟）　我国根据临床发病特点将新城疫分为典型和非典型两种病型。典型新城疫症状：主要是指在非免疫或免疫力较低的鸡群中感染强毒株引起的，发病率和病死率都很高。病鸡精神沉郁，食欲减退或废绝，呼吸困难，嗉囊常充满液体和气体，口鼻分泌物增多，自口角流出，时时摇头或做吞咽动作，发出"咯咯"的喘鸡声或怪叫声，排黄白或黄绿色水样便；病程长的随后可出现翅腿麻痹、头颈扭曲等神经症状。非典型新城疫症状：主要发生于免疫鸡群、有母源抗体的雏鸡群和本病常在的鸡场。发生特点主要表现为发病率不高、临床表现不明显、病理变化不典型、病死率低。往往表现呼吸道症状，安静时可听见鸡群发出明显的"呼噜"声，病程稍长的出现神经症状，头颈歪斜、脚软、转圈等。病鸡排黄绿色稀粪，病死率15%～25%。成年鸡症状较轻，但产蛋率下降，同时软壳蛋增多，蛋壳褪色。本病仍无有效的治疗药物，主要依靠疫苗接种预防发病。

2. 禽霍乱 又名禽巴氏杆菌病，是由多杀性巴氏杆菌引起禽类的一种急性传染病。常发于夏末初秋的7—9月，成年肥胖的最易发生。症状从外表看很像鸡瘟，所以农村地区的人们常把这两种疾病混为一谈，统称"鸡瘟"。最急性型常无症状而突然死亡，急性型症状较明显，表现为精神沉郁，少食或不食，剧烈腹泻，粪便为黄绿色或灰白色，呼吸困难，冠和肉髯变暗红色并肿胀。剖检特征主要是肝肿大，表面有灰黄色或灰白色针尖大小的坏死灶。防治禽霍乱的药物有很多，抗生素、磺胺药均有很好的疗效，预防也可用禽霍乱菌苗。

3. 鸡白痢 2周龄以内的雏鸡发病率和病死率都很高，成年鸡感染通常没有明显症状，雏鸡发病表现精神委顿，翅膀下垂，昏睡，互相拥挤成群，发出"唧唧"的尖叫声。雏鸡嗉囊空虚并充满气体或水，排出白色糊状粪便，污染肛门周围羽毛，甚至把肛门黏住，排粪困难，羽毛松乱，体质消瘦，贫血以致死亡。治疗可用0.02%硫胺增效剂与磺胺甲嘧啶1：5混合，搅拌均匀后拌入饲料中饲喂，连用5～10d。

4. 鸡马立克氏病 是由疱疹病毒引起的一种鸡传染病。主要特征是在周围神经、虹膜、性腺、内脏器官、肌肉或皮肤中发生淋巴样细胞浸润和形成肿瘤，引起消瘦，肢体麻木和急性死亡。2～5月龄的雏鸡最易感染，根据症状将其分为四型：神经型表现肢体麻痹，不能站立和行走。眼型表现虹膜颜色消失，瞳孔边缘不整齐，失明。内脏型多见于肉鸡，消瘦，内脏肿瘤。皮肤型在皮质上出现小结节。本病无有效治疗药物，预防可在雏鸡1日龄内接种鸡马立克氏病疫苗。

5. 鸡传染性法氏囊病 是一种雏鸡急性传染病。本病的主要症状是严重腹泻，胸、腿部肌肉出血，法氏囊肿大、出血和坏死是其特征。在自然情况下只感染鸡，3～6周龄鸡最易感染，成年鸡通常为隐性感染。常突然发病，传播迅速，鸡群一般在发病第3天开始死亡，5～7d达死亡数最高峰，以后逐渐减少。预防本病可用疫苗，首免时间10～14日龄，二免为18～32日龄，治疗用高免卵黄抗体。

6. 禽痘　是由病毒引起的一种接触性传染病，其特征是皮肤、口角、鸡冠等处出现痘疹。治疗可除去痘痂，涂擦结晶紫等消毒药，预防可刺种疫苗。

7. 鸡传染性喉气管炎　是由一种疱疹病毒引起的急性接触性传染病。本病的主要特征是呼吸困难、咳嗽和咯出含血液的渗出物。5月龄至1岁的鸡易感染。本病无特效疗法，为防止继发感染可试用青、链霉素等，常发地区可接种疫苗。

十一、寄生虫病基本知识

1. 寄生虫病的概念　有些动物在它们全部或部分的生活过程中必须寄居在另一种动物的体表或体内，夺取对方的营养，并给对方造成损害，这种动物称寄生虫，被寄生虫寄生的动物称宿主。由寄生虫引起的宿主的疾病称寄生虫病。如猪蛔虫寄生在猪小肠内，引起猪的生长发育不良、消瘦等，称为猪蛔虫病。

2. 寄生虫的生活史　寄生虫的生长、发育和繁殖的全过程称为生活史。寄生虫的生活史可分为若干阶段，每个阶段有不同的形态特征，需要不同的生活条件。如蛔虫的生活史分为虫卵、幼虫和成虫三个阶段。了解寄生虫的生活史，特别是了解它们各个阶段所需要的生活条件，对治疗和预防寄生虫病非常重要。

3. 寄生虫对宿主的危害

（1）机械性损伤。虫体以吸盘、吻突、钩等器官附着在胃肠黏膜上，造成局部损伤、出血、炎症，在肠管、胆管等内的寄生虫可造成肠管、胆管的阻塞和破裂。

（2）毒害作用。寄生虫生活期间的代谢产物和分泌物及虫体死亡崩解时散出的体液都对寄生虫产生毒害作用。

（3）夺取营养。寄生虫从宿主体内夺取营养，从而使宿主贫血、消瘦和营养不良。

（4）带入病源引起继发感染。在外界环境中发育的幼虫侵入宿主体内时把各种病原微生物带入机体引起传染病。

4. 寄生虫病的传播和流行　和传染病一样，寄生虫病的传播和流行必须具备传染来源、传播途径和易感动物三个基本环节。寄生虫病的传播途径是复杂的，主要有经口感染，如蛔虫病、绦虫病、肝片吸虫病等；经皮肤感染，如日本血吸虫病、疥螨等；通过昆虫感染，如虻传播伊氏锥虫病；接触感染，如绵羊的痒螨病；胎盘感染，如弓形虫病。

5. 寄生虫病的防治　要围绕三个基本环节开展工作：一是控制和消灭传染来源。各地区根据寄生虫病的季节动态，有计划地进行定期预防性驱虫，从而制止发病或使发病症状轻微。已经患病的使用药物治疗，用物理、化学或生物学的方法消灭外界环境中的病原体。如粪便的堆积发酵可杀死大部分虫卵、幼虫。二是切断传播途径。经常保持畜禽舍及环境卫生，杀灭蚊、蝇，保护水源不被污染。消灭中间宿主及破坏中间宿主的滋生地。三是保护易感生物，加强饲养管理，提高畜禽的抗病能力。

十二、畜禽常见寄生虫病防治技术

(一) 牛羊的主要寄生虫病

1. 肝片吸虫病　又名肝蛭病。病原为肝片吸虫，新鲜虫体呈棕红色，扁形柳叶状。寄生在肝脏胆管中，幼虫必须在中间宿主椎实螺中经一段时间发育。

(1) 诊断要点。本病的发生与中间宿主椎实螺密切相关，多发生于低洼地、沼泽地放牧的牛羊。感染后症状的轻重取决于感染强度、动物机体的健康状态。轻度感染往往不显症状，严重感染时发病。牛羊为急性型，表现为体温升高，食欲不振，可视黏膜苍白，腹泻，肝肿大，压痛，有时急性死亡。慢性型多见，表现为贫血、水肿、消瘦、衰弱。

(2) 治疗。在疫区每年春秋两季各驱虫一次：磺醚柳胺 7.5mg/kg，内服。三氯苯唑 12mg/kg，灌服。

2. 疥癣病　俗称癞病，是指由螨寄生在畜禽体表而引起的慢性寄生性皮肤病。本病多发于秋冬季节，特别是饲养管理不良、卫生条件差时最易发生。

(1) 诊断要点。剧痒，湿疹性皮炎，脱毛，皮肤增厚，患部逐渐向周围扩张和具有高度传染性为本病特征。

(2) 治疗。牛，先洗净患部，然后用 5% 敌百虫溶液擦洗患部，每隔数天一次。羊用药浴法，用 0.3% 敌百虫或 500mg/L 辛硫磷、250mg/L 嗪农、50mg/L 溴氰菊酯等。

(二) 猪的主要寄生虫病

1. 猪蛔虫病　多发生于 3～6 月龄的仔猪。常因幼虫行至肺部而引起蛔虫性肺炎。

(1) 诊断要点。严重感染的仔猪可见消化不良，经常腹泻，逐渐消瘦，有时磨牙，发育停滞甚至死亡。轻度感染时无明显症状。

(2) 防治。可在疫区每年春秋两季对全群猪各驱虫一次，左旋咪唑 8～10mg/kg 或芬苯达唑和伊维菌素合剂 15～30mg/kg 或敌百虫 0.1g/kg，总量不超过 7g，内服。

2. 姜片吸虫病　姜片吸虫为肉红色，肥厚宽大，很像切下的生姜片。姜片吸虫的发育史需要一个中间宿主（扁卷螺），并以水生饲料为媒介才能完成其生活史。

（1）诊断要点。猪食入被污染的水或水生饲料受感染，病猪精神浓郁，低头拱背，消瘦，贫血，水肿，食欲减退，腹泻。幼猪发育受阻。

（2）防治。可定期驱虫，敌百虫，用法同猪蛔虫病；硫双二氯酚 70～100mg/kg 喂服；吡喹酮 50mg/kg 拌料一次喂服。

（三）鸡的主要寄生虫病

1. 鸡蛔虫病　常引起公鸡生长发育不良，甚至大批死亡。病鸡消瘦，贫血，腹泻，有时造成肠阻塞。可定期用药物驱虫，用左旋咪唑 25mg/kg 混入饮水或饲料中给药或用丙硫苯咪唑 10mg/kg 内服。

2. 鸡球虫病　多发生于 3 月龄内的小鸡，春夏季节天气阴雨潮湿，气温 20～30℃，鸡群拥挤，潮湿，卫生条件差易引起球虫病流行。病鸡主要表现精神委顿，羽毛松乱，翅膀下垂，怕冷，嗉囊充满液体，粪便带血，血便后 1～2d 大批死亡。抗球虫病有氯吡多、盐霉素、氯苯胍、氨丙啉等。

十三、中毒病基本知识

1. 毒物与中毒　某种物质进入机体，在一定剂量与条件下使动物发病，此种物质称为毒物。由毒物引起的畜禽疾病称为中毒。在 24h 内发生的中毒称急性中毒，少量毒物长期逐渐进入家禽体内，蓄积到一定程度才发病的，称慢性中毒。

2. 中毒的原因　主要有以下几个方面：
（1）误食有毒植物。如牛食青杠树叶中毒。

（2）饲料保存、调剂和使用不当，如小白菜常因堆放、焖煮而引起猪亚硝酸盐中毒；饲料受潮霉变从而引起霉饲料中毒。

（3）误食其他毒物，如误食经农药处理过的种子、喷洒了农药的植物而引起中毒。

（4）单纯大量地饲喂含有毒物质的饲料，如酒糟、马铃薯、高粱苗。

（5）药物使用不当，如驱虫药用量过大。

（6）环境卫生差，如在畜禽养殖场工厂、矿山附近，家畜饮用了被污染的水、饲料等。

（7）其他。

3. 中毒症的特征
（1）急性中毒。家畜以急性中毒多见。表现为严重的消化紊乱，如流涎、呕吐、臌气、腹泻或便秘，粪便带血或黏液，腹痛等；神经机能障碍，一般少量毒物引起兴奋，大剂量可使神经发生抑制。因此，中毒初期一般呈现兴奋状态，家畜易于惊恐、站立不稳、摇摆不定、倒地，四肢划动，呼吸困难，瞳孔散大或缩小，有时全身出汗，体温一般正常。

（2）慢性中毒。慢性中毒的病程发展缓慢，一般经过一段时间才能出现症状，但不太明显，常表现出消化紊乱，如轻度腹痛、腹泻或便秘、贫血、消瘦等。

4. 中毒的诊断　除了少数的已知误食或误投某种毒物外，临床诊断家畜是否中毒比较困难，所以在进行诊断时，必须根据病史材料、临床症状、病理剖检变化和毒物检验结果综合分析，才能做出正确诊断。

5. 中毒病的治疗　家畜中毒后，发病急剧，危及生命，必须采取及时正确的治疗措施：

（1）迅速解除毒物，减少毒物的再吸收。如果毒物是经消化道进入，可采取洗胃、催吐（只适于猪，其他动物不予采用）、泻下、灌肠等措施。若经皮肤吸入，宜迅速清洗皮肤上的毒物，以减少再吸收。

（2）解毒。可按毒物的性质使用中和解毒、吸附解毒、氧化解毒、沉淀解毒、保护性解毒、特效解毒等方法。

（3）增强机体抵抗力。加强护理，精心饲养。

（4）根据病情，适当地采取对症治疗，如强心、输液、镇静、解痉、缓解呼吸困难等。

畜禽生理、生长及生态指标与经济效益

第一节　畜牧业统计指标与统计分析

一、畜牧业统计指标体系与名词术语

随着畜牧业生产与社会经济的发展，需要制定一个系统的统计指标体系，以反映畜牧业生产、技术与经济的发展水平。

统计工作的总体要求：要有一个完善的统计指标体系，统计数据的准确性，统计的及时性。

我国的畜牧业统计指标体系正处于一个不断完善的过程。

（一）畜牧业常用统计指标

反映畜牧业生产、技术与经济的发展水平的统计指标所涉及的指标种类很多，专业性也很强。这里仅列举一些常用的畜牧业统计指标及与生猪养殖、奶牛养殖有关的统计指标。

1. 存栏数　指调查日期（通常指年末、季末、月末）实际存在的各类畜禽头（只）数，不分大小、公母、品种、用途，全部包括在内。

2. 出栏数　指统计期内出栏供屠宰（含出售和自食）的畜禽头（只）数。包含淘汰的和因伤死亡的耕牛、肉牛、奶牛和羊，但不包含出售的雏禽和幼畜（架子畜）数。猪出栏数不包括个别地区习惯吃的"烤小猪"或出口的"乳猪"。

3. 出栏率　一般指某家畜当年出栏数占年初存栏数的百分比。其计算公式如下：

$$出栏率=\frac{当年出栏数}{年初存栏数}\times 100\%$$

4. 屠宰数　国外一般不采用出栏数这项统计指标，而采用屠宰数这项指标。因为采用出栏数时，往往容易出现重复统计的问题。例如，一头肉牛从犊牛到育肥牛屠宰，可能辗转两个或多个农户（场）进行饲养，特别是跨省份、跨地区的转移饲养时，因此很容易出现牛的出栏数重复统计的问题。

5. 饲养量　指一个时期内（通常为一年）实际饲养过的畜禽头（只）数。其计算公式如下：

全年饲养量＝年末存栏数＋年内死亡数＋全年累计出栏数

6. 能繁母畜 指已经达到生殖年龄并具有生殖能力的、专门留作繁殖用的母畜，不论是否配种受胎，均应算作能繁殖的母畜。母畜生殖年龄的标准一般是：1.5 岁以上的牛，2 岁以上的驴，2 岁以上的马，8 月龄以上的猪，1 岁以上的羊。

7. 仔畜 指统计期内新繁殖的仔猪、犊牛、马（驴、骡）驹、骆驼羔、羊羔的统称。

8. 肉产量 指在统计期内畜体屠宰后的胴体量、禽体屠宰后的净膛重。某地区的某种畜禽的肉产量用该地区平均胴体重或净膛重的数据乘以出栏并屠宰头（只、羽）数推算而得。

9. 肉类总产量 指在统计期内出栏并已屠宰的畜禽肉产量总和（即牛肉、马肉、驴肉、骡肉、骆驼肉、猪肉、羊肉、禽肉、兔肉、其他肉产量之总和）。

10. 胴体重 胴体重指家畜屠宰放血后除去头、蹄、尾和内脏（即下水）后带骨肉的重量。大牲畜及羊还要去皮重；猪还要去毛重。某地区的平均胴体重可通过典型调查、抽样调查和收购部门或屠宰场掌握的资料获取。

11. 净膛重 净膛重指家禽屠宰后除去羽毛、头、爪和内脏（即下水）后带骨肉的重量。净膛重有半净膛重与全净膛重之分，半净膛重一般保留心、肝（去胆囊）、肌胃（去除内容物和角质膜）、腹脂、肺和肾脏。

12. 牛、羊奶产量 指社会产量，包括出售和农民自食自用的各种牛（荷斯坦牛、改良后产奶的黄牛、牦牛、水牛）、羊生产的奶产量。牛犊、羊羔直接吮食的部分不统计产量。

13. 禽蛋产量 指在统计期内鸡、鸭、鹅的产蛋总量。

14. 产活仔猪数 指出生 12h 后的存活仔猪数。此时初生仔猪由母体胎盘供给养分转变为自己吮吸母猪乳汁获得养分。

15. 产活率 指产活仔猪数占产仔猪数的比例。其计算公式如下：

$$产活率＝\frac{产活仔数}{产仔猪数}×100\%$$

16. 哺乳仔猪 指出生后吮吸母乳开始至断奶前的仔猪。一般为 2～60 日龄。此时仔猪以母乳为主要养分来源，辅以易利用的饲料。近年来，由于人工乳（仔猪料）的广泛应用，仔猪的断奶时间大大提前。在生产中，体重达到 30kg 前的猪通常称为仔猪。

17. 生长育肥猪 指断奶至育肥结束屠宰前（一般体重达 90～110kg）的猪。

18. 后备公猪 指断奶至初配前选留为种用的小公猪。

19. 后备母猪 指断奶至初配前选留为种用的小母猪。

20. 母猪泌乳力　这是衡量母猪繁殖性能的指标之一。用 20 日龄仔猪窝重（包括寄入仔猪，不包括寄出仔猪）表明母猪泌乳的能力。

21. 母猪哺育率　这也是衡量母猪繁殖性能的指标之一。指断奶时育成仔猪数与产活仔猪数之比。其计算公式如下：

$$哺育率=\frac{育成仔猪数（包括寄入仔猪数）}{产活仔猪数-寄出仔猪数+寄入仔猪数}\times100\%$$

22. 母猪生产单元　这是评定母猪生产力，特别是生猪养殖场的一项综合指标。指平均每头母猪一年内所产仔猪到达育成肉猪时的总体重，或屠宰后的总产肉量（胴体重）。

23. 猪日增重　这是衡量猪生长发育、饲养水平和经济性状的一项指标。指在某特定饲养阶段内平均每日体重增加重，计量单位为 g。称体重应在早晨喂料前进行。其计算公式如下：

$$日增重=\frac{终重-始重}{饲养日}$$

24. 猪空体重　指去除胃肠道和膀胱内容物的宰前猪的活重。为简便起见，可采用猪屠宰前禁食、禁水的活重。

25. 猪屠宰率　是衡量猪产肉能力的重要指标之一，指猪胴体重占其空体重的百分率。计算公式如下：

$$屠宰率=\frac{胴体重}{空体重}\times100\%$$

26. 瘦肉率　是衡量猪产肉能力的重要指标之一，指猪胴体中瘦肉重量占其胴体重的百分率。瘦肉重量包含肌内脂肪和肌间脂肪的重量。计算公式如下：

$$瘦肉率=\frac{瘦肉重量}{胴体重}\times100\%$$

27. 熟肉率　是衡量猪肉品质的重要指标之一，俗称缩水率。采猪胴体左侧完整的腰大肌称重后放入玻璃或搪瓷容器内，在沸水中蒸 40min，再阴凉 30min 后称重，蒸凉后肉样重占其蒸前重的百分率即为熟肉率。计算公式如下：

$$熟肉率=\frac{蒸后肉样重}{蒸前肉样重}\times100\%$$

28. 犊牛　指 1 岁以下性未成熟的公母牛。

29. 青年母牛（后备母牛）　指 1 岁以上到第一次产犊的母牛。一般到 18 月龄完全性成熟时配种。

30. 初产母牛　指第一次产犊的母牛。

31. 经产母牛（成年母牛）　指产过一胎的母牛。其产奶量一般在产 3～6 胎时最高。

32. 产奶母牛　指处于产奶期的母牛。在正常情况下,产奶母牛每年产犊一次,泌乳期(从产犊后挤奶开始到下一次临产前不分泌乳汁之间的时期)约305d,干奶期(两个泌乳期之间不分泌乳汁的时期)2个月。

33. 空怀母牛　指产犊后较长时间不能正常配种怀犊的母牛。在正常情况下,母牛产后28～36d出现第一次发情即可配种。一般经过第1～2次发情周期即可怀胎。

34. 泌乳期产奶量　通常有两种计算方法:一是全泌乳期实际产奶量,即从产犊起到干奶为止的累计产奶量;二是以305d总产量为准,即从产犊起到第305天的总产奶量。在进行对比试验和公牛后裔测定时,需要采用305d产奶量,并采用特定的校正系数将不同泌乳期母牛的产奶量校正到305d的产奶量,然后进行比较。

35. 终生产奶量　指产奶母牛一生中所生产牛奶和乳脂的总量。产奶母牛的培育成本相对较高,为提高产奶母牛的经济利用效率,就需要提高奶牛的使用年限,并确保每个泌乳周期都达到较高的产奶水平。

36. 牛奶干物质产量　由于不同牛群所产牛奶中的有形物质(蛋白质、脂肪、碳水化合物、维生素和矿物质等)的含量存在很大的差异,单靠不同质量奶的产奶量不好进行牛奶品质或产奶经济效益的比较。在美国,目前已经采用牛奶干物质的统计方法,即牛奶产量以其干物质计量。

(二) 与畜牧业统计有关的名词术语

作为一个畜牧业统计人员,如果没有经过畜牧专业知识的学习与培训,也应当在日常工作与学习中加强与统计工作紧密相关的畜牧业名词与术语的学习与培训,以适应畜牧业统计工作发展的需要,提高畜牧业统计及统计分析的水平。

1. 遗传育种

(1) 品种、品群、品系。

(2) 繁育体系(育种场—繁殖场—商品场)。

(3) 纯种繁育、杂交繁育(经济杂交)、品系繁育、自群繁育。

(4) 系谱、系谱鉴定、后裔测定。

2. 畜禽繁殖

(1) 人工授精、胚胎移植。

(2) 繁殖力。

①受胎率:情期受胎率、总受胎率。

②繁殖率。

③成活率。

④繁殖成活率。

⑤窝产仔数。

（3）家畜的发情周期和妊娠期（表 5－1）。

表 5－1　常见家畜的发情周期与妊娠期

畜种	发情周期（d）	发情持续期	排卵时间	排卵数（枚）	妊娠期（d）	产后第一次发情	备注
猪	21（18～23）	48～72h	发情开始后24～48h	10～20	114	断奶后3～7d	全年多次发情
黄牛（奶牛）	21（18～24）	18～19h	发情结束后10～16h	1	280～282	28～36d	舍饲全年多次发情，牧区季节性多次发情
水牛	21（16～25）	25～60h	—	1	303～313	2～3个月	妊娠期因品种而异，全年多次发情
牦牛	6～25	2d以上	—	1	257（224～284）	35～40d	季节性多次发情
绵羊	16～17（14～19）	29～36h	发情开始后18～30h	1～3	147～152	下次发情季节	秋季多次发情，少数春、秋季多次发情
山羊	20（18～22）	48h	发情开始后33h	2～3	150（147～155）	下次发情季节	秋季多次发情，少数春、秋季多次发情
马	21（18～25）	5～7d	发情结束前1～2d	1	334～336	7～9d	春、夏、秋季多次发情，少数全年发情
驴	21～28	2～7d	发情结束前1～2d	1	360～363	6～8d	春、夏季多次发情
双峰驼	10～20	1～7d	发情结束时	1	406（390～410）	第一天	全年多次发情
家兔	—	不明显	交配后10～12h	2～10	30～32	—	诱发排卵，若交配未孕，假妊娠可维持14～16d

（4）家畜的生长发育期。生长是以细胞增大和细胞分裂为基础的量变过程；发育则是以细胞分化为基础的质变过程，是生长的发展与转化。所以，生长发育是生长和发育共同形成的一个生命成长到最佳经济利用的全过程。当生长发育完成一段时间后，就走向生命衰退的阶段。

发育成熟（生理成熟）指畜禽发育或生理过程达到基本稳定的状况。此时，畜禽形态、机能、新陈代谢都达到均衡而稳定的状态。对奶牛或蛋鸡来说，达到发育成熟后，其产奶和产蛋能力也达到并持续一段时期。如前所述，产奶母牛要达到 50 月龄以后才能达到发育成熟，所以一般到第 3～6 个泌乳期时其产奶量最高。产蛋母鸡一般从 150 日龄开产，其后产蛋能力逐渐提高，但到 500 日龄后，产蛋水平就要逐步下降，所以工厂化蛋鸡场从经济角度考虑，产蛋母鸡饲养到 500 日龄后就全部淘汰。

经济成熟指畜禽达到可以作为某种经济利用的状态。此时，肉用畜禽为最有效的经济利用时期，其生长速度快，饲料利用效率高，腹部脂肪沉积少。过了经济成熟期，则生长速度变慢，饲料利用效率低，腹部脂肪沉积增多。目前，肉猪一般育肥到 130～150 日龄，体重达到 90～110kg 出栏屠宰；专门化肉牛育肥到 18～24 月龄，体重达到 500kg 屠宰。

3. 饲料与营养

（1）饲料分类。

①按饲料的物质本性，可分为植物性饲料、动物性饲料和矿物性饲料三类。

②按饲料的营养特点和物理性状，可分为精饲料、粗饲料和青绿饲料三类。

③按饲料的营养功能，可分为能量饲料、蛋白质饲料、维生素饲料、矿物质饲料等类。

④按饲料的加工情况，可分为饲料添加剂预混料、浓缩饲料、全价配合饲料、补充饲料等类。

（2）饲料的营养成分。

①有机物。

a. 含氮化合物。蛋白质（肽，氨基酸），非蛋白质（胺，游离氨基酸、尿素）。

b. 碳水化合物。无氮浸出物（单糖、多糖、多糖），粗纤维（纤维素、半纤维素、木质素）。

c. 脂肪。简单脂肪，复合脂肪。

d. 维生素。脂溶性维生素（维生素 A、维生素 D、维生素 E、维生素 K），水溶性维生素（B 族维生素、维生素 C 等）。

②无机物。矿物质（常量、微量）。

二、畜牧业统计分析

获取畜牧业统计数据不是最终的目的，而是要进一步对这些数据进行分析，通过分析得到一个国家或一个地区在不同时期畜牧业生产、技术与经济的发展水平，为上自有关领导部门下到本产业内有关经营者提供决策依据，以及为全社会利益相关者（即广大消费者）提供社会化服务信息。

（一）常规畜牧业生产统计分析

即畜产品生产、销售、消费、贸易形势和预警分析。

（二）畜产品成本收益分析

畜产品成本收益分析是进行畜牧业经济分析的一项很重要内容。

国家发展和改革委员会价格司每年都出版《全国农产品成本收益资料汇编》，其中包含"各地区肉、禽、蛋、奶"和"各地区畜产品"成本收益资料。从该资料汇编中人们可学会需要获取哪些抽样调查数据（指标）。

成本收益调查数据来自抽样调查。抽样调查数据的可靠性在很大程度上取决于样本的数量及其代表性。

现以 2005 年散养生猪为例，资料汇编包含以下两个统计资料表格（表 5-2、表 5-3）：

（1）散养生猪成本收益情况。

表 5-2　北方散养生猪成本受益情况

项目	单位	平均
每头		
主产品量	kg	108.40
产值合计	元	814.24
主产品产值	元	794.49
副产品产值	元	19.75
总成本	元	803.79
生产成本	元	803.78
物质与服务费用	元	636.67
人工成本	元	167.11
家庭用工折价	元	166.92
雇工费用	元	0.19
土地成本	元	0.01
净利润	元	10.45
成本利润率	%	1.30
耗粮数量	kg	183.00
每 50kg 主产品		
平均出售价格	元	366.46
总成本	元	361.76

（续）

项目	单位	平均
生产成本	元	361.75
净利润	元	4.70
耗粮数量	kg	84.40
附：		
每核算单位用工数	d	10.92
平均饲养天数	d	174.00

（2）散养生猪费用和用工情况。

表 5-3　北方散养生猪费用和用工情况

项目	单位	平均
一、每头物质与服务费用	元	636.67
（一）直接费用	元	627.58
1. 仔猪进价	元	194.34
2. 精饲料费	元	357.54
3. 青粗饲料费	元	40.88
4. 饲料加工费	元	7.55
5. 水费	元	1.85
6. 燃料动力费	元	7.56
电费	元	1.86
煤费	元	4.35
其他燃料动力费	元	1.35
7. 医疗防疫费	元	8.36
8. 死亡损失费	元	3.46
9. 技术服务费	元	0.38
10. 工具材料费	元	2.31
11. 修理维护费	元	2.12
12. 其他直接费用	元	1.23
（二）间接费用	元	9.09
1. 固定资产折旧费	元	6.97
2. 税金	元	—
3. 保险费	元	—

（续）

项目	单位	平均
4. 管理费	元	0.25
5. 财务费	元	0.04
6. 销售费	元	1.83
二、每头人工成本	元	167.11
1. 家庭用工折价	元	166.92
家庭用工天数	d	10.91
劳动日工价	元	15.30
2. 雇工费用	元	0.19
雇工天数	d	0.01
雇工工价	元	19.00
三、附记		
1. 仔畜重量	kg	17.20
2. 精饲料数量	kg	262.00
3. 耗粮数量	kg	183.00

第二节　提高猪场的经济效益

如何提高猪场生产的经济效益成为众多生产者面临的一大难题。仔细分析起来，对猪场经济效益的影响无非有两方面因素，即市场上生猪价格和猪的饲养成本，市场上生猪价格是由市场来决定的，生产者无能为力。因此，降低饲养成本是市场经济条件下提高猪场经济效益的唯一途径。

一、重视品种改良

养猪生产者必须利用产肉性能好的猪种。而一般优良品种均具有产仔多、日增重速度快、饲料转化率高、屠体重、瘦肉率高等特点，如有些养殖场从法国引进的大白、长白种猪初产窝仔均为 11.6 头，而一般地方种猪不具备这些特点，且生长速度较慢、饲料转化率低。就目前市场而言，改良猪价格比未改良猪价格高 0.6～1 元/kg，如果按 90kg 出栏，一头改良品种猪比未改良品种猪多获利 54～90 元，若万头猪场可多获利 54 万～90 万元，因此品种好坏直接影响猪场的效益。

我国近年来从国外引进了大量的种猪，这些种猪都是经过高强度选育的品种，由于国内部分猪场在选育上的误区，培育出一群具有高的生长日增重、较低的背脂厚度的猪群，使现在的母猪与其祖先比较对营养变得更加敏感，对饲养管理的每个环节的要求也更加精准，否则母猪繁殖力就会如达不到预期。母猪繁殖力是养猪生产效益和经济效益的一项重要指标，又是高度变异的性状。因此，抓好繁殖猪群管理是生产管理中的重中之重，也是当前提高猪场经济效益的关键所在。

（一）科学选择种猪，不能一味地追求种猪的健美体型

作为育种场，首先要制定科学的育种方案。然后根据育种方案制定适合本场猪群特点的场内选种规程，明确培育种猪的类型，是做父系还是做母系。再根据目标持久系地进行定向培育，并制定生产指标等级标准，把合乎目标的、等级高的留作种用，以不断地提高和改良种猪群。考虑到提高猪群繁殖性能水平，在选择繁殖力高的品种或品系做母本的前提下，以下几个性状可供参考：

（1）以改进生长速度、繁殖力和群体整齐度为重点，兼顾体型外貌，特别是四肢的结实度。

（2）选择指标为目标体重日龄、背膘厚、胎产活仔和断奶至配种间隔。

（3）达 100kg 体重日龄 160d、背膘厚公 1.20cm 及母 1.30cm、胎产活仔 9.5 头、断奶至配种间隔 25d。

（4）要求腮小无赘肉，臀部不过度丰满，腹线微弧状而不紧收，体质微疏松而不过分紧凑。体长 110cm 以上、臀宽 28cm 以上。

（5）正确处理选种和定向培育的关系。选种是基础，定向培育是关键。离开了定向培育，选种工作就成了消极地等待自然的恩赐。这一理论既是对自然和人类实践的客观总结，也完全符合辩证唯物主义关于内因与外因相互转化的对立统一原则。

（二）建立合理、健康的猪群胎次结构

（1）要使胎次分布达到最佳，需要使主动和被动淘汰最佳化。淘汰母猪主要原因有：

①繁殖障碍。需要反复配种才能受胎，不发情，未能分娩，窝产仔数少，母性差等。

②运动障碍。躯体结构有问题，肢蹄疾患，骨软骨病，受到伤害。

③病理状态。极端体况，疾病，流产，泌乳障碍。

④遗传改良速度加快。

（2）在生产记录中，许多猪场的母猪平均胎次达到 6～7 胎，老龄母猪经

历了多次的繁殖和泌乳后通常有较高的死胎率。因此，母猪在 7 胎后即便体况很好，但产活仔数下降了，就该考虑淘汰。

（3）严格遵守淘汰标准，实施现场控制与检定，最好是每批断奶母猪检定一次，保持合理、健康的猪群胎次结构。

（三）摸清后备猪群的病原分布，开展后备猪群的驯化和疾病净化

（1）首先饲养在专一的后备猪舍，在饲料中添加适量抗生素（可用延胡索酸泰妙菌素 125g/t＋金霉素 400g/t＋阿莫西林 250g/t）和复合维生素，连喂 2 周。最好每月重复用药一次，每次至少 7d。

（2）如果是引进种猪必须根据供种场疫苗注射情况，结合本场实际，实施后备猪群的疫苗免疫注射。

（3）后备猪群投入配种前应全面逐头抽血检查，摸清后备猪群的病原分布和疫苗免疫效果，确保无特定病原个体。

（四）科学地培育管理后备猪群

（1）拟订喂料标准，制订限饲优饲日程，日喂料两次。母猪 6 月龄以前自由采食，7 月龄适当限制。喂料 2.0～2.5kg/（d·头）。根据不同情况、配种计划增减喂料量。后备母猪在第一个发情期（配种前一个月或半个月）开始，要安排优饲催情，日喂料量 2.8～3.5kg，配种后日喂料量减至 1.8～2.2kg。

（2）后备公猪单栏饲养，圈舍不够时可 2～3 头一栏，配种前一个月单栏饲养。后备母猪小群饲养，5～8 头一栏。

（3）建立后备母猪发情档案。母猪发情记录从 6 月龄时开始，仔细观察初次发情期。后备母猪的初配年龄 7.5 月龄，体重要在 110kg 以上。公猪初配月龄须达到 8.5 月龄，体重要达到 130kg 以上。

（4）加强管理，促进发情。对进入配种区的后备母猪坚持每日运动 1～2h 并用公猪试情检查。可采取如下措施：①调圈；②和不同的公猪接触；③尽量靠近发情的母猪；④进行适当的运动；⑤限饲与优饲；⑥应用激素。

二、饲料费用

饲料的费用占整个养猪成本的 70％以上。饲料转化率高低直接作用于猪的饲养成本，若每千克增重饲料消耗量从 3.5kg 降到 3.2kg，饲料成本可减少 8.57％，这样无形中便节约了饲料成本。因此，合理利用饲料配方中的原料成为降低生产成本的又一因素。同样原料，不同配方，饲料转化率不一样。同样，相同的配方来自不同产地的原料，饲料转化率也不同。只有采用新科学方法配制的全价饲料和生产性能最佳的杂种猪，才能提高饲料的利用率和转化

率，从而降低生产成本，增加经营者的效益。

（一）配方设计

在设计饲料配方时，要灵活运用饲料标准，科学选用饲料原料，根据不同饲料原料的营养成分含量及猪的生产方向、生产性能、生产阶段、性别和不同季节选用不同的营养水平，以充分发挥猪的生长潜力，提高经济效益。瘦肉型猪要获得较高的瘦肉率，就要求日粮达到理想的蛋白质水平。夏季为增加猪的食欲和保证足够的采食量，必须增加饲料的营养浓度，特别是要提高饲料的氨基酸、维生素和微量元素含量。同时，还要添加氯化钠、碳酸氢钠等电解质，以促进采食，保证猪较快的生长速度。

（二）料调整

（1）哺乳期及保育期小猪（出生至 25kg）。淘汰体弱多病的小猪，对于健康小猪加强饲养管理，切不可为了降低成本而降低饲料质量，因营养变差和照顾不周的小猪容易发病，生长受影响，结果肉猪后期更难饲养管理，成本反而增加。

（2）生长前期肉猪（25～50kg）。生长前期的肉猪仍然需要好的饲料、好的管理才能发挥最好的生长潜力。因为，50kg 以前的时期仍然是小猪长瘦肉和骨架的最佳时机，生长不可受到影响，但是配方中鱼粉等高价格原料可以不用，而由其他原料进行替代。

（3）生长后期肉猪（50kg 至出售）。50kg 以后的肉猪配方可以适当降低营养成分，如 50～80kg 肉猪的蛋白质可以酌减 0.5 个百分点（如由 17.5％降到 17％），80kg 至出售肉猪的蛋白质可以酌减 1.0～1.5 个百分点（如由 17％降到 15.5％）。当然，以上只是一个基本原则，最好的饲料配方仍要依据猪品种、采食量、季节和猪价等因素做调整。

一是限饲量要以达到最佳料肉比为考虑准则，50kg 以前的肉猪不宜采用，50kg 后则依品种可做不同的食量限制。

二是公母分饲可以使猪群整齐一致，按照去势公猪与母猪不同的营养需求配合饲料，在满足其营养需求的条件下降低饲料成本。

三是种猪饲养。种猪的饲料品质及饲喂量直接影响了繁殖性能，种猪的营养必须保证。

三、加强综合防治，杜绝传染病发生，保证猪的健康生长

猪的生长快慢、饲料利用率的高低不仅与猪的品种、饲料有关，而且与猪的健康状况有着密切的关系。如果猪场经常有慢性疾病的困扰，特别是喘气

病、传染性胸膜肺炎等，猪采食量大却不增重，从而延期出栏，增加饲养日和饲料消耗，造成饲养成本上升。很显然，如果猪场暴发传染病，猪大批死亡，造成饲养成本上升，往往会使经营者陷入困境。

因此，必须加强防疫消毒措施，严格贯彻执行免疫程序，保持猪舍干净卫生，及时消除有害气体，保证猪的健康生长，才能提高经济效益。

1. 猪的免疫　根据猪群的免疫状态和传染病的流行情况制订预防接种计划，制定免疫程序应考虑和周边的疫病流行情况、抗体和母源抗体的高低、猪日龄的用途以及疫苗的用途等。后备猪重点预防猪瘟、口蹄疫、伪狂犬病、猪喘气病、猪细小病毒病、猪乙型脑炎、蓝耳病、萎缩性鼻炎及大肠杆菌病等；经产母猪和种公猪重点预防猪瘟、口蹄疫、伪狂犬病、猪乙型脑炎、蓝耳病、萎缩性鼻炎及仔猪大肠杆菌病等；商品猪重点预防猪瘟、口蹄疫、伪狂犬病、猪喘气病、仔猪水肿病、胸膜性肺炎。另外根据需要，还应按照免疫程序做好猪丹毒和猪肺疫预防接种。

2. 做好驱虫计划　商品猪 60 日龄后和 50kg 各驱虫一次，新购仔猪 10d 后驱虫，种母猪每胎分娩 10～14d 驱虫一次。

3. 猪病的治疗　对于猪病重点是以预防为主、治疗为辅的原则，发生疾病应及时治疗，如为传染病，应隔离治疗，同时对发病猪的同圈和临圈猪进行全部治疗，并注意巩固疗效，避免猪病的复发。并对病死猪进行深埋或用死猪处理池进行严格消毒或焚烧处理。

4. 加强管理，合理安排生产环节　养猪生产者既要懂经济又要懂技术。只有这样，生产经营者才能利用有限的资金去做更多的事。养猪经营者还必须有分析市场的能力，结合猪场的实际情况，制订适合本场的生产计划，使生产和销售相结合，最终取得良好的经济效益。

环境管理：

（1）扑杀病猪。将健康状况欠佳的猪尽快处理掉。

（2）降低密度。饲养密度过大会给猪造成应激，从而影响饲养成绩，采用合理的饲养密度，提供适合的环境，猪的健康情况有保障，猪的饲养成绩自然会提高。

（3）避免污染。猪场应谢绝外来人员进入，注意人员和车辆的消毒工作，规范猪场管理。

（4）改善设备。改善不合理的猪舍设计，注意猪场之间的距离、排污设计情况、通风情况，标准是好管理、易消毒、病原易控制。

（5）净化猪群。常见的净化猪群方法有早期隔离断奶法、净空 14d 法、全进全出、分段隔离饲养法等，通过净化猪群创造良好饲养环境，可降低猪的发病率，避免因发病给养猪生产造成的损失。

5. 驱虫提高夏季猪场经济效益　猪的寄生虫种类繁多，有蛔虫病、疥螨病、猪毛首线虫病（鞭虫病）、肺丝虫病、弓形虫病、球虫病、囊虫病、旋毛虫病等，但以疥螨病、蛔虫病、球虫病、鞭虫病最为常见，对猪的危害较严重，常常造成猪群饲料转化率下降、生长发育不良、生长缓慢。夏季天气潮湿，是寄生虫活动活跃、危害严重的时期，因此，做好猪群体内外寄生虫的驱虫工作是提高夏季猪场经济效益的重要措施之一。

防制措施：

（1）坚持做好猪场寄生虫的监测工作；新引进的种猪应在隔离期间使用广谱驱虫剂进行重复驱虫。定期做好灭鼠、灭蝇、灭蟑、灭虫等工作，严防外源寄生虫的传入。

（2）采用全进全出的饲养方式，搞好猪群及猪舍内外的清洁卫生和消毒工作，使用有效杀灭球虫卵囊的复合醛等消毒剂，使猪群生活在清洁干燥的环境中，严禁饲养猫、犬等宠物，消灭中间宿主。

（3）选用好驱虫药。选用新型、广谱、高效、安全，且可以同时驱除猪体内外寄生虫的驱虫药物。单纯的伊维菌素、阿维菌素对驱除疥螨等寄生虫效果较好，而对在猪体内移行期的蛔虫幼虫、鞭虫等则效果较差，阿苯达唑、芬苯达唑、丙硫苯咪唑等则对线虫、吸虫、鞭虫、球虫及其移行期的幼虫、绦虫都有较强的驱杀作用，对虫卵的孵化有极强的抑制或杀灭作用。应选用复方的驱虫药进行驱虫，如伊维菌素和芬苯达唑合剂。如果是单纯的蛔虫病还可使用阿苯达唑、芬苯达唑、丙硫苯咪唑等驱虫药进行驱虫，球虫可选用莫能霉素、马杜拉霉素、盐酸氨丙啉、磺胺喹噁啉、氯苯胍等抗球虫药进行预防和治疗。

（4）工厂化猪场驱虫程序。

①寄生虫病较为严重的猪场，可在全场饲料中（乳猪饲料除外）添加广谱复方驱虫药。

②引进种猪及后备猪转入生产区前10d应进行驱虫，种公猪应在每年在1月、4月、7月、10月各驱虫一次，用伊维菌素和芬苯达唑合剂等拌料，按每吨饲料添加500g，连用7d。

③由于螨虫的感染能引起母猪泌乳下降和仔猪腹泻，因此必须在母猪分娩前2～3周进行驱虫，可将适选药物添加在饲料中，连用1周，避免母猪把螨虫、疥螨等寄生虫传染给仔猪。为防止母猪因驱虫产生应激，可在饮水中添加复合维生素、电解质抗应激药物。

④断奶仔猪转入保育2～4周后（50～60日龄），统一投服含有广谱复方驱虫剂的饲料，按500g/t混饲，连用5～7d，停药7d，再投药1次，连用5～7d，将第一批刚由虫卵孵化发育的幼虫杀灭，彻底解决疥螨问题。驱虫前限

喂一餐，使拌有药物的饲料能被仔猪全部吃完，以节省药物和提高疗效。

⑤潮湿天气（如春夏季节）比较容易发生疥螨病，应提前预防，生长育成猪也应该驱虫，可在 4 月龄时应按上述要求重复驱虫 1 次。

第三节　提高规模化鸡场的经济效益

鸡场生态安全内容包括鸡场环境控制和设施建设、检疫与隔离、加强消毒净化环境、加强饲料和垫料的管理、无害化处理、实施群体预防、防止应激、科学免疫接种、做好灭蚊蝇灭甲虫灭鼠和防野鸟措施、建立各项生物安全制度等方面，以期为鸡场疾病的防控提供参考。

规模化鸡场无论饲养种鸡还是肉鸡、蛋鸡，除了需要具备优良的鸡种、良好的饲料营养和加强饲养管理措施之外，还必须做好各项生物安全措施及管理。规模化养鸡因饲养数量多、规模大、批次多、周转速度快，疫病传播概率和速度也大大增加，所以规模化鸡场不能忽视生物安全措施及管理。生物安全是规模化畜禽场防控疫病新的理论，鉴于目前不少基层兽医和养殖业主还比较陌生，笔者通过学习文献和总结工作实践，获得了不少知识。现就规模化鸡场的生物安全措施及管理做一介绍，以期为养殖户防控鸡场疾病提供参考。

一、生物安全的概念

李增光在"现代大型家禽养殖企业的生物安全管理"一文中阐述：生物安全是一个综合性控制疫病发生的体系，即将可传播的传染性疾病、寄生虫和害虫排除在外的所有的有效安全措施的总称。控制好病原微生物、昆虫、野鸟和啮齿动物，并使鸡有好的抗体水平，在良好的饲养管理和科学的营养供给条件下，鸡群一定能够发挥出最大的遗传潜力。有效的生物安全体系和措施将使疫病远离禽场，即使存在病原体，这一体系也能将其消除，至少可将病原的数量和密度降至可感染水平以下，保证家禽生产获得好的生产成绩和经济效益。

丁伯良在"猪场综合防控的新理念——生物安全"一文中阐述：生物安全是近年来国外提出的有关集约化生产过程中保护和提高畜禽群体健康状况的新理论。生物安全的中心思想是隔离、消毒和防疫。关键控制点是对人和环境的控制，最后达到建立防止病原入侵的多层屏障的目的。生物安全还包括控制疫病在猪场中的传播、减少和消除疫病发生。因此，对一个猪场而言，生物安全包括两个方面：一是外部生物安全，防止病原菌水平传入，将场外病原微生物带入场内的可能性降至最低。二是内部生物安全，防止病原菌水平传播，降低病原微生物在猪场内从病猪向易感猪传播的可能性。

二、鸡场生物安全的内容

鸡场生物安全内容包括鸡场环境控制和设施建设、检疫与隔离、加强消毒净化环境、加强饲料和垫料的管理、无害化处理、实施群体预防、防止应激、科学免疫接种、紧急接种、灭蚊蝇、灭甲虫、灭鼠和防野鸟、建立各项生物安全制度等。

(一) 鸡场环境控制和设施建设

1. 鸡场选址 规模化鸡场需有良好的隔离条件，要远离村庄（1km），远离可能运输家禽的主干道（500m），远离农贸市场、养殖场、孵化场和屠宰场，尽量避免外部环境外源性病原的侵入。鸡场还需选择地势高燥、易于排涝、最好通自来水的地方。

2. 鸡场布局 生产区要与办公区、生活区分开，人鸡分离。饲养种鸡、蛋鸡、肉鸡要分别单独建场。每种鸡要建有育雏和成鸡饲养舍。兽医诊疗室、病禽隔离室应设在距离鸡舍 200m 以外的下风处。鸡粪场要设在鸡场外的下风处。以上布局有利于鸡场防疫管理。

3. 鸡场设施 鸡场周围必须建围墙、修排水沟。大门口要设消毒池，消毒池要长于汽车轮胎 1.5 个周长。各栋鸡舍入口处设消毒盆（槽）。生产区入口处还应设更衣消毒室，内装紫外线灯消毒设备。鸡场主要道路及鸡舍内和运动场地面应做硬化处理，便于清扫、消毒。鸡场净道与污道分开。净道专门用于运输鸡苗、饲料、产品；污道专门用于运送鸡粪、病死鸡、淘汰鸡和其他杂物。冲舍污水全部通过地下管道排入过滤渗水井，渗水井壁用砖砌成，并加盖密封。鸡舍建造应坐北朝南，即东西走向，这样可以保持冬暖夏凉，给鸡提供一个较好的生长环境。鸡舍屋面和外墙壁涂以白色，可防热辐射。鸡舍内备有排风扇，以便夏季高温时使用。各栋鸡舍向阳面种植高大的落叶树（如水杉或白杨树、梧桐、法桐等），夏季可降低鸡舍环境温度，防止热应激。鸡舍前檐搭设凉棚，可以遮阳避暑。

(二) 检疫与隔离

1. 引进鸡种的检疫隔离 引进种鸡或肉鸡、蛋鸡鸡苗时要做好疫情调查，严格把好到非疫区引种关。引进的鸡苗或种鸡（成年鸡）一定要隔离饲养观察（鸡苗在育雏室隔离饲养），确定无病后方可进入生产区。在种鸡饲养期间要重视种鸡的垂直传播疫病的防控，如鸡的淋巴白血病、鸡白痢、新城疫、支原体等，对这些疫病要定期进行检测，检出阳性鸡要坚决淘汰，净化鸡群，防止垂直传播疫病进一步危害下一代。

2. 人员隔离　严禁非本场工作人员进入生产区；兽医不到外场出诊，不收治病鸡；严禁外来人员进入生产区挑选购买鸡及产品；饲养人员不相互串栋。

3. 发生疫病时的隔离　及时隔离可疑病鸡，尽快送检，尽早采取紧急措施（封锁和消毒），隔离治疗或淘汰病鸡，焚烧或深埋病死鸡。

4. 其他隔离　鸡场内不养猫、犬、观赏鸟、水禽和猪等其他动物；食堂和饲养人员不食用从场外购买的禽肉及产品；固定使用饲养工具、物品；外来车辆不得进入生产区。

（三）加强消毒净化环境

消毒是杀灭和消除停留在媒介物上的病原体，切断疫病传播途径，中断传染链，是实施鸡场生物安全的一个重要措施。规模化鸡场的消毒首先要明确消毒对象，然后选用不同的消毒药物和消毒方法进行消毒。

1. 环境消毒　办公区、生活区、生产区的地面、道路、园地的消毒，地面和道路应清扫后选用5％～10％漂白粉澄清液，或2％～4％氢氧化钠溶液，喷洒一遍或几遍，每隔15d喷洒消毒一次。鸡舍周围园地的土壤要经常翻耕，利用日光照射、紫外光线杀灭病原微生物。

2. 鸡舍消毒

（1）饲养中鸡舍消毒。鸡舍应保持良好的通风换气，保持空气新鲜。鸡舍地面要每天清扫，饲槽、水槽要定期清洗污垢。鸡体可用带鸡消毒方法，但在实施疫苗免疫前后各1d不可带鸡消毒。如果是笼养的种鸡或蛋鸡，在带鸡消毒时也要消毒鸡笼及鸡舍空间。

（2）空鸡舍的消毒。规模化鸡场应实行全进全出的饲养模式。鸡群出栏后留下一片污染和脏乱。在进新的一批鸡群之前，必须进行全面彻底清扫消毒。集中清除垫料、剩料、垃圾、粪便，然后选用2％的氢氧化钠溶液或0.2％～0.5％的过氧乙酸等药液喷洒消毒墙壁、地面、棚顶、笼具及其他设备等。之后要对空鸡舍用福尔马林熏蒸消毒。空舍时间，种鸡舍一般不少于8周，肉鸡舍不少于14d。

3. 鸡饮水消毒　一般鸡场使用人禽同用的自来水，通常用有效氯制剂进行消毒；对使用河水或井水的鸡场，可在河水或井水中加入有效氯含量为25％的漂白粉6～10g/m³，30min后即可使用。

4. 人员消毒　规模化鸡场工作人员进入鸡场大门口时要经大门人行通道消毒垫进行鞋底消毒。饲养人员进入生产区应更换衣服、鞋、帽，双手要在盛有0.1％的新洁尔灭消毒药液的盆中浸泡洗擦几分钟。

5. 运输车辆消毒　在运输鸡苗、产品、饲料、垫料的前后，对车厢内外和车底都要全面清扫和洗刷，选用 2%～5% 的漂白粉澄清液喷雾消毒，然后用清水冲洗，再用抹布擦干净。

6. 鸡场其他物品消毒 鸡场生产中的蛋盘、蛋箱等使用后都要清洗、消毒；兽用冰箱、冰柜也要定期清理、消毒；兽用注射器、针头等在使用前后都要清洗、煮沸消毒，烘干存放。

（四）加强饲料和垫料的管理

饲料和垫料的管理工作应得到充分重视，要从非疫区购进，购进的饲料要存放在干燥通风的贮藏间里，防止霉变。垫料要在进鸡前一次性进足，防止中途增加垫料时其携病入舍。垫料用戊二醛、过氧乙酸或有机氯制剂充分喷洒混匀后，装入透明塑料袋中阳光照射 12～24h 后方可入舍。因为饲料或垫料霉变，霉菌散布到空气中，会使鸡呼吸道感染疫病；饲料中霉菌和毒素会使鸡发生肌胃炎、腺胃炎；霉菌毒素还会使鸡免疫组织器官受损，引发免疫抑制。

（五）无害化处理

平时鸡粪运往场外的堆粪场，挖坑堆积并在上面覆盖泥土，密封发酵，42d 后可出肥清坑。发生烈性传染病时，应将病鸡、死鸡或淘汰鸡及污染严重的饲料、粪便挖坑撒上消毒药剂深埋，或浇上柴油焚烧，彻底消毒。

（六）实施群体预防

有目的地使用维生素之类的保健药，推广试用有机酸、益生素、酶制剂和植物性添加剂（牛至油、黄芪多糖等）。不用原料药，少用抗生素，以免药残和耐药。

（七）防止应激

环境过热、过冷、湿度过大、通风不良、拥挤、换料、转群及燃烧爆竹等应激因素影响会造成机体免疫抑制，引发疫病。因此，要加强管理，避免不良条件发生，慎防鸡群发生应激。

（八）科学免疫接种

规模化鸡场疫苗的免疫接种应遵循市（县）防疫部门根据当地疫情制定的免疫疫苗种类和免疫程序执行。特别是禽流感、新城疫强制免疫的疫苗，要按时接种，防疫密度必须达到 100%。新购进的鸡苗要进行免疫抗体检测，避开母源抗体影响，然后确定首免日龄和以后的免疫计划。饲养过程中还要定期进行免疫检测，及时了解循环抗体水平，指导免疫。免疫接种时要严格遵守操作规程，注射部位要严格消毒，不能任意丢弃过期或用剩下的疫苗、空瓶及用过的消毒棉球，因其在适合的环境条件下会增强毒性而恢复致病能力，成为野毒，应集中焚烧。购苗运输、贮藏和使用时都要有冷链设备。发现鸡群疑似出现传染病时，应进行紧急接种。接种应按健康群、疑似病群、病群的顺序进行，即立即从离发病舍最远的健康舍开始，尽快实施紧急接种。

（九）做好灭蚊蝇、灭甲虫、灭鼠和防野鸟措施

苍蝇能携带 60 多种病原菌，可感染禽流感；甲壳虫能传播马立克氏病、禽霍乱、异刺线虫及组织滴虫；蚊、库蠓能传播禽痘、住白细胞原虫病；鸟类能感染和传播禽流感、新城疫等。防制措施：灭蚊可点燃蚊香驱蚊；捕蚊器捕蚊；整治环境。灭蝇可采用环丙氨嗪（又称灭蝇胺）灭蝇药物，按照说明书可混饲、混饮或气雾喷洒蚊蝇繁殖及蛆蛹滋生处；用捕蝇器捕蝇；整治环境。鸡场应每个季度定期除鼠 1 次，使用敌鼠钠盐做毒饵，此法安全有效。防野鸟宜用孔径小于 2cm 镀塑铁丝网或绳网封罩鸡舍门窗，或对鸡运动场架网，防止野鸟飞入。

（十）建立各项生物安全制度

规模鸡场生物安全是一项复杂的系统工程，它涉及从生产到销售，从场内到场外，以及全场的全体工作人员。因此，必须建立健全各项生物安全管理制度，诸如门卫登记制度、进出人员消毒制度、饲养人员更衣换鞋洗手制度、运输车辆消毒制度、鸡场各消毒对象消毒制度、计划免疫制度、防疫技术操作制度、不养其他动物制度以及无害化处理制度等。制度制定后要公示于众，实现人人遵守执行。

规模化鸡场有关于生物安全的措施，但并不完整，还需进一步探索。生物安全是防控畜禽疫病新的理念、新的模式，是提升经济效益的重点。

第四节　提高肉牛养殖的经济效益

随着农村产业结构和畜牧业生产结构不断优化和调整，肉牛养殖已经成为目前加速乡村振兴，提高农民收入的途径。在市场经济条件下，养牛的唯一经营目标就是要实现经济效益的最大化。对于肉牛养殖者来讲，有多种因素对其经济效益的大小产生着不同程度的影响。本节通过对养牛所实现的经济效益及其影响经济效益大小的各种因素的分析，旨在对症下药，寻找并挖掘提高肉牛养殖经济效益的有效途径，以供广大养肉牛的读者参考和借鉴。

一、养牛经济效益的分析

(一) 养牛经济效益的理论分析

养牛经济效益的大小取决于产出与投入的比例。产出的多少与经济效益的大小成正比；投入的大小与经济效益的大小成反比。即经济效益＝产出－投入，从这个式子可以看出：牛场要实现经济效益的最大化，在投入一定时，做到产出最大；或者在产出一定时，做到投入最小；若既能做到产出最大，又能做到投入最小，那么对经济效益的贡献的双倍的，是最理想的。产出、投入、经济效益在企业财务分析中分别被称为收入、成本、利润。

1. 养牛的收入　养牛的收入主要是指销售商品肉牛的销售收入。即养牛收入＝销售数量×销售单价。

2. 养牛的成本

(1) 直接材料费。直接用于生产实际消耗的饲料费、兽药疫苗费用、外购犊牛费及其他直接费用。

(2) 直接人工费。直接从事生产的人员工资、奖金各项补贴及按国家规定提取的职工福利费等。

(3) 制造费用。为组织和管理生产所发生的各种间接费用，包括管理人员的工资及福利费、固定资产的折旧费、修理费办公费、水电费、差旅费等。

在实际计算养牛成本时，直接材料费和直接人工费直接计入，制造费用采用一定的标准（工资比例或工时比例）分配计入。即养牛成本＝直接材料费＋直接人工费＋分配来的制造费用。

3. 养牛的利润　养牛的利润主要是从取得的收入中扣除所发生的成本费用后的数额。即养牛利润＝养牛收入－养牛成本。

(二) 肉牛养殖经济效益的实例分析

1. 养牛的成本分析　养牛成本项目分析见表 5 - 4。

表 5 - 4　养牛成本项目分析（元）

直接材料费					直接人工费	制造费用	小计
饲料费	兽药疫苗费用	外购犊牛费用	其他直接费	小计			
2 100	80	2 000	20	4 200	750	50	5 000

2. 养牛的收入和利润分析

取得的收入：一头育肥牛按 500kg 计算，本地近期肉牛出栏收购价格是 14 元/kg，销售收入＝500×14＝7 000（元）。

发生的成本：4 200＋750＋50＝5 000（元）。

实现的利润：7 000－5 000＝2 000（元）。

众多试验表明，利用良种肉牛与我国黄牛杂交，其杂交后代普遍具有耐粗饲、适应性强、生长速度快的特点，初生重、日增重、挽力、肉质、屠宰率等都有显著提高，表现出良好的杂交优势。杂交犊牛在良好的环境条件下，哺乳期日增重 0.6～1.14kg，育肥期日增重 2.0～2.5kg，10 月龄体重可达 500～550kg，比本地黄牛提高 47%～87%。

二、影响效益的因素

（一）管理是决定因素

首先是对人的管理。长期的实践证明，在人和物的关系中，人是生产的主体，是主动、决定的因素，是企业生存和发展的内在动力。事在人为，把人管好了，事也就做好了，精明的管理者都明白这个道理。他们会采取各种手段和措施，极大地调动员工的工作热情，充分提高员工的劳动积极性，做到人尽其才。这样一方面可以提高员工的工作效率，节约人工成本，另一方面也可以减少一些不必要的管理费用的发生。其次是对牛的饲养管理。饲养管理好的牛场，可以节约饲料，避免饲料浪费，使投入的饲料最大限度地转化为育肥牛的增重；饲养管理好的牛场，牛病很少发生，既可以节省疫苗购置费用，又可以节约常规预防用药费用和治疗用药费用。

（二）经营方式是关键因素

肉牛养殖的经营方式主要有一家一户的分散饲养和数量集中的规模养殖。目前我国肉牛主要经营方式是千家万户的小规模饲养，其劣势在于饲料混杂、牛的品种混杂、牛的年龄混杂，其结果是育肥周期长、育肥效率低、育肥牛的质量差，产品没有竞争力，上市后卖不上好价格，经济效益不理想。

（三）科学技术是核心因素

科技是第一生产力。众多事实表明：我国肉牛养殖的科技含量低，科技水平不高。主要表现在：一是饲养，精饲料用量少、粗饲料比例高、新技术普及率不高、育肥期过长；二是屠宰加工，以分散的、小规模的个体屠宰为主，约占 70%，导致新工艺不能应用，不能生产出优质高档牛肉。

（四）防疫是重要因素

肉牛是活的有生命的动物，肉牛养殖行业是高风险的行业。从目前的防疫设施和技术力量看，发生重大动物疫病可以在较小的范围内控制和扑灭，然而，一旦暴发疫情，定会造成重大的经济损失。现有的养牛场普遍存在防疫观念淡薄的问题，防疫工作仍然是盲目的、随意的、侥幸的，不少牛场一年四季疫病不断，此起彼伏，反反复复，损失惨重。

三、提高养牛经济效益的有效途径

（一）选择优良品种的杂交肉牛

夏洛莱、西门塔尔、利木赞等肉牛品种的杂交后代生长发育速度快，饲料转化率高，一般初生重杂种优势率可达 25％～30％，生长速度杂种优势率可达 10％～20％，产肉量多，18 月龄的杂种肉牛体重可达 300kg 左右，比同龄本地黄牛提高 50％以上，且肉的品质好，经济效益高。群众说"品种改一改，增加几百块。"不少地方已有相当数量的肉杂牛第二代、第三代，逐步形成优良肉杂牛群体，可以培育专用肉牛品系。

（二）加强人力资源的管理，提高劳动生产率

随着市场竞争的日益激烈，"人才第一"的理念已成为企业家们的共识。任何一个牛场都应高度重视人才的培养，重视员工的招聘、教育培训及合理使用；应科学运用美国心理学家马斯洛的"需求层次理论"，贯彻物质利益激励和精神激励相结合的原则，采取多种激励措施；应合理制定劳动定额；应健全劳动制度。只有这样，才能极大地提高员工的劳动积极性、主动性、自觉性；才能建立和保持一个有效率、有活力、有潜力的员工队伍；才能取得良好的经济效益。

（三）加强饲养管理，缩短饲养周期

根据肉牛不同的生长发育阶段和不同的营养需要，全程实施全价配合饲料，保证营养充足和平衡，做到适时出栏。只有做到科学的饲养管理，才能降低发病率、病死率，降低饲料消耗；才能缩短饲养周期，节约饲养成本，以取得最大的经济效益。

（四）推广配套技术，提高肉牛养殖的科技含量

要从根本上提高养牛经济效益，必须努力提高养牛科技水平，普及科学养牛知识，推广先进养牛技术，提高科技含量。一是改露天敞圈饲养为塑棚暖圈饲养，做到常年育肥，四季均衡出栏。二是精、青、粗饲料加工调制合理搭配利用，实施科学的加工与调配，提高饲料的适口性，养牛业需与种植业种草联

系起来，大量种植优质牧草，搞好秸秆、牧草的青贮、微贮、氨化，逐步优化种植结构。优质饲草可以增加单位面积能量和蛋白质的产量，秸秆、牧草微贮处理后可提高营养价值和利用率，饲喂 5kg 青贮玉米秸秆或 4kg 氨化麦秸可节约 1kg 精饲料，效益十分可观。三是继人工授精技术推广应用之后，胚胎移植技术已日趋成熟，应重点考虑如何进入市场，实现产业化。四是改自然育肥为短期（3~4 个月）的强度育肥，出栏年龄由 3~5 岁提前到 1.5~2 岁。

（五）推广规模化、标准化、集约化养殖

一家一户传统养殖不但效益低，而且还污染环境，只有形成大户集中繁育、农户分散饲养群体性优势，才能保证肉牛牛源不断。面对市场挑战和机遇，可采用"企业＋农户＋银行"的运营模式，建设适度的肉牛繁育基地，即银行贷款给养牛户，企业为养牛户做担保，养牛户保证将肉牛送交企业，企业按市场价格结算的牛款先行还贷。各级政府应加大对建设母牛养殖小区的扶持力度，从规划、土地、资金等方面给予支持和优惠，引导养殖户进养殖小区。这样既能解决养殖污染居住环境问题，又能提高养殖效益。

（六）加强防疫，制定科学的免疫程序

免疫程序科学的牛场传染病发病率低，染疫机会少，经济效益高。所以，制定免疫程序时一定要根据本牛场疫病的流行特点、犊牛母源抗体水平的高低、牛自身的免疫应答水平、疫苗的特性及接种的方法等综合因素，制定出既科学又适合本场实际的一套免疫实施方案。另外，还应正确地使用疫苗。作为养牛场，给牛适时地接种疫苗也是预防和控制传染病的重要手段，因此注意疫苗的保存、稀释、接种等操作规程。如果使用了过期变质和保存不当的疫苗，均可导致免疫失败，引起场内疫病大面积流行。

随着人们生活水平的提高，消费对象的日趋多元化，国内对牛肉特别是高档牛肉的需求量将不断增大，牛肉市场前景广阔。另外，纵观畜产品市场，猪、鸡市场不稳定，而牛和羊市场却一直很稳定，没有出现过不正常的通货膨胀的效应。这都给肉牛养殖带来了前所未有的发展机遇和广阔的发展空间。因此，肉牛养殖者只要能够对所实现的经济效益进行认真分析，并进一步深入分析和研究影响养牛经济效益的各种因素，把握和掌控好这些因素，切实采取能够使经济效益提高的种种有效途径，养牛的利润是非常可观的。

参 考 文 献

包军，2008. 家畜行为学 [M]. 北京：高等教育出版社.

陈代文，2015. 动物营养与饲养学 [M]. 北京：中国农业出版社.

陈岩峰，谢喜平，2008. 我国畜禽生态养殖现状与发展对策 [J]. 家畜生态学报，6（5）：
110-112.

黄昌澍，1989. 家畜气候学 [M]. 南京：江苏科技出版社.

蒋思文，2006. 畜牧概论 [M]. 北京：高等教育出版社.

冷常礼，2003. 实施畜牧业生产标准化的意义 [J]. 中国牧业通讯，24（17）：33.

李增光，2011. 现代大型家禽养殖企业的生物安全管理 [J]. 兽医导刊（5）：24-26.

李震钟，2000. 畜牧场生产工艺与畜舍设计 [M]. 北京：中国农业出版社.

李震钟，2009. 家畜环境生理学 [M]. 北京：中国农业出版社.

刘继军，2016. 家畜环境卫生学 [M]. 北京：中国农业出版社.

彭代明，2006. 提高杂交肉牛规模养殖经济效益的措施 [J]. 四川畜牧兽医（5）：14-16.

沈阳，2019. 实施标准化推进畜牧产业转型升级 [J]. 畜牧兽医科技信息（11）：11-12.

孙良媛，刘涛，张乐，2016. 中国规模化畜禽养殖的现状及其对生态环境的影响 [J]. 华
南农业大学学报，6（2）：23-30.

提金凤，2016. 彩色图解科学养鸡技术 [M]. 北京：化学工业出版社.

王群义，王鹏飞，田连合，等，2007. 当前养禽业需要关注的三大疫病 [J]. 兽医导刊
（7）：41.

熊本海，陈俊杰，蒋林树，2018. 家畜环境与行为 [M]. 北京：中国农业出版社.

熊本海，陈俊杰，蒋林树，2018. 家畜环境与营养 [M]. 北京：中国农业出版社.

薛立喜，2016. 畜禽养殖技术 [M]. 北京：知识产权出版社.

杨凤，2014. 动物营养学 [M]. 北京：中国农业出版社.

岳文斌，张建红，2004. 动物繁殖及营养调控 [M]. 北京：中国农业出版社.

张景略，徐本生，1990. 土壤肥料学 [M]. 郑州：河南科学技术出版社.

张巧根，高根土，费林根，等，2010. 浅谈鸡场的消毒技术 [J]. 上海畜牧兽医通讯（5）：
84-85.

张振中，2000. 建立榆林地区生态农业评价指标体系的原则与方法探讨 [J]. 榆林高等专
科学校学报（1）：32-35.

郑亚国，邹冬生，陈玉峰，2014. 湖南省规模化生态养猪评价指标体系构建与实证分析
[J]. 湖南农业科学，24（8）：75-80.